国家林业和草原局职业教育"十三五"规划教材
全国生态文明信息化遴选融合出版项目

计算机
应用基础

主　编　胡平霞　尹迎菊

副主编　龚　静　邓阿琴　曾　斯　拖洪华
　　　　王　晟　吕　鹏

编　委　胡平霞　尹迎菊　龚　静　邓阿琴
　　　　曾　斯　拖洪华　王　晟　吕　鹏
　　　　曾　莉　李春媚　李英杰　邓金国
　　　　王建波　李安民　赵思佳　朱　鹏

中国林业出版社

图书在版编目(CIP)数据

计算机应用基础 / 胡平霞,尹迎菊主编. --北京:中国林业出版社,2019.9
ISBN 978-7-5219-0130-6

Ⅰ.①计… Ⅱ.①胡… ②尹… Ⅲ.①电子计算机-高等职业教育-教材 Ⅳ.①TP3

中国版本图书馆 CIP 数据核字(2019)第 127698 号

国家林业和草原局职业教育"十三五"规划教材
全国生态文明信息化遴选融合出版项目

课程信息

中国林业出版社

策划编辑:	吴　卉
责任编辑:	张　佳
电　话:	010-83143561
邮　箱:	thewaysedu@163.com
小途教育:	http://edu.cfph.net

出版发行:	中国林业出版社
邮　编:	100009
地　址:	北京市西城区德内大街刘海胡同7号
网　址:	http://lycb.forestry.gov.cn
印　刷	固安县京平诚乾印刷有限公司
版　次	2019年9月第1版
印　次	2019年9月第1次
字　数	410千字
开　本	787mm×1092mm　1/16
印　张	18.75
定　价	42.00元

凡本书出现缺页、倒页、脱页等问题,请向出版社图书营销中心调换
版权所有　侵权必究

内容提要

本书以"培养信息素养和计算思维,提升计算机应用能力"为理念,从理论知识够用、软件操作能用、技能训练实用三个层面出发,内容设计突出基础性、实用性、职业性,实现从单一"理论、操作"到"信息素养和应用能力"培养目标的转换。本书主要包括计算机文化、Windows 操作系统、Word 文字处理、Excel 数据处理、PowerPoint 演示文稿设计、计算机网络与信息安全、多媒体技术与应用等内容,全书内容与人们的学习、生活、就业紧密相关,由浅入深、通俗易懂,图文并茂。

本书可作为高职院校计算机公共基础课程的教材,也可作为全国计算机等级考试"MS-Office 应用"科目的参考书,还适合作为广大计算机爱好者的入门用书。

前言

"计算机应用基础"是高等职业院校非计算机专业的公共必修课程,也是学习其他计算机相关课程的前导和基础课程。

随着计算机科学与技术的飞速发展,计算机文化已渗透到人们生活的各个方面,计算机应用逐渐改变着人们的工作、学习和生活方式。本书以全国计算机等级考试一级(MS-Office)考试大纲为指导结合计算机应用基础课程教学需要编写。

本书编写的宗旨是使读者了解计算机文化,具备计算机基本应用能力,提升信息素养,并能运用计算思维在相关的专业领域自主地进行学习与研究。

全书分为 7 章,主要内容包括:第 1 章是计算机文化;第 2 章介绍了 Windows7 操作系统;第 3 章至第 5 章介绍了 Office 提供的常用办公软件,包括 Word 文字处理软件、Excel 电子表格软件、PowerPoint 演示文稿软件;第 6 章介绍了计算机网络及信息安全基础知识;第 7 章介绍了多媒体技术与应用。

本书由长期从事计算机基础教学的一线教师编写,在编写过程中采用了以下几个原则:

(1) 以信息素养和计算思维培养为导向。本书将计算思维融入计算机文化中进行讲解,着重培养学生利用计算机科学的基本理论解决现实问题的能力;将信息素养培养贯穿至全书内容。

(2) 在内容取舍上以够用、实用为原则。对不常用或在中学就学习过的内容舍去。对日常工作和学习中需要且经常使用的知识和技能重点介绍、积极引入。

(3) 在编写方式上以方便教学的组织实施为原则,既便于老师的教,也便于学生的学。每章明确知识目标,让学习者对学习目标有一个整体认识。

(4) 在任务实例、习题等方面以突出重点为原则,精心设计。本书的每章末都附有精心筛选和设计的习题,用于巩固和加深对重点知识的理解和掌握。

本书不仅可以作为高等职业院校"计算机应用基础"课程的教材,亦可作为计算机等级考试的辅导教材或作为普通读者学习计算机基础知识的参考书籍。

本书由湖南环境生物职业技术学院胡平霞、尹迎菊任主编，龚静、邓阿琴、曾斯、拖洪华、王晟、吕鹏任副主编。第1章计算机文化与第5章PowerPoint演示文稿设计由胡平霞编写，第2章Window7操作系统与第7章多媒体技术及应用由尹迎菊编写，第3章Word文字处理由龚静编写，第4章Excel数据处理由曾斯编写，第6章计算机网络与信息安全由邓阿琴编写。全书统稿和审核由胡平霞负责，王晟、拖洪华、吕鹏、李安民、赵思佳、朱鹏等对本书的统稿和审核做了很多有益的工作，在此表示衷心感谢！

本书还配套了在线课程，读者可以扫一扫各章节配备的二维码查看相应资源。

希望我们的努力能对高等职业院校计算机基础教学工作有所帮助，但由于编者水平有限，书中难免有不妥之处，恳请广大读者批评指正。

编者

2019年6月

目 录

内容提要
前言

第 1 章　计算机文化 ·· 1
1.1　计算机概述 ·· 1
1.1.1　计算机的发展 ··· 1
1.1.2　计算机的特点 ··· 4
1.1.3　计算机的应用 ··· 5
1.1.4　计算机的分类 ··· 6
1.2　计算机系统的组成 ·· 7
1.2.1　计算机硬件系统 ·· 7
1.2.2　计算机软件系统 ·· 12
1.2.3　计算机主要性能指标 ·· 13
1.3　信息在计算机内的表示 ··· 14
1.3.1　数据存储单位 ··· 14
1.3.2　常用数制 ··· 14
1.3.3　计算机中常用编码 ··· 17
1.4　当前计算机技术热点 ··· 20
1.4.1　物联网 ·· 20
1.4.2　云计算 ·· 21
1.4.3　大数据 ·· 22
1.4.4　人工智能 ··· 24
1.5　习题 ··· 24

第 2 章　Windows 7 操作系统 ··· 27
2.1　Windows 7 基本操作 ·· 27
2.1.1　Windows 7 的启动 ·· 27

2.1.2 Windows 7 桌面 … 28
2.1.3 图标 … 28
2.1.4 开始菜单 … 30
2.1.5 任务栏 … 31
2.1.6 窗口及其基本操作 … 31
2.1.7 菜单和对话框 … 32
2.1.8 鼠标的基本操作 … 33
2.1.9 Windows 7 关闭系统 … 33
2.2 Windows 7 的文件管理 … 34
2.2.1 文件的基本概念 … 34
2.2.2 资源管理器 … 35
2.2.3 新建文件与文件夹 … 38
2.2.4 选择文件与文件夹 … 39
2.2.5 重命名文件或文件夹 … 39
2.2.6 移动和复制文件或文件夹 … 40
2.2.7 删除文件或文件夹 … 40
2.2.8 文件或文件夹属性的设置 … 41
2.2.9 创建文件和文件夹的快捷方式 … 42
2.2.10 搜索文件或文件夹 … 43
2.3 Windows 7 系统设置 … 43
2.3.1 个性化设置 … 45
2.3.2 输入法设置 … 49
2.3.3 设置用户帐户 … 49
2.3.4 鼠标的设置 … 53
2.3.5 添加/删除程序 … 53
2.3.6 网络连接设置 … 54
2.4 系统管理与维护 … 58
2.4.1 磁盘管理和维护 … 58
2.4.2 查看计算机的硬件 … 62
2.4.3 Windows 7 自带的优化设置 … 63
2.5 Windows 7 的附件程序 … 66
2.6 习题 … 68

第 3 章 Word 文字处理 … 71

3.1 Word 文档的编辑 … 71
3.1.1 Word 2010 的启动与退出 … 71
3.1.2 Word 2010 工作界面 … 72
3.1.3 Word 2010 文档编辑过程 … 73

3.2 格式与排版 … 82
3.2.1 字体格式 … 82
3.2.2 段落格式 … 85
3.2.3 页面设置 … 88
3.3 插入对象 … 95
3.3.1 插入表格 … 95
3.3.2 插入图片 … 105
3.3.3 插入自选图形 … 108
3.3.4 插入文本框 … 110
3.3.5 插入艺术字 … 111
3.3.6 插入对象应用 … 112
3.4 长文档的处理 … 114
3.4.1 样式 … 114
3.4.2 脚注和尾注 … 117
3.4.3 题注与交叉引用 … 119
3.4.4 页眉和页脚 … 122
3.4.5 目录 … 123
3.4.6 审阅和修订 … 125
3.5 批量文档的处理 … 126
3.5.1 邮件合并的概念与过程 … 127
3.5.2 邮件合并的应用 … 128
3.6 习题 … 131

第4章 Excel 数据处理 … 135
4.1 Excel 基础知识与基本操作 … 135
4.1.1 Excel 2010 的启动 … 135
4.1.2 Excel 2010 的工作界面 … 135
4.1.3 Excel 2010 的退出 … 137
4.1.4 单元格、工作表与工作簿 … 137
4.1.5 工作簿的操作 … 138
4.1.6 工作表的操作 … 140
4.1.7 单元格的操作 … 142
4.1.8 普通数据的输入 … 144
4.1.9 数据填充 … 145
4.1.10 设置单元格格式 … 146
4.1.11 数据有效性 … 147
4.1.12 行列隐藏 … 148
4.1.13 条件格式 … 148

4.1.14　窗口拆分与冻结 …… 151
4.1.15　保护工作表 …… 152
4.1.16　页面设置与打印 …… 152
4.2　公式与函数 …… 153
4.2.1　公式概述 …… 153
4.2.2　运算符 …… 154
4.2.3　单元格引用 …… 155
4.2.4　引用其他工作表和工作簿的单元格 …… 156
4.2.5　定义单元格名称 …… 156
4.2.6　函数 …… 158
4.3　数据管理与分析 …… 166
4.3.1　数据排序 …… 166
4.3.2　数据筛选 …… 169
4.3.3　分类汇总 …… 172
4.3.4　数据透视表 …… 174
4.4　图表的创建与编辑 …… 177
4.4.1　图表的类型 …… 177
4.4.2　创建基本图表 …… 179
4.4.3　编辑图表 …… 180
4.4.4　图表的应用 …… 184
4.5　习题 …… 186

第5章　PowerPoint 演示文稿设计 …… 188
5.1　演示文稿的编辑 …… 188
5.1.1　演示文稿的编辑界面 …… 188
5.1.2　页面大小 …… 193
5.1.3　母板设计 …… 193
5.1.4　主题 …… 194
5.2　文字 …… 195
5.2.1　文字的输入途径 …… 195
5.2.2　文字的格式 …… 196
5.2.3　文字的艺术效果 …… 198
5.3　图形与图片 …… 200
5.3.1　图形的绘制 …… 200
5.3.2　图形的填充 …… 205
5.3.3　阴影和发光效果 …… 206
5.3.4　3D 效果 …… 208
5.3.5　组合形状 …… 210

| 5.3.6 SmartArt 图形 ……………………………………………………… 212
| 5.3.7 图片 ……………………………………………………………… 214
| 5.4 超级链接与动作按钮 …………………………………………………… 216
| 5.4.1 超级链接 ………………………………………………………… 216
| 5.4.2 动作按钮 ………………………………………………………… 217
| 5.5 动画 ……………………………………………………………………… 218
| 5.5.1 幻灯片对象动画 ………………………………………………… 218
| 5.5.2 幻灯片切换 ……………………………………………………… 222
| 5.5.3 音频和视频 ……………………………………………………… 222
| 5.6 演示管理 ………………………………………………………………… 226
| 5.6.1 放映设置 ………………………………………………………… 226
| 5.6.2 对演示文稿添加保护 …………………………………………… 228
| 5.6.3 演示技巧 ………………………………………………………… 229
| 5.7 习题 ……………………………………………………………………… 231

第6章 计算机网络与信息安全 …………………………………………… 234
  6.1 计算机网络概述 ………………………………………………………… 234
    6.1.1 计算机网络的概念 ……………………………………………… 234
    6.1.2 计算机网络的发展历程 ………………………………………… 234
    6.1.3 计算机网络的功能 ……………………………………………… 236
    6.1.4 计算机网络的分类 ……………………………………………… 237
    6.1.5 计算机网络的组成 ……………………………………………… 237
  6.2 Internet 基础知识 ……………………………………………………… 242
    6.2.1 Internet 与 TCP/IP ……………………………………………… 242
    6.2.2 IP 地址和域名 …………………………………………………… 242
    6.2.3 Internet 提供的主要服务 ……………………………………… 243
    6.2.4 常见浏览器介绍 ………………………………………………… 247
  6.3 信息安全基础 …………………………………………………………… 248
    6.3.1 信息安全基础 …………………………………………………… 248
    6.3.2 计算机病毒 ……………………………………………………… 250
    6.3.3 黑客 ……………………………………………………………… 254
    6.3.4 控制访问 ………………………………………………………… 256
    6.3.5 数据加密 ………………………………………………………… 258
  6.4 习题 ……………………………………………………………………… 260

第7章 多媒体技术及应用 ………………………………………………… 263
  7.1 多媒体技术概述 ………………………………………………………… 263
    7.1.1 多媒体与多媒体技术 …………………………………………… 263

- 7.1.2 多媒体技术的特性 ……………………………………………………… 264
- 7.1.3 多媒体系统的组成 ……………………………………………………… 265
- 7.1.4 多媒体技术的发展 ……………………………………………………… 269
- 7.1.5 多媒体技术的应用领域 ………………………………………………… 270

7.2 多媒体信息的数字化表示 …………………………………………………………… 272
- 7.2.1 文本 ……………………………………………………………………… 272
- 7.2.2 音频 ……………………………………………………………………… 272
- 7.2.3 图形与图像 ……………………………………………………………… 274
- 7.2.4 动画 ……………………………………………………………………… 278
- 7.2.5 视频技术 ………………………………………………………………… 280

7.3 多媒体数据压缩技术 ………………………………………………………………… 282

7.4 流媒体与虚拟现实 …………………………………………………………………… 284
- 7.4.1 流媒体技术 ……………………………………………………………… 284
- 7.4.2 虚拟现实技术 …………………………………………………………… 286

7.5 习题 …………………………………………………………………………………… 288

第1章 计算机文化

电子计算机是20世纪人类最伟大的发明之一。从第一台电子计算机诞生至今仅走过了几十年的历程，它不仅在硬件上发展迅速，而且已经广泛应用到现代社会的各个领域。计算机的发展对人们学习知识、掌握知识、运用知识提出了新的挑战。在当今信息时代，了解计算机文化，掌握计算机基本概念及基础知识是每个大学生必备的信息素养。

【知识目标】
1. 计算机的发展、特点和应用
2. 计算机系统的组成
3. 信息在计算机中的表示
4. 当前计算机技术热点

本章扩展资源

1.1 计算机概述

1.1.1 计算机的发展

1. 计算机的发展历史

第二次世界大战的爆发带来了巨大的计算需求，美国宾夕法尼亚大学电子工程系的教授约翰·莫克利（John Mauchly）和他的研究生埃克特（John Presper Eckert）计划采用电子管建造一台通用的计算机器，用于帮助军方计算火炮射击角度与弹道轨迹。这台机器被命名为 ENIAC（Electronic Numerical Integrator and Calculator，电子数字积分计算机），并于1946年2月研制成功。ENIAC 的问世标志着电子计算机时代的到来，它被广泛认为是世界上第一台现代意义上的计算机。如图 1-1 所示，这台计算机共用了 18000 多个电子管，占地约 170m^2，总重量约 30t，耗电 140kW，运算速度达到每秒 5000 次加法或 300 次乘法。ENIAC 虽然是世界上第一台正式投入使用的电子计算机，但是它并不具备现代计算机"存储程序和程序控制"的主要特征。在 ENIAC 的研制过程中，美籍匈牙利数学家冯·诺依曼（Von Neumann）分析其缺点，提出了改进的意见：一是采用二进制 0 和 1 来表示数据和计算机指令，因为二进制只需二个稳态，电气表示容易且稳定，运算电路简单；二是要想计算机能够快速的工作，必须先将所有的数据和指令存储在计算机内部，然后由程序控制计算机自动完成不同的操作。这就是著名的"存储程序和程序控制"原理。

图 1-1　世界上第一台电子计算机 ENIAC

　　冯·诺依曼教授还根据此原理，提出计算机应具有五个基本组成部分：运算器、控制器、存储器、输入设备和输出设备。此结构又称冯·诺依曼结构，今天的大部分计算机系统都是基于这个体系结构，冯·诺依曼也因此被人们誉为"现代电子计算机之父"。

　　从第一台电子计算机出现到现在虽然只有短短的几十年，但是计算机发展却取得了惊人的成绩。计算机硬件的发展与构建计算机的元器件紧密相关，每当电子元器件有突破性的进展，就会导致计算机硬件的一次重大变革。因此人们按照计算机所使用的物理元器件的变革作为标志，将计算机的发展大致分为四代。每一代计算机都使用不同的电子元件，每一代计算机都具有自己明显的特征。

　　（1）第 1 代——电子管计算机（1946—1958 年）

　　这个时期计算机使用的主要逻辑元件采用如图 1-2 所示的电子管，主存储器先采用延迟线，后采用磁鼓、磁芯，外存储器使用磁带。软件方面，用机器语言和汇编语言编写程序。这个时期的计算机体积庞大、运算速度低（通常每秒几千次到几万次）、成本高、可靠性差、内存容量小，主要用于科学计算、军事和科学研究方面的工作。

图 1-2　电子管

　　（2）第 2 代——晶体管计算机（1959—1964 年）

　　如图 1-3 所示，1948 年发明的晶体管大大促进了计算机的发展，晶体管替代了体积庞大的电子管，第二代计算机体积小、速度快、功耗低、性能更稳定。软件方面开始使用管理程序，后期使用操作系统，同时出现了

图 1-3　晶体管

FORTRAN、COBOL、ALGOL 等一系列高级程序设计语言。这个时期计算机的应用已经扩展到数据处理、自动控制等方面，其运行速度已提高到每秒几十万次，体积已大大减小，可靠性和内存容量也有较大的提高。

(3) 第 3 代——集成电路计算机（1965—1970 年）

如图 1-4 所示，随着中小规模集成电路的出现，逐渐代替了分立元件，用半导体存储器代替了磁芯存储器，外存储器使用磁盘。软件方面，操作系统进一步完善，高级语言数量增多，出现了并行处理、多处理机、虚拟存储系统以及面向用户的应用软件。计算机的运行速度提高到每秒几百万次，可靠性和存储容量进一步提高，外部设备种类繁多，计算机和通信密切结合，广泛地应用到科学计算、企业管理、自动控制、文字处理、情报检索等领域。

图 1-4 小规模集成电路

(4) 第 4 代——大规模和超大规模集成电路计算机（1971 年至今）

这个时期的计算机主要逻辑元件是大规模和超大规模集成电路。主存储器采用半导体存储器，外存储器采用大容量的软、硬磁盘，并开始使用光盘。软件方面，操作系统不断发展和完善，同时发展了数据库管理系统、通信软件等。计算机的发展进入了以计算机网络为特征的时代。计算机的运行速度可达到每秒上千万次到万亿次，计算机的存储容量和可靠性又有了很大提高，功能更加完备。这个时期计算机开始向巨型机和微型机两个方向发展，而微型计算机的飞速发展使得计算机开始进入办公室、学校和家庭。

过去几十年计算机的高速发展依赖于集成电路技术的高速发展，英特尔（Intel）创始人之一戈登·摩尔（Gordon Moore）曾提出：集成电路上可容纳的元器件的数目，约每隔 18~24 个月便会增加一倍，性能也将提升一倍。这就是著名的摩尔定律，它在计算机的发展过程中已经被证实，现在英特尔最新的微处理器酷睿 i9，如图 1-5 所示，采用 10nm 蚀刻工艺，集成了几十亿晶体管。但随着晶体管的尺寸趋于物理极限，摩尔定律将会很快失效，计算机性能提升将不能再依赖于半导体技术的提升。

图 1-5 酷睿 i9-9920X 处理器

2. 计算机的研究方向

(1) 光计算机

光计算机是由光代替电流，实现高速处理大容量信息的计算机。其基础部件是空间光调制器，并采用光内连技术，在运算部分与存储部分之间进行光连接，运算部分可直接对存储部分进行并行存取。突破了传统的用总线将运算器、存储器、输入和输出设备相连接的体系结构。运算速度极高、耗电极低。光具有各种优点：光波在光介质中传输，不存在寄生电阻、电容、电感和电子相互作用问题；光器件无电位差，因此光计算机的信息在传输中畸变或失真小，可在同一条狭窄的通道中传输数量庞大的数据。

（2）量子计算机

量子计算机是一类遵循量子力学规律进行高速数字和逻辑运算、存储及处理的量子物理设备，简单来说，量子计算机是采用基于量子力学原理和深层次计算模式的计算机，而不像传统的二进制计算机那样将信息分为 0 和 1 来处理。

（3）生物计算机

在运行机理上，生物计算机以蛋白质分子作为信息载体，来实现信息的传输与存储。生物计算机最大的优点是生物芯片的蛋白质具有生物活性，能够跟人体的组织结合在一起、特别是可以和人的大脑和神经系统有机地连接，使人机接口自然吻合，免除了烦琐的人机对话。这样，生物计算机就可以听人指挥，成为人脑的外延或扩充部分，还能够从人体的细胞中吸收营养来补充能量，而不需要任何外界的能源。现今科学家已研制出了许多生物计算机的主要部件——生物芯片。

1.1.2 计算机的特点

1. 运算速度快、计算精确度高

计算机内部的运算是由数字逻辑电路组成，可以高速准确地完成各种算术运算。当今超级计算机系统的峰值运算速度已达到每秒亿亿次，微机也可达每秒亿次以上，这使大量复杂的科学计算问题得以解决。例如：卫星轨道的计算、天气预报、模拟核爆等，过去人工计算需要几年、几十年，用大型计算机可能只需几分钟就可完成。

2. 逻辑运算能力强

计算机不仅能进行高速、精确计算，还具有逻辑运算功能，能对信息进行比较和判断。并能根据判断的结果自动执行不同指令。它甚至能模拟人类的大脑，对问题进行思考、判断。

3. 存储能力强

计算机内部的存储器具有记忆特性，可以存储海量的数字、文字、图像、视频、声音等信息，并且可以"长久"保存。它还可以保存处理这些信息的程序。

4. 自动化程度高

由于计算机具有存储记忆能力和逻辑判断能力，所以人们可以将预先编好的程序纳入计算机内存，在程序控制下，计算机可以连续、自动地工作，不需要人的干预。

5. 强大的网络通信功能

在互联网上的所有计算机用户可共享网上资料、交流信息、互相学习，整个世界都可以互通信息。

1.1.3 计算机的应用

计算机的应用已渗透到社会的各个领域，正在改变着人们的工作、学习和生活的方式，推动着社会的发展。归纳起来可分为以下几个方面：

1. 科学计算

计算机最开始是为解决科学研究和工程设计中遇到的大量数学问题的数值计算而研制的计算工具。随着现代科学技术的进一步发展，数值计算在现代科学研究中的地位不断提高，在尖端科学领域中显得尤为重要。例如，人造卫星轨迹的计算，房屋抗震强度的计算，火箭、宇宙飞船的研究设计都离不开计算机的精确计算。如果没有计算机系统高速而又精确的计算，许多近现代科学都是难以发展的。

2. 信息管理

信息管理是以数据库管理系统为基础，辅助管理者提高决策水平，改善运营策略的计算机技术。信息处理具体包括数据的采集、存储、加工、分类、排序、检索和发布等一系列工作。信息处理已成为当代计算机的主要任务，是现代化管理的基础。据统计，80%以上的计算机主要应用于信息管理，成为计算机应用的主导方向。信息管理已广泛应用于办公自动化、企事业计算机辅助管理与决策、情报检索、图书管理、会计电算化等各行各业。

3. 过程控制

过程控制是利用计算机实时采集数据、分析数据，按最优值迅速地对控制对象进行自动调节或自动控制。采用计算机进行过程控制，不仅可以大大提高控制的自动化水平，而且可以提高控制的时效性和准确性，从而改善劳动条件、提高产量及合格率。因此，计算机过程控制已在机械、冶金、石油、化工、电力等部门得到广泛的应用。

4. 辅助技术

计算机辅助技术包括计算机辅助设计、计算机辅助制造和计算机辅助教学等。

（1）计算机辅助设计（Computer Aided Design，简称 CAD）

计算机辅助设计是利用计算机系统辅助设计人员进行工程或产品设计，以实现最佳设计效果的一种技术。CAD 技术已应用于飞机设计、船舶设计、建筑设计、机械设计、大规模集成电路设计等。采用计算机辅助设计，可缩短设计时间，提高工作效率，节省人力、物力和财力，更重要的是提高了设计质量。

（2）计算机辅助制造（Computer Aided Manufacturing，简称 CAM）

计算机辅助制造是利用计算机系统进行产品的加工控制过程，输入的信息是零件的工艺路线和工程内容，输出的信息是刀具的运动轨迹。把 CAD 和计算机辅助制造（Computer Aided Manufacturing）、计算机辅助测试（Computer Aided Test）及计算机辅助工程（Computer Aided Engineering）组成一个集成系统，使设计、制造、测试和管理有机地组成为一体，形成高度的自动化系统，就产生了自动化生产线和"无人工厂"。

（3）计算机辅助教学（Computer Aided Instruction，简称 CAI）

计算机辅助教学是利用计算机系统进行课堂教学。教学课件可以用 PowerPoint 或 Flash 等制作。CAI 不仅能减轻教师的负担，还能使教学内容生动、形象、逼真，能够动态演示实验原理或操作过程，激发学生的学习兴趣，提高教学质量，为培养现代化高质量人才提供了有效方法。

5. 多媒体应用

随着电子技术特别是通信和计算机技术的发展，人们已经有能力把文本、音频、视频、动画、图形和图像等各种媒体综合起来，构成一种全新的概念——"多媒体"（Multimedia）。在医疗、教育、商业、银行、保险、行政管理、军事、工业、广播、交流和出版等领域中，多媒体的应用发展很快。

6. 人工智能

人工智能（Artificial Intelligence，简称 AI）是指计算机模拟人类某些智力行为的理论、技术和应用，诸如感知、判断、理解、学习、问题的求解、图像声音识别等。人工智能是计算机应用的一个新的领域，这方面的研究和应用正处于发展阶段，在医疗诊断、定理证明、模式识别、智能检索、语言翻译、机器人等方面，已有了显著的成效。

1.1.4 计算机的分类

可以按照不同的标准对计算机进行以下分类：

（1）按照处理信息的不同，可以将计算机分为模拟计算机、数字计算机以及数字模拟混合计算机。

模拟计算机主要处理模拟信息，而数字计算机主要处理数字信息，数字模拟混合计算机既可处理数字信息，也可处理模拟信息。

（2）按照用途可以将计算机分为通用计算机和专用计算机。

通用计算机适合解决各个方面的问题，它使用领域广泛，通用性强。专用计算机用于解决某个特定方面的问题。

（3）按照规模可以将计算机分为以下几类：

① 巨型计算机。在国防技术和现代科学计算上都要求计算机有很高的运算速度和很大的容量。因此，研制巨型计算机是一个很重要的发展方向。目前，巨型计算机的运算速度可达到千万亿次/秒。研制巨型计算机也是衡量一个国家经济实力和科学水平的重要标志。

② 大、中型计算机。这类计算机具有较高的运算速度，每秒可以执行几千万条指令，而且有较大的存储空间，往往用于科学计算、数据处理等。

③ 小型计算机。这类计算机规模较小、结构简单、运行环境要求较低，主要用来辅助巨型计算机。

④ 微型计算机。这类计算机就是个人计算机，它体积小巧轻便，广泛用于个人、公司等。

⑤ 服务器。服务器是在网络环境下为多个用户提供服务的共享设备，一般分为文件服务器、邮件服务器、DNS 服务器、Web 服务器等。

⑥ 工作站。工作站通过网络连接可以互相进行信息的传送，实现资源、信息的共享。

1.2 计算机系统的组成

一个完整的计算机系统由硬件系统和软件系统两部分组成。

计算机硬件是组成计算机的物理设备的总称，由各种器件和集成电路组成，它们可以是电子的、机械的、光/电的元件或装置，是计算机完成各种工作的物质基础。

计算机软件是在计算机硬件设备上运行的各种程序及相关文件的总称，例如：汇编程序、编译程序、操作系统、数据库管理系统、工具软件等。没有安装任何软件的计算机通常称为裸机，裸机是无法进行工作的。如果将硬件比喻为人的"大脑"，是系统的物质基础，则软件可比喻为大脑中的"思想"，是系统的灵魂，二者相辅相成、缺一不可。通过硬件和软件的相互依存构成一个可用的计算机系统，其结构如图 1-6 所示。

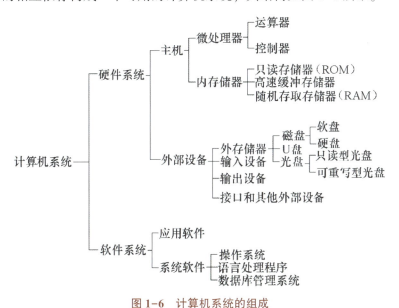

图 1-6 计算机系统的组成

1.2.1 计算机硬件系统

根据冯·诺依曼"存储程序和程序控制"原理，计算机硬件系统分成 5 部分：运算器、控制器、存储器、输入设备、输出设备。由于运算器、控制器、内存储器三个部分是信息加工、处理的主要部件，所以把它们合称为主机，而输入设备、输出设备及外存储器则合称为外部设备。

从外观上看，计算机有卧式、立式等几种类型。如图 1-7 计算机的所示为一台典型的微型计算机的外观。

微型计算机是目前人们最常用，最熟悉的计算

图 1-7 计算机的外观

机，下面以微型计算机硬件系统为例来介绍各个功能部件。

1. 主板

微机中最大的一块集成电路板，如图 1-8 所示，它被固定在机箱上，主机部分的大多数部件安装在机箱内的主板上，外部设备通过输入/输出接口及系统总线与主板相连。

图 1-8　主板

主板上的部件主要包括 CPU 接口、控制芯片组、内存储器插槽、I/O 接口、总线扩展槽、键盘/鼠标接口、SATA 接口（用于连接硬盘和光驱）、可充电电池以及各种开关和跳线等。现在主板上，通常还集成了显示卡、声效卡、网卡等部件。

2. 中央处理器

通常人们称为 CPU，是插在主板 CPU 插座上的一块集成芯片。它是计算机的运算核心与控制核心，包括运算器和控制器两大逻辑部件，其功能为解释和执行指令，相当于人的大脑。如图 1-9 酷睿 i9-9920X 处理器所示的酷睿 i9-9920X 就是 Intel 制造的一款高性能中央处理器。

图 1-9　CPU 外观

世界上第一块微处理器芯片是由 Intel 公司于 1971 年研制成功的，称为 Intel 4004，字长为 4 位；以后又相继出现了 8 位芯片 8008 及其改进型号 8080；16 位芯片 8086、80286；32 位芯片 80386、80486；Pentium Pro、Pentium Ⅲ 和 64 位 Athlon 64 芯片等。一般认为芯片的位数越多，其处理能力会越强。CPU 的生产厂商有 Intel、AMD 和威盛公司等。CPU 的外观如图 1-9 所示。

3. 内存储器

内存储器即内存，也称主存。内存是直接和 CPU 进行数据交换的部件，外存中的程序和数据只有先被读入到内在中才能被 CPU 读取，而 CPU 运算的结果也被先临时写到内存中。内存可分为只读存储器和随机存储器两类。

（1）只读存储器（Read Only Memory，ROM）

ROM 中的数据是由设计者和制造商事先编制好固化在里面的一些程序，使用者只能读取，不能随意更改。PC 中的 ROM，最常见的就是主板上的 BIOS 芯片，主要用于检查计算机系统的配置情况并提供最基本的输入/输出（I/O）控制程序。

ROM 的特点是断电后数据仍然存在。

（2）随机存储器（Random Access Memory，RAM）

随机存取器中的数据既可读也可写，它是计算机工作的存储区，一切要执行的程序和数据都要先装入 RAM 内。CPU 在工作时将频繁地与 RAM 交换数据，而 RAM 又与外存频繁地交换数据。

RAM 的特点主要有两个：一是存储器中的数据可以反复使用，只有向存储器写入新数据时存储器中的内容才会被更新；二是 RAM 中的信息随着计算机的断电而自然消失，所以说 RAM 是计算机处理数据的临时存储区，要想使数据长期保存起来，必须将数据保存在外存中。

目前计算机中的 RAM 大多采用半导体存储器，基本上是以内存条的形式进行组织的，其优点是扩展方便，用户可根据需要随时增加内存。常见的内存条的容量有 4GB、8GB 等。使用时只要将内存条插在主板的内存插槽上即可。如图 1-10 所示的内存条被安装在主板上的内存插槽中。

图 1-10　内存条

4. 高速缓冲存储器（Cache）

高速缓冲存储器，简称为高速缓存。内存的速度比硬盘要快几十倍或上百倍，但 CPU 的速度更快，为提高 CPU 访问数据的速度，在内存和 CPU 之间增加了可预读的高速缓冲区 Cache，这样当 CPU 需要指令或数据时，首先在 Cache 中进行查找，能找到就无需每次都去访问内存。Cache 的访问速度介于 CPU 和 RAM 速度之间，从而提高了计算机的整体性能。

5. 总线

总线是一组连接各个部件的公共通信线，即系统各部件之间传送信息的公共通道。按其传送的信息可分为数据总线、地址总线和控制总线三类。

（1）数据总线（Data Bus，DB）

用来传送数据信号，它是 CPU 同各部件交换数据信息的通路。数据总线都是双向的，而具体传送信息的方向，则由 CPU 来控制。

（2）地址总线（Address Bus，AB）

用来传送地址信号，CPU 通过地址总线把需要访问的内存单元地址或外部设备地址传送出去，通常地址总线是单向的。地址总线的宽度决定了寻址的范围，如寻址 1GB 地址空间就需要有 30 条地址线。

（3）控制总线（Control Bus，CB）

用来传送控制信号，以协调各部件之间的操作，它包括 CPU 对内存和接口电路的读写信号、中断响应信号等，也包括其他部件传送给 CPU 的信号，如中断申请信号、准备就绪信号等。

当前的计算机均采用总线结构将各部件连接起来组成一个完整的系统。总线结构有很多优点，如可简化各部件的连线，并适应当前模块化结构设计的需要。但采用总线也有其不足之处，如总线负担较重，需分时处理信息发送，有时会影响速度。

6. 外存

外存储器即外存，也称辅存，其作用是存放计算机工作所需要的系统文件、应用程序、用户程序、文档和数据等。

内存直接和 CPU 交换数据，读写速度快，但存储容量有限，只能临时存放参与运算的程序和数据，而需要长久保存的数据和计算机程序会被存在外存储器中，需要用到时才被调入内存。微型计算机中最常见的外存是硬盘，另外还可以使用光盘、U 盘、移动硬盘、SD 卡等，如图 1-11 所示，分别为硬盘、SD 卡、U 盘。

图 1-11　硬盘、SD 卡、U 盘

7. 显卡

显卡是主机与显示器之间的接口电路，它的主要功能是将要显示的字符或图形的内码转换成图形点阵，并与同步信息形成视频信号传输给显示器。现在主流 CPU 或主板上都集成有显示核心，能满足大部分实际需要。如果对显示要求比较高，如玩大型实时游戏，大型的多媒体工作站等可以使用高性能独立显卡，如图 1-12 所示，插在主板专门的显卡扩展槽上使用。

图 1-12 显卡

8. 声卡

负责将计算机音频数字信号转换成音频信号，并连接到扬声设备，现在的音频处理芯片大部分都被集成在主板上。

9. 网卡

负责和网络上其他计算机之间进行信息传输，一般也集成在主板上。

10. 输入设备

输入设备的主要功能是接受用户输入的原始数据和程序，将人们熟悉的信息形式转换为计算机能够识别的信息形式并存放到存储器中。目前常用的输入设备有键盘、鼠标、扫描仪、数码摄像机、触摸屏、绘图板、麦克风等。各种输入设备和主机之间通过相应的接口适配器连接。

11. 输出设备

输出设备的主要功能是把计算机处理后的结果以人们能够接受的信息形式表示出来。目前常用的输出设备有显示器、投影仪、打印机（常见的打印机有针式打印机、喷墨打印机、激光打印机）、绘图仪和音响等。

1.2.2　计算机软件系统

　　计算机软件系统是整个计算机系统的重要组成部分，如果说硬件系统是计算机系统的物质基础，那么软件系统就好像是计算机系统的灵魂。没有软件系统，硬件系统只能是一堆摆设，计算机根本无法工作。

　　计算机软件是指计算机运行所需的程序及其相关支持文档的总和。软件一般都记录在一定的存储介质上，如 U 盘、硬盘、光盘等。人们总是通过一定的软件来控制计算机完成预定的任务。

　　软件一般分为系统软件和应用软件。

1. 系统软件

　　系统软件的主要功能是调度、控制和维护计算机系统，负责管理计算机系统中各独立部件，使各部件协调工作。系统软件是软件系统的基础，所有应用软件都要在系统软件上运行。系统软件主要包括操作系统、语言处理系统、系统辅助程序等，其中最主要的是操作系统，它提供了其他软件运行的环境。

　　(1) 操作系统

　　操作系统即 Operating System，简称 OS，是为了提高计算机工作效率而编写的一种核心软件，用于对所有软硬件资源进行统一管理、调度及分配，是人与计算机进行交流的接口程序，其他程序的运行都需要操作系统进行支持。常常把操作系统称为计算机的"管家"，是所有软件的基础和核心。

　　如图 1-13 所示，操作系统位于整个软件的核心位置，其他系统软件处于操作系统的外层，应用软件则处于计算机软件的最外层，用户解决具体问题基本上都通过应用软件。

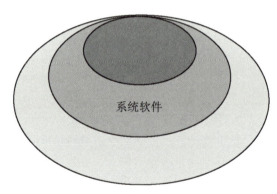

图 1-13　计算机软件系统

　　计算机的操作系统有许多种，常见的有 UNIX、LINUX、Windows、OS/2 等。

　　(2) 语言处理程序

　　编写程序是利用计算机解决问题的重要方法和手段，用于编写程序的计算机语言包括机器语言（低级语言）、汇编语言和高级语言，计算机只能识别机器语言，而不能识别汇编语言与高级语言。因此对于用汇编语言或高级语言编制的程序，必须经过语言处理程序转换为机器语言，才能被计算机接受和处理。用汇编语言或高级语言书写的程序称为源程序，源程序经过语言处理程序翻译加工，所得到的可由计算机直接执行的机器语言程序，称为目标程序。语言处理程序主要包括汇编程序、编译程序和解释程序三类。

　　(3) 系统辅助处理程序

　　系统辅助处理程序主要是指一些为计算机系统提供服务的工具软件和支撑软件，这些程序主要是为了维护计算机系统的正常运行，方便用户在软件开发和实施过程中的应用。

2. 应用软件

应用软件是用户可以使用的各种程序设计语言，以及各种程序设计语言编写的应用程序的集合，分为通用软件和专用软件。

（1）通用软件

为了解决某一类问题所涉及的软件称为通用软件。

如用于文字处理、表格处理、文稿演示等的办公软件 Microsoft Office、WPS 等；用于财务会计业务的财务软件用友软件等；用于机械设计制图的绘图软件 AutoCAD 等；用于图像处理的软件 Photoshop、Adobe Illustrator 等。

（2）专用软件

专门适应特殊需求的软件或是将各种专业性工作集合到一起完成的软件称为专用软件。如某车床自动控制程序、学校的教务管理系统等。

1.2.3 计算机主要性能指标

一台计算机功能的强弱或性能的好坏，不是由某项指标来决定的，而是由它的系统结构、指令系统、硬件组成、软件配置等多方面的因素综合决定的。但对于大多数普通用户来说，可以大体从以下几个指标来评价计算机的性能。

1. 字长

一般说来，字长是计算机内部一次可以处理的二进制数码的位数。在其他指标相同时，字长越长计算机处理数据的能力越强。计算机的字长一般有 32 位、64 位等。

2. 运算速度

运算速度是衡量计算机性能的一项重要指标。通常所说的计算机运算速度（平均运算速度），是指计算机每秒钟所能执行的指令条数，一般用"百万条指令/秒"（Million Instruction Per Second，MIPS）来描述。计算机也经常采用主频来描述运算速度，例如，酷睿 i7 980X 主频的为 3.5GHz。一般说来，主频越高，运算速度就越快。

3. 内存容量

内存储器，简称内存或主存，CPU 可以直接访问内存，初始数据、中间结果和最终结果都会暂时存放在内存中。内存储器容量的大小反映了计算机即时存储和处理信息的速度。随着操作系统的升级，应用软件的不断丰富及其功能的不断扩展，人们对计算机内存容量的需求也不断提高。例如，运行 Windows Server 2000 操作系统至少需要 128MB 的内存容量，Windows Server 2003 则需要 256 MB 以上的内存容量，Windows 7 操作系统则至少需要 1G 的内存容量。内存容量越大，系统处理数据的速度就越快。目前大多使用 4GB、8GB 的内存。

以上三项是主要性能指标。除了这些以外，计算机还有一些其他指标，例如，外存储器的容量、所配置外围设备（如显示器）的性能指标以及所配置系统软件的情况等。另外，各项指标之间也不是彼此孤立的，在实际应用时，应该把它们综合起来考虑，而且还要遵循"性能价格比"最优的原则。

1.3 信息在计算机内的表示

计算机系统中所有信息都是用二进制表示，相对十进制而言，采用二进制表示易于物理实现、运算简单、可靠性高、通用性强。

1.3.1 数据存储单位

计算机可以存储大量的数据，并且对其进行运算。计算机是由逻辑电路组成的，用 1 和 0 两个数符来表示电器元件的导通和截止，所以目前所用的计算机都是采用二进制数进行运算、控制和存储。根据存储数据的大小，计算机存储容量的单位有很多类别。以下介绍一些常用的存储单位。

（1）比特位（Bit）：是二进制数存储的最小单位，存入 1 位二进制数（0 或 1）。

（2）字节（Byte）：由 8 位二进制数组成一个字节，通常用 B 表示。是计算机存储容量的基本单位。

（3）字（Word）：由若干个字节组成一个字，一个字可以存储一条指令或一个数据，字的长度称为字长。字长是指 CPU 能够直接处理的二进制数据位数，字长越长，占的位数越多，处理的信息量就越多，计算的精度和速度也越高，它是计算机性能的一个重要指标。常见的计算机字长有 32 位和 64 位。

（4）存储器的存储单位通常用 B、KB、MB、GB、TB 表示，它们的转换关系如下：

$1B = 8bit$

$1KB = 2^{10}B = 1024B$

$1MB = 2^{10}KB = 1024KB$

$1GB = 2^{10}MB = 1024MB$

$1TB = 2^{10}GB = 1024GB$

$1PB = 2^{10}TB = 1024TB$

$1EB = 2^{10}PB = 1024PB$

$1ZB = 2^{10}EB = 1024EB$

1.3.2 常用数制

1. 数制的基本概念

数制也称计数制，是指用一组固定的符号和统一的规则来表示数值的方法。不同数制有不同的进位方法，比如，在十进位计数制中，是按照"逢十进一"的原则进行计数的。

常用进位计数制：

十进制（Decimal notation）；

二进制（Binary notation）；

八进制（Octal notation）；

十六进制数（Hexadecimal notation）；

不论是哪一种数制,其计数和运算都有共同的规律和特点。"基数"和"位权"是进位计数制的两个要素。

(1) 基数

所谓基数,就是进位计数制的每位数上可能有的数码的个数。如十进制数每位上的数码,有"0""1""2",…,"9"十个数码,所以基数为 10。二进制每位上的数码只有"0""1",基数为 2。十六进制数每位上的数码,有"0""1""2",…,"9""A",…,"F"十六个数码,所以基数为 16。

(2) 位权

所谓位权,是指一个数值的每一位上的数字的权值的大小。如十进制数 124.5 从高位到低位的位权分别为 10^2、10^1、10^0、10^{-1}。

(3) 数的位权表示

任何一种数制的数都可以表示成按位权展开的多项式之和。

十进制数的 213.125 可表示为:

$(213.125)_{10} = 2\times 10^2 + 1\times 10^1 + 3\times 10^0 + 1\times 10^{-1} + 2\times 10^{-2} + 5\times 10^{-3}$

二进制数的 101.01 可表示为:

$(1001.01)_2 = 1\times 2^3 + 0\times 2^2 + 0\times 2^1 + 1\times 2^0 + 0\times 2^{-1} + 1\times 2^{-2}$

十六进制数的 1A6C.8 可表示为:

$(1A6C.8)_{16} = 1\times 16^3 + 10\times 16^2 + 6\times 16^1 + 12\times 16^0 + 8\times 16^{-1}$

2. 数制间的转换

(1) 非十进制数转换成十进制数

将二进制、八进制和十六进制数转换成十进制数的方法是按权展开相加。

$(1011.01)_2 = 1\times 2^3 + 0\times 2^2 + 1\times 2^1 + 1\times 2^0 + 0\times 2^{-1} + 1\times 2^{-2} = 11.25$

$(567)_8 = 5\times 8^2 + 6\times 8^1 + 7\times 8^0 = 375$

$(9B4.4)_{16} = 9\times 16^2 + 11\times 16^1 + 4\times 16^0 + 4\times 16^{-1} = 2484.25$

(2) 十进制数转换成非十进制数

整数部分和小数部分要分别转换,整数的转换采用除基逆序取余法。例如,将十进制数 47 转换成二进制数,如图 1-14 所示。

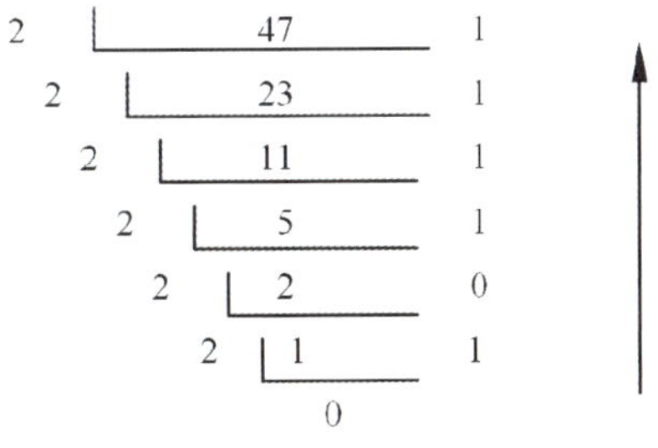

即:$(47)_{10} = (101111)_2$

同理,将十进制整数转换成八进制整数的方法相应就是"除 8 逆序取余",将十进制整数转换成十六进制整数的方法是"除 16 逆序取余"。

小数部分的转换采用乘基顺序取整法。例如,将十进制数 0.125 转换成二进制数,如图 1-15 所示。

即:$(0.125)_{10} = (0.001)_2$

同理,将十进制小数转换成八进制小数的方法相应就是"乘 8 顺序取整",将十进制

图 1-14 整数转换为二进制

整数转换成十六进制整数的方法是"乘16顺序取整"。

注意，不是任意的一个十进制小数都能完全精确地转换成其他数制的小数，一般可以根据精度要求保留到小数点的几位即可。

（3）二进制数与八进制数、十六进制数之间相互转换

因为3位二进制数正好表示0到7这8个数字，所以一个二进制数要转换成八进制数时，以小数点为界分别向左向右开始，每3位分为一组，一组一组地转换成对应的八进制数字。若最后不足3位时，整数部分在最高位前面加0补足3位再转换；小数部分在最低位之后加0补足3位再转换。

	0.125	取整
×	2	
	0.25	0
×	2	
	0.5	0
×	2	
	1	1

图 1-15 整数转换为二进制

例如：(10110101110.1101)$_2$ = (2656.64)$_8$

010 110 101 110 . 110 100

↓ ↓ ↓ ↓   ↓ ↓

2 6 5 6 . 6 4

将八进制数转换成二进制数时以小数点为界，向左或向右每一位八进制数用相应的3位二进制数组取代即可。

例如：(2637.514)$_8$ = (10110011111.1010011)$_2$

2 6 3 7 . 5 1 4

↓ ↓ ↓ ↓   ↓ ↓ ↓

010 110 011 111 . 101 001 100

二进制数与十六进制数转换时，方法同上，只要将3位改成4位即可。

例如：(10100001111110.110110101)$_2$ = (287E.DA8)$_{16}$

0010 1000 0111 1110 . 1101 1010 1000

↓   ↓   ↓   ↓   ↓   ↓   ↓

2   8   7   E   . D   A   8

例如：(3AB.8F6)$_{16}$ = (1110101011.10001111011)$_2$

3   A   B . 8   F   6

↓   ↓   ↓   ↓   ↓   ↓

0011 1010 1011 . 1000 1111 0110

3. 常用数制间数的对应关系

常用数制之间的对应关系见表1-1。

表 1-1　常用数制间数的对应关系

二进制数	十进制数	八进制数	十六进制数
0	0	0	0
1	1	1	1
10	2	2	2
11	3	3	3
100	4	4	4
101	5	5	5
110	6	6	6
111	7	7	7
1000	8	10	8
1001	9	11	9
1010	10	12	A
1011	11	13	B
1100	12	14	C
1101	13	15	D
1110	14	16	E
1111	15	17	F
10000	16	20	10

1.3.3　计算机中常用编码

1. ASCII 码

ASCII（American Standard Code for Information Interchange，美国信息互换标准代码）是基于罗马字母表的一套计算机编码系统。它主要用于表示现代英语和其他西欧语言。它是现今最通用的单字节编码系统，并等同于国际标准 ISO 646。内容主要包括控制字符（回车键、退格、换行键等）和可显示字符（英文大小写字符、阿拉伯数字和西文符号）。

ASCII 码采用 7 位（bits）表示一个字符，表 1-2 所示共 128 字符。因 7 位编码的字符集只能支持 128 个字符，为了表示更多的欧洲常用字符对 ASCII 进行了扩展，ASCII 扩展字符集使用 8 位（bits）表示一个字符，共 256 字符。ASCII 扩展字符集比 ASCII 字符集扩充出来的符号包括表格符号、计算符号、希腊字母和特殊的拉丁符号。

2. 汉字编码

随着汉语在国际事务和全球信息交流中的地位不断上升，对汉字的计算机处理也成为当今文字信息处理中的重要内容。

汉字与西方文字不同，西方文字是拼音文字，仅用为数不多的字母和其他符号即可组成大量的单词、句子，这与计算机可以接受的信息形态和特点基本一致，所以处理起来比较容易。例如，对英文字符的处理，7 位 ASCII 码字符集中的字符即可满足使用需求，且英文字符在计算机上的输入及输出也非常简单,因此,英文字符的输入、存储、内部处理和输出都可以只用同一个编码(如 ASCII 码)。而汉字是一种象形文字,字数极多且字形复杂,每一个汉字都有"音、形、义"三要素,同音字、异体字也很多,这些都给汉字的计算机处理带来了很大的困难。为此,必须将汉字代码化,即对汉字进行某种形式的编码。

每一个汉字的编码都包括输入码、交换码、内部码和字形码。在计算机的汉字信息处理系统中,处理汉字时要进行如下的代码转换:输入码→交换码→内部码→字形码。下面介绍汉字的 4 种编码。

(1) 输入码

为了利用计算机上现有的标准西文键盘来输入汉字,必须为汉字设计输入编码。输入码也称为外码。目前,汉字输入编码的方式有很多,按照不同的设计思想,可把这些数量众多的输入码归纳为四大类:数字编码、拼音码、字形码和音形码。其中,目前应用最广泛的是拼音码和字形码。

(2) 交换码

交换码用于汉字外码和内部码的交换。我国于 1981 年颁行的《信息交换用汉字编码

表 1-2 ASCII 码对照表

$b_6 b_5 b_4$ / $b_3 b_2 b_1 b_0$	000	001	010	011	100	101	110	111
0000	NUL	DLE	SP	0	@	P	`	p
0001	SOH	DC1	!	1	A	Q	a	q
0010	STX	DC2	"	2	B	R	b	r
0011	ETX	DC3	#	3	C	S	c	s
0100	EOT	DC4	$	4	D	T	d	t
0101	ENQ	NAK	%	5	E	U	e	u
0110	ACK	SYN	&	6	F	V	f	v
0111	BEL	ETB	'	7	G	W	g	w
1000	BS	CAN	(	8	H	X	h	x
1001	HT	EM	)	9	I	Y	i	y
1010	LF	SUB	*	:	J	Z	j	z
1011	VT	ESC	+	;	K	[	k	{
1100	FF	FS	,	<	L	\	l	|
1101	CR	GS	-	=	M	]	m	}
1110	SO	RS	.	>	N	^	n	~
1111	SI	US	/	?	O	_	o	DEL

字符集·基本集》（代号为 GB2312-80）是交换码的国家标准，也称为国标码。GB2312-80 中共有 7445 个字符符号；汉字符号 6763 个，非汉字符号 682 个。还有一级汉字 3755 个（按汉语拼音字母顺序排列），二级汉字 3008 个（按部首笔画顺序排列）。GB2312-80 规定所有的国标码汉字及符号组成一个 94×94 的方阵。在此方阵中，每一行称为一个"区"，每一列称为一个"位"。这个方阵实际上组成一个有 94 个区（编号由 01~94），每个区有 94 个位（编号由 01~94）的汉字字符集。一个汉字所在的区号和位号的组合就构成了该汉字的"区位码"。其中，高两位为区号，低两位为位号。这样区位码可以唯一地确定某一汉字或字符；反之，任何一个汉字或符号都对应一个唯一的区位码，没有重码。所有汉字与符号的 94 个区，可以分为 4 个组：

① 1~15 区为图形符号区。其中 1~9 区为标准符号区，10~15 区为自定义符号区。

② 16~55 区为一级汉字区，包含 3755 个汉字。这些区中的汉字按汉语拼音顺序排序，同音字按笔画顺序列出。

③ 56~87 区为二级汉字区，包含 3008 个汉字。这些区中的汉字是按部首笔画顺序排序的。

④ 88~94 区为自定义汉字区。

国标码规定，每个汉字（包括非汉字的一些符号）由 2 个字节代码表示。每个字节的最高位为 0，只使用低 7 位，而低 7 位的编码中又有 34 个是用于控制用的，这样每个字节只有 128-34=94 个编码用于汉字。2 个字节就有 94×94=8836 个汉字编码。在表示一个汉字的 2 个字节中，高字节对应编码表中的行号，称为区号；低字节对应编码表中的列号，称为位号。

（3）机内码

内部码是汉字在计算机内的基本表示形式，是计算机对汉字进行识别、存储、处理和传输所用的编码。内部码也是双字节编码，将国标码两个字节的最高位都置为 1，即转换成汉字的内部码。计算机信息处理系统根据字符编码的最高位是 1 还是 0 来区分汉字字符和 ASCII 码字符。

（4）字形码

字形码是表示汉字字形信息（汉字的结构、形状、笔画等）的编码，用来实现计算机对汉字的输出（显示、打印）。由于汉字是方块字，因此字形码最常用的表示方式是点阵形式，有 16×16 点阵、24×24 点阵、48×48 点阵等。例如，16×16 点阵的含义为：用 256（16×16=256）个点来表示一个汉字的字形信息。每个点有"亮"和"灭"两种状态，用一个二进制位的 1 或 0 来对应表示。因此，存储一个 16×16 点阵的汉字需要 256 个二进制位，共 32 个字节，24×24 点阵的汉字需要 576 个二进制位，共 72 个字节。

以上的点阵可根据汉字输出的不同需要进行选择，点阵的点数越多，输出的汉字就越精确、美观。

（5）机内码、区位码、国标码的转换

汉字机内码、国标码和区位码三者之间的关系为：区位码（十进制）的两个字节分别转换为十六进制后加 20H 得到对应的国标码；机内码是汉字交换码（国标码）两个字节的最高位分别加 1，即汉字交换码（国标码）的两个字节分别加 80H 得到对应的机内码。

举例：以汉字"大"为例，"大"字的区位码为 2083，

① 区码为 20，位码为 83；

② 分别将区码 20 和位码 83 转换为十六进制分别为 14H 的 53H，组合为 1453H；

③ 1453H+2020H = 3473H，得到国标码 3473H；

④ 3473H+8080H = B4F3H，得到机内码为 B4F3H。

因此得到区位码、国标码与机内码的转换方法：

① 区位码分别按区码和位码转换成十六进制数表示；

② （区位码的十六进制表示）+2020H = 国标码；

③ 国标码+8080H = 机内码。

1.4 当前计算机技术热点

1.4.1 物联网

物联网就是"物物相连的互联网"，物联网的核心和基础仍然是互联网，是在互联网基础上延伸和扩展的网络，其用户端延伸和扩展到了物与物之间。具体来说物联网是通过射频识别（RFID）、红外感应、全球定位系统、激光扫描、气体感应等信息传感设备，按约定的协议，把设备与互联网连接起来，进行信息交换和通信，以实现智能化识别、定位、跟踪、监控和管理的一种网络。

现阶段物联网大力拓展的应用领域主要是一些产业的专业网，和一定范围内的局域网。《物联网"十二五"发展规划》圈定九大领域重点示范工程，而在《物联网"十三五"发展规划》中确定了如下六大重点领域示范工程：

1. 智能制造

面向供给侧结构性改革和制造业转型升级发展需求，发展信息物理系统和工业互联网，推动生产制造与经营管理向智能化、精细化、网络化转变。通过 RFID 等技术对相关生产资料进行电子化标识，实现生产过程及供应链的智能化管理，利用传感器等技术加强生产状态信息的实时采集和数据分析，提升效率和质量，促进安全生产和节能减排。通过在产品中预置传感、定位、标识等能力，实现产品的远程维护，促进制造业服务化转型。

2. 智慧农业

面向农业生产智能化和农产品流通管理精细化需求，广泛开展农业物联网应用示范。实施基于物联网技术的设施农业和大田作物耕种精准化、园艺种植智能化、畜禽养殖高效化、农副产品质量安全追溯、粮食与经济作物储运监管、农资服务等应用示范工程，促进形成现代农业经营方式和组织形态，提升我国农业现代化水平。

3. 智能家居

面向公众对家居安全性、舒适性、功能多样性等需求，开展智能养老、远程医疗和健

康管理、儿童看护、家庭安防、水、电、气智能计量、家庭空气净化、家电智能控制、家务机器人等应用，提升人民生活质量。通过示范对底层通信技术、设备互联及应用交互等方面进行规范，促进不同厂家产品的互通性，带动智能家居技术和产品整体突破。

4. 智能交通和车联网

推动交通管理和服务智能化应用，开展智能航运服务、城市智能交通、汽车电子标识、电动自行车智能管理、客运交通和智能公交系统等应用示范，提升指挥调度、交通控制和信息服务能力。开展车联网新技术应用示范，包括自动驾驶、安全节能、紧急救援、防碰撞、非法车辆查缉、打击涉车犯罪等应用。

5. 智慧医疗和健康养老

推动物联网、大数据等技术与现代医疗管理服务结合，开展物联网在药品流通和使用、病患看护、电子病历管理、远程诊断、远程医学教育、远程手术指导、电子健康档案等环节的应用示范。积极推广社区医疗+三甲医院的医疗模式。利用物联网技术，实现对医疗废物追溯，对问题药品快速跟踪和定位，降低监管成本。建立临床数据应用中心，开展基于物联网智能感知和大数据分析的精准医疗应用。开展智能可穿戴设备远程健康管理、老人看护等健康服务应用，推动健康大数据创新应用和服务发展。

6. 智慧节能环保

推动物联网在污染源监控和生态环境监测领域的应用，开展废物监管、综合性环保治理、水质监测、空气质量监测、污染源治污设施工况监控、进境废物原料监控、林业资源安全监控等应用。推动物联网在电力、油气等能源生产、传输、存储、消费等环节的应用，提升能源管理智能化和精细化水平。建立城市级建筑能耗监测和服务平台，对公共建筑和大型楼宇进行能耗监测，实现建筑用能的智能控制和精细管理。鼓励建立能源管理平台，针对大型产业园区开展合同能源管理服务。

当然，物联网的应用并不局限于上面的领域，用一句话形象的来说，就是"网络无所不达，应用无所不能"，物联网的出现和推广必将极大地改变人们的生活。

1.4.2 云计算

云是网络、互联网的一种比喻说法。云计算（Cloud Computing）是基于互联网的相关服务的增加、使用和交付模式，通常涉及通过互联网来提供动态易扩展且经常是虚拟化的资源。云计算将提供的服务发布在大量计算机构成的资源池中，使各种应用系统能够根据需要获取计算能力、存储空间和各种软件服务。

云计算可以认为包括以下几个层次的服务：基础设施即服务（IaaS），平台即服务（PaaS）和软件即服务（SaaS）。

1. 基础设施即服务 IaaS（Infrastructure-as-a-Service）

过去，如果用户想在办公室或者公司的网站上运行一些企业应用，需要去买服务器，或者别的昂贵的硬件来配置本地应用，让用户的业务运行起来。有了 IaaS，用户可以将硬件外包到别的地方去。IaaS 公司会提供场外服务器，存储和网络硬件，用户可以租用，从而大大节省了维护成本和办公场地，和本地配置一样，公司可以在任何时候利用这些硬件来运行其应用。IaaS 主要的用户是系统管理员。

2. 平台即服务 PaaS（Platform-as-a-Service）

PaaS 的主要作用是将一个开发和运行平台作为服务提供给用户，用户可以在一个包括软件开发工具包（SDK）、文档和测试环境等在内的开发平台上非常方便地编写应用，而且不论是在部署，或者在运行的时候，用户都无需为服务器，操作系统，网络和存储等资源的管理操心，这些繁琐的工作都由 PaaS 供应商负责处理，而且 PaaS 在整合率上面非常惊人，比如一台运行 Google App Engine 的服务器能够支撑成千上万的应用，也就是说，PaaS 是非常经济的。另外，PaaS 也让分散的工作室之间的合作变得更加容易。PaaS 主要的用户是开发人员。

3. 软件即服务 SaaS（Software-as-a-Service）

通过 SaaS 这种模式，用户只要接上网络，并通过浏览器，就能直接使用在云端上运行的应用，而不需要顾虑类似安装等琐事，并且免去初期高昂的软硬件投入。SaaS 主要面对的是普通的用户。

云计算为产业服务化提供了技术平台，使生产流程的最终交付品是一种基于网络和信息平台的服务。云计算平台在改进基础架构、节省成本等方面具备相当的优势。在一些场景，已经可以取代传统的技术，在未来几年中，云计算市场将会保持快速地增长。

1.4.3 大数据

随着互联网包括物联网技术的飞速发展无处不在的信息感知和采集终端为用户采集了海量的数据，而以云计算为代表的计算技术的不断进步，为用户提供了强大的计算能力，这就使得大数据技术的发展有了基础。大数据技术的战略意义不在于掌握庞大的数据信息，而在于对这些含有意义的数据进行专业化处理，通过"加工"实现数据的"增值"。

究竟什么是"大数据"，它又会给现在的生活带来什么影响呢？用一个在网上流传的段子来解释一下，可能会比较容易理解。

一家快餐披萨店，外卖电话响了，店长拿起电话。

店长：您好，这里是××披萨店。请问有什么需要我为您服务？

顾客：你好，我想要订一份披萨。

店长：请问您是陈先生吗？

顾客：你怎么知道我姓陈？

店长：陈先生，因为我们的 CRM（客户关系管理）系统对接了三大通讯服务商，看到您的来电号码，我就知道您贵姓了。

顾客：哦，那我想要一份海鲜至尊披萨。

店长：陈先生，海鲜披萨不适合您，建议您另选一份。

顾客：为什么？

店长：根据您的医疗记录，您的血尿酸值偏高，有痛风的症状，建议您不要食用高嘌呤的食物。您可以试试我们店最经典的田园蔬菜披萨，低脂、健康，符合您现阶段的饮食要求。

顾客：你怎么知道我会喜欢这种披萨？

店长：您上周在一家网上书店买了一本《低脂健康食谱》，其中就有这款披萨的菜谱。

顾客：那好吧。我要一个家庭特大号披萨，多少钱？

店长：158元。这个足够您一家五口吃了。但您的母亲应该少吃，她上个月刚做了心脏搭桥手术，还处于恢复期。

顾客：好的，知道了。我可以刷卡吗？

店长：抱歉，陈先生。请您付现吧，因为您的信用卡已经刷爆了，您现在还欠银行5000元，而且还不包括住房贷款利息。

顾客：那我先去附近的提款机取现金。

店长：陈先生，根据银行记录，您今天已经超过了日提款限额。

顾客：算了，那你们直接把披萨送到我家里吧，家里有现金，你们多久能送到？

店长：大约30分钟。如果您不想等，可以自己来取。

顾客：为什么？

店长：我这边看到您家的地址是某某路东段22号，距离我们店开车只有5分钟路程，您名下登记有一辆车号为×××××××的轿车，这辆车目前正在距离您家不到两分钟车程的地方。如果您等不及，可以回家拿了现金就开车来店里取，这大概要花您10分钟的时间，正好是一个披萨出炉的时间。这样，您总共只需花15至20分钟就可以将披萨拿回家，比我们送货上门要快。

顾客差点儿晕倒。

这就是所谓的"大数据"，一家披萨店，因为把自身的 CRM 系统和各种网络数据进行了对接，变得仿佛无所不知、无所不晓。而对于那个顾客来说，从上到下、由里至外，其所有的信息似乎都被整张网络全部掌握，还被商家进行了有效的利用，这就是大数据的"增值"。

当然上面的段子有夸张的成份，作者可能是先虚构店家的建议再逆推虚构了顾客的一些"精准"信息。但真正的大数据技术的确可以帮助用户根据对历史数据的分析，发现事物的发展变化规律，可以有助于更好的提高生产效率，预防意外发生，促进营业销售，使工作和生活变得更加高效轻松便利。例如，通过对医学数据的积累和分析，预测疾病发生的概率，以及如何更好的治愈；通过对人们日常消费数据的积累和分析，预测消费需求，促进销售；通过对环境数据的积累和分析，预测未来气候变化，防范自然灾害。

"大数据"可能带来的巨大价值正渐渐被人们认可，它通过技术的创新与发展，以及数据的全面感知、收集、分析、共享，为人们提供了一种全新的看待世界的方法，使人们更多地能基于事实与数据做出决策，这样的思维方式，可以预见，将推动社会发生巨大变革。

1.4.4 人工智能

人工智能（Artificial Intelligence），英文缩写为 AI。它是研究、开发用于模拟、延伸和扩展人的智能的理论、方法、技术及应用系统的一门新的技术科学。人工智能是计算机学科的一个分支，被认为是 21 世纪三大尖端技术（基因工程、纳米科学、人工智能）之一。近三十年来它获得了迅速的发展，在很多学科领域都获得了广泛应用，并取得了丰硕的成果。

由谷歌（Google）旗下 DeepMind 公司戴密斯·哈萨比斯领衔的团队开发的阿尔法围棋（AlphaGo）是第一个击败人类职业围棋选手、第一个战胜围棋世界冠军的人工智能机器人。2016 年 3 月，阿尔法围棋与围棋世界冠军、职业九段棋手李世石进行围棋人机大战，以 4 比 1 的总比分获胜；2017 年 5 月在中国乌镇围棋峰会上，它与排名世界第一的世界围棋冠军柯洁对战，以 3 比 0 的总比分获胜。围棋界公认阿尔法围棋的棋力已经超过人类职业围棋顶尖水平。

"阿尔法围棋"象征着计算机技术已进入人工智能的新信息技术时代（新 IT 时代），其特征就是大数据、大计算、大决策，三位一体。它的智慧正在接近人类。

1.5 习题

一、选择题

1. 计算机中数据的表示形式是_____。
   A. 八进制　　　　B. 十进制　　　　C. 二进制　　　　D. 十六进制
2. 具有多媒体功能的微型计算机系统中，常用的 CD-ROM 是_____。
   A. 只读型大容量软盘　　　　　　　B. 只读型光盘
   C. 只读型硬盘　　　　　　　　　　D. 半导体只读存储器
3. 微机中 1K 字节表示的二进制位数是_____。
   A. 1000　　　　B. 8 * 1000　　　　C. 1024　　　　D. 8 * 1024
4. 用户可用内存通常是指_____。
   A. RAM　　　　B. ROM　　　　C. CACHE　　　　D. CD-ROM
5. 下列选项中，_____不能与 CPU 直接交换数据。
   A. RAM　　　　B. ROM　　　　C. CACHE　　　　D. CD-ROM
6. RAM 具有的特点是_____。
   A. 海量存储
   B. 存储在其中的信息可以永久保存
   C. 一旦断电，存储在其上的信息将全部消失且无法恢复
   D. 存储在其中的数据不能改写
7. 操作系统是计算机系统中的_____。
   A. 核心系统软件　　B. 关键的硬件部件　　C. 广泛使用的应用软件　　D. 外部设备

8. CPU 即中央处理器，包括_____。
A. 运算器和控制器　　　　　　B. 控制器和存储器
C. 内存和外存　　　　　　　　D. 运算器和存储器

9. 计算机中的一个_____是由八个二进制位组成的。
A. 字节　　　　B. 字　　　　C. 汉字代码　　　　D. ASCII 码

10. 某工厂的仓库管理软件属于_____。
A. 应用软件　　　　　　　　　B. 系统软件
C. 工具软件　　　　　　　　　D. 字处理软件

11. 打开计算机步骤的描述中，比较合理的方法是_____。
A. 先打开显示器等外部设备，然后再打开计算机主机电源
B. 先打开计算机主机电源，然后再打开显示器电源
C. 先打开计算机主机电源，然后再打开外部设备电源
D. 先打开显示器和计算机主机电源，然后再打开外部设备电源

12. 输入#号时，应先按住_____键，再按#号键。
A. ALT　　　　B. Shift　　　　C. Ctrl　　　　D. Del

13. 配置高速缓冲存储器（Cache）是为了解决_____。
A. 内存与辅助存储器之间速度不匹配问题
B. CPU 与辅助存储器之间速度不匹配问题
C. CPU 与内存储器之间速度不匹配问题
D. 主机与外设之间速度不匹配问题

14. 在一般情况下，外存储器中存放的数据在断电后_____失去。
A. 不会　　　　B. 完全　　　　C. 少量　　　　D. 多数

15. 各种应用软件都必须在_____的支持下运行。
A. 编程程序　　B. 计算机语言程序　　C. 字处理程序　　D. 操作系统

16. 计算机按照_____划分可以分为：巨型机．大型机．小型机．微型机和工作站。
A. 规模　　　　B. 结构　　　　C. 功能　　　　D. 用途

17. 在十六进制中，基本数码 D 表示十进制数中的_____。
A. 15　　　　B. 13　　　　C. 10　　　　D. 11

18. 下列选项中，_____两个软件都属于系统软件。
A. WINDOWS 和 WORD　　　　　B. WINDOWS 和 PHOTOSHOP
C. UNIX 和 WPS　　　　　　　D. WINDOWS 和 UNIX

19. 在计算机存储中，1GB 表示_____。
A. 1000KB　　　B. 1024KB　　　C. 1000MB　　　D. 1024MB

20. ASCII 码用于表示_____编码。
A. 模拟　　　　B. 字符　　　　C. 数字　　　　D. 数模

21. 与外存储器相比，内存储器_____。
A. 存储量大，处理速度较快　　　B. 存储量小，处理速度较快

C. 存储量大，处理速度较慢　　　　D. 存储量小，处理速度较慢

二、简答题

1. 简述计算机的发展史。
2. 计算机的特点是什么？
3. 计算机的性能指标有哪些？
4. 计算下列进制转换：

$(1023)_{10} = ($ 　　　　$)_2$　　$(569)_{10} = ($ 　　　　$)_{16}$　　$(101101001)_2 = ($ 　　　　$)_{10}$

5. 已知某汉字的区位码为 4650，求其国标码与机内码。

第2章
Windows 7操作系统

操作系统是直接运行在"裸机"上的最基本的系统软件，管理和控制计算机硬件和软件资源，Windows 7 是由微软公司开发的，具有革命性变化的操作系统。本章全面细致地讲解了 Windows 7 操作系统的环境与基本操作，使用户能够将实际操作融会贯通，便于快速掌握 Windows 7 的使用方法。

【知识目标】
1. Windows 7 的基本操作
2. Windows 7 的文件管理
3. Windows 7 系统设置、管理与维护
4. Windows 7 的附件程序

本章扩展资源

2.1 Windows 7 基本操作

Windows 7 是由微软公司（Microsoft）开发的操作系统，核心版本号为 Windows NT 6.1。Windows 7 可供家庭及商业工作环境、笔记本电脑、平板电脑、多媒体中心等使用。它主要的版本有 Windows 7 家庭基础版（home basic）、Windows 7 家庭高级版（home premium）、Windows 7 专业版（professional）、Windows 7 旗舰版（ultimate）。Windows 7 对硬件系统的要求为：CPU 至少主频 1GHz 以上，内存至少 1GB 及以上。需要硬盘空间 16GB 以上，安装系统的分区至少有 20GB 以上的自由空间。配备鼠标，VGA 或者更高分辨率的显示器，DVD 驱动器，能上网。

2.1.1 Windows 7 的启动

成功安装 Windows 7 后，只要打开计算机电源，计算机便会启动 Windows 7 操作系统。在双操作系统或多操作系统中开机后，系统会提示用户选择需要进入的操作系统。

启动 Windows 7 后，系统显示登录界面，登录界面中显示每个用户的帐号名。登录某帐号时，用鼠标单击该帐号名，输入密码，成功登录后的 Windows 7 界面如图 2-1 所示。

图 2-1　Windows 7 界面

2.1.2　Windows 7 桌面

桌面是打开计算机并登录到 Windows 之后看到的主屏幕区域，如图 2-1 所示。就像实际生活中的办公桌的桌面一样，它是用户工作的平台。打开程序或文件夹时，它们便会出现在桌面上。还可以将一些项目（如文件和文件夹）放在桌面上。

从广义上讲，桌面包括任务栏。任务栏位于屏幕的底部，显示正在运行的程序，并可以在它们之间进行切换；它还包含"开始"按钮 ，通过单击该按钮可以访问程序、文件夹和计算机设置等项目。桌面上的每一个图标代表一个可以执行的应用程序、一个文件或一个操作工具等。内容不同，其图标样式也不同。

安装操作系统时，桌面会自动创建一些基本的图标，如"回收站""计算机""网络"等。

2.1.3　图标

图标是标识文件、文件夹、程序和其他项目的小图片。首次启动 Windows 时，将在桌面上至少看到一个图标：回收站。安装完 Windows 7 操作系统后，桌面上会默认放置一些程序图标，如图 2-2 所示。双击桌面图标会启动或打开它所代表的项目。

1. 添加或删除桌面图标

可以对桌面上的图标进行添加或删除。如果想要从桌面上直接打开某个文件或程序，可创建它们的

图 2-2　桌面图标

快捷方式。快捷方式是一个表示与某个项目链接的图标,而不是项目本身。双击快捷方式可以打开该项目。如果删除快捷方式,则只会删除这个快捷方式,而不会删除原始项目。

在桌面上添加快捷方式的步骤如下:

① 找到要为其创建快捷方式的项目;

② 右击该项目,在快捷菜单中单击"发送到",然后选择"桌面快捷方式",该快捷方式图标便建立在桌面上。

常用的桌面图标包括"计算机""回收站""控制面板"和各种用途的个人文件夹。

向桌面上添加或删除常用的桌面图标方法如下:

① 右击桌面上的空白区域,选择"个性化",打开"控制面板"的"个性化"设置窗口;

② 在该窗口中,单击左侧窗格的"更改桌面图标",弹出"桌面图标设置"窗口,如图 2-3 所示;

③ 在"桌面图标"下方,勾选或取消选择相应的选项,可以为桌面添加或删除相应的图标。

图 2-3　桌面图标设置

若要删除桌面上的图标,右击需要删除的图标,在快捷菜单中选择"删除"即可,如果该图标是快捷方式,则只会删除该快捷方式,原始项目不会被删除。

2. 回收站

"回收站"是计算机硬盘上开辟的一块区域,用来存放被删除的文件。右击"回收站"图标,选择"属性",打开"回收站 属性"窗口,如图 2-4 所示。

如果选择"不将文件移到回收站中。移除文件后立即将其删除",则被删除的文件不会存放在回收站中；如果不选择该选项，删除文件或文件夹时，系统并不立即将其删除，而是将其放入回收站。这样做的好处是，当误删除文件时，可以在回收站中将删除的文件恢复。恢复被删除的文件方法为：打开回收站，找到删除的文件，右击鼠标，在弹出的快捷菜单中，选择"还原"命令，即可将已经删除的文件恢复到原来的位置。

2.1.4 开始菜单

"开始"菜单是启动计算机程序，打开文件夹以及设置计算机系统的入口。若要打开"开始"菜单，单击屏幕左下角的"开始"按钮，或按键盘上的 Windows 键。"开始"菜单分为三个基本部分，如图 2-5 所示。

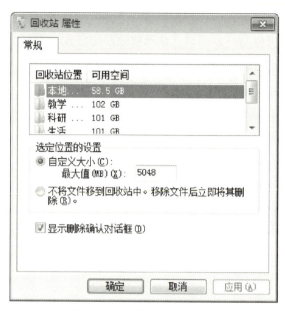

图 2-4 回收站属性对话框

左边的大窗格显示本计算机系统程序的一个短列表。不同的计算机该处的显示会有所不同。单击"所有程序"可显示程序的完整列表。

左边窗格的底部是搜索框，通过输入搜索项可在计算机上查找程序和文件。

右边窗格提供对常用文件夹、文件、相关功能和设置的访问。单击"关机"按钮还可注销 Windows 或关闭计算机。

如果定期使用某一程序，可以通过将程序图标锁定到"开始"菜单以创建程序的快捷方式。将程序锁定"开始"菜单的方法为：鼠标右击需锁定到"开始"菜单中的程序图标，

图 2-5 "开始"菜单

在弹出的快捷菜单中选择"附到「开始」菜单"即可将该程序图标添加到"开始"菜单中。

若要删除"开始"菜单中的程序图标，右击该程序图标，在快捷菜单中选择"从列表中删除"。注意此处仅删除该程序图标的快捷方式，并不会真正卸载该程序。

2.1.5 任务栏

任务栏是位于屏幕底部的水平长条，如图 2-6 所示。Windows 7 的任务栏保持了 Windows XP 基本风格，但结构却完全变样了。

图 2-6 任务栏

从外观上看，Windows 7 的任务栏十分美观，半透明效果及不同的配色方案使得其与各式桌面背景都可以天衣无缝，而开始菜单也变成晶莹剔透的 Windows 徽标圆球，十分吸引眼球，在布局上，从左到右分别为"开始"按钮、活动任务以及通知区域（又称系统托盘）。Windows 7 将快速启动按钮与活动任务结合在一起，它们之间没有明显的区域划分。Windows 7 任务栏的通知区域（即系统托盘区域），默认状态下，大部分的图表都是隐藏的，如果要让某个图标始终显示，只要单击通知区域的正三角按钮，然后选择"自定义"；接着在弹出的窗口中找到要设置的图标，选择"显示图标和通知"即可。

Windows 7 默认会分组相似活动任务按钮，当打开了多个资源管理器窗口，那么在任务栏中只会显示一个活动任务按钮，当将鼠标移动到任务栏上的活动任务按钮上稍微停留，就可以方便预览各个窗口内容，并进行窗口切换。如果资源管理器同时打开多个窗口，那么其活动任务按钮也会有所不同，按钮右侧会出现层叠的边框进行标识。

2.1.6 窗口及其基本操作

窗口在 Windows 中随处可见，打开程序、文件或文件夹时，都会在屏幕上以窗口形式显示。应用程序不同，其打开的窗口内容也不尽相同，但所有窗口都有一些相似的地方，如图 2-7 所示，为一典型窗口的基本组成。

其中：

① 标题栏：显示文档和程序的名称，如果正在文件夹中工作，则显示文件夹的名称。

② 最小化、最大化和关闭按钮：这些按钮分别可以隐藏窗口、放大窗口使其填充整个屏幕以及关闭窗口。

③ 菜单栏：包含程序中可进行操作的一些命令集合。

④ 滚动条：可以滚动窗口的内容以查看当前视图之外的信息。

在 Windows 7 中，用户可以单击边框右上角的"最大化""最小化"按钮来将窗口的状态切换为窗口的状态，窗口最大化是指将整个窗口将显示器撑满全屏，但不覆盖 Windows 任务栏，窗口最小化是缩小显示为 Windows 任务栏中的图标，程序将继续在系统后台运行。当用户需要调整窗口尺寸时，可以将鼠标指针移动至窗口边缘，指针会变为窗口调整状态，当指针处于水平尺寸调整状态时，按住鼠标左键便可以上下移动鼠标来调整窗口的长度。同样的，如果用户需要调整窗口的宽度则可以将鼠标指针移动至窗口的左边或右边的边框边缘。当鼠标指针变为垂直尺寸调整状态时，按住鼠标左键移动鼠标便可调整窗口的宽度。将鼠标指针移动至窗口边框的空白处，按住鼠标左键移动鼠标即可调整窗

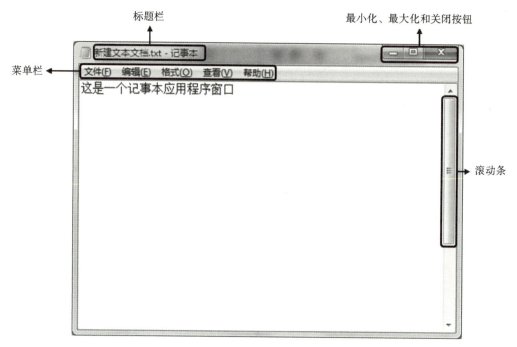

图 2-7 典型窗口的组成

口位置。应用程序运行完时需要关闭程序，窗口使用完时同样也需关闭。大多数的 Windows 窗口在边框的右上角都有一个"关闭"按钮，单击"关闭"按钮来关闭窗口。

2.1.7 菜单和对话框

菜单一般可分为三类：系统菜单、下拉式菜单和快捷菜单。系统菜单位于窗口标题的前面，一般用于对窗口进行操作。

下拉式菜单一般位于窗口标题栏的下方（也就是菜单栏），单击菜单栏上的菜单标题可以打开下拉菜单。

快捷菜单需通过单击鼠标右键弹出，快捷菜单的内容会因不同的位置而有所改变。

对话框是一种特殊类型的窗口，如图 2-8 所示，当程序或 Windows 需要用户进行响应它才能继续时，经常会看到对话框。与常规窗口不同，多数对话框不能最大化、最小化或调整大小，但是可以被移动。

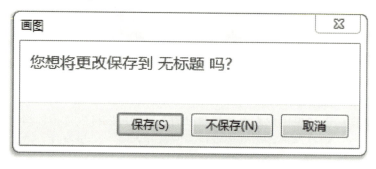

图 2-8 "对话框"窗口

2.1.8 鼠标的基本操作

鼠标的操作是 Windows 的主要操作之一，其操作方式有如下几种：

指向：指移动鼠标，将鼠标指针移到操作对象上。

单击：指快速按下并释放鼠标左键。单击一般用于选定一个操作对象。

双击：指连续两次快速按下并释放鼠标左键。双击一般用于打开窗口，启动应用程序。

拖动：指按下鼠标左键，移动鼠标到指定位置，再释放按键的操作。拖动一般用于选择多个操作对象，复制或移动对象等。

右击：指快速按下并释放鼠标右键。右击一般用于打开一个与操作相关的快捷菜单。

2.1.9 Windows 7 关闭系统

计算机系统的关闭和家用电器不同，为了延长计算机的寿命，用户要学会正确退出系统的方法。常见的关机方法有两种：系统关机和手动关机。

1. 系统关机

使用完计算机后，需要退出 Windows 操作系统并关闭计算机，正确的关机步骤如下：

① 单击"开始"菜单，在弹出的"开始"菜单中单击"关机"按钮；

② 系统开始自动保存相关信息，如果用户忘记关闭某些程序，则会弹出相关警告信息；

③ 系统正常退出后，主机的电源也会自动关闭，然后关闭显示器即可。

2. 强制关机

当用户在使用计算机的过程中，可能会出现一些意外情况，如蓝屏、花屏或死机等现象，这时用户不能通过"开始"菜单关闭系统，需要按主机机箱上的电源按钮几秒钟，直到主机关闭。

3. 注销系统

注销系统是指将当前正在运行的所有程序关闭，但不会关闭计算机。在进行该操作时，用户需要关闭当前运行的程序，保存已打开的文件，否则会导致数据的丢失。注销计算机的具体操作步骤如下：

① 单击"开始"按钮，单击"关机"右侧的右向箭头按钮，在弹出的菜单中选择"注销"命令；

② 如果还存在没有关闭的应用程序，则会弹出相应的提示信息；

③ 单击"强制注销"按钮，系统则会强制关闭应用程序。

4. 睡眠

睡眠结合了待机和休眠的所有优点。将计算机切换到睡眠状态后，计算机会将内存中的数据全部转存到硬盘上的休眠文件中（这一点类似休眠），然后关闭除了内存外所有设备的供电，让内存中的数据依然维持着（这一点类似待机）。

2.2　Windows 7 的文件管理

2.2.1　文件的基本概念

硬盘是存储文件的大容量存储设备。文件是计算机系统中信息存放的一种组织形式，是硬盘上最小的信息组织单位。文件是有关联的信息单位的集合，由基本信息单位（字节或字）组成，包括信件、图片以及编辑信息等。一般情况下，一个文件是一组逻辑上具有完整意义的信息集合，计算机中的所有信息都以文件的形式存在。每个文件都被赋予一个标识符，这个标识符就是文件名。

硬盘可容纳相当多的文件，需要把文件组织到目录和子目录中，在 Windows 7 下，目录被认为是文件夹，子目录被认为是文件夹内的文件夹或者称为子文件夹，一个文件夹就是一个存储文件的有组织实体，它本身也是一个文件。使用文件夹把文件分成不同的组，这样 Windows 7 的整个文件系统形成树状结构，文件夹是对文件进行管理的一种工具。从外形上看，当打开一个文件夹时，它看上去是一个窗口；当关闭一个文件夹时，它看上去是一个文件夹图标。实际上，Windows 7 文件夹就是把磁盘中的目录以图形方式进行显示，在文件窗口中显示的对象就是该目录中所有的文件。

Windows 7 还支持一些特殊的文件夹，它们不对应磁盘上的某个目录，而是包含了一些其他类型的对象，例如，桌面上的"计算机""文档"以及"控制面板"等。

文件类型是根据它们所含的信息进行分类的，如程序文件、文本文件、图像文件、其他数据文件等文件格式。文件名由主文件名和扩展名组成，扩展名标识了文件的类型，常用文件的文件类型与文件扩展名的对应关系见表 2-1。

表 2-1　图标、文件扩展名与文件类型的对应关系

图标	扩展名	文件类型	图标	扩展名	文件类型
		文件夹		.exe	安装程序文件
	.txt	文本文件		.rar、.zip	压缩文件
	.jpg	图像文件		.doc、.docx	WORD 文档
	.mp3	声音文件		.xls、.xlsx	EXCEL 工作簿文件
	.avi	视频文件		.ppt、.pptx	演示文稿文件
	.tif	字体文件		.html	网页文件

对于不同的文件，可以通过文件名加以识别。Windows 7 的文件命名规则如下：

（1）允许使用长达 256 个字符的文件名，DOS 系统文件名只能使用 11 个字符（即文件最多只有 8 个字符的文件名和 3 个字符的扩展名），如果超过 11 个字符 DOS 系统会去掉超过的字符。

（2）可以使用多间隔符的扩展名，如果需要，可创建一个与下面类似的例子：Document.Report.Work.Manth10。文件名可以有空格，但不能有?、\、*、<、>、| 等符号。

（3）中文版 Windows 7 保留指定文件名的大小写格式，但不能利用大小写区分文件名，例如，my.docx 与 MY.DOCX 被认为是同一个文件名。

（4）可使用汉字作为文件名。

文件不仅有文件名，还有其文件属性。文件属性就是指文件的"只读"属性、"隐藏"属性等。一个文件可以同时具备一个或几个属性，具备"只读"属性的文件只能被读取，而不能被编辑或修改。具备"隐藏"属性的文件一般情况下不会在"计算机"和"资源管理器"中出现。

2.2.2 资源管理器

"资源管理器"是 Windows 操作系统提供的资源管理工具，是 Windows 的精华功能之一。可以通过资源管理器查看计算机上的所有资源，能够清晰、直观地对计算机上形形色色文件和文件夹进行管理。双击桌面上的"计算机"或者在"开始"按钮右击选择"打开 Windows 资源管理器"，如图 2-9 所示。

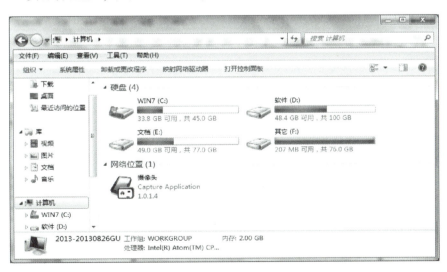

图 2-9 Windows 7 的资源管理器

Windows 7 资源管理器左边的那一块列表区。在这个列表中，整个计算机的资源被划分为五大类：收藏夹、库、家庭组、计算机和网络，它能让用户更好的组织、管理及应用资源，为带来更高效的操作。比如在收藏夹下"最近访问的位置"中可以查看到最近打开过的文件和系统功能，方便再次使用；在网络中，可以直接在此快速组织和访问网络资源。

Windows 7 资源管理器的地址栏采用了叫做"面包屑"的导航功能，如果要复制当前的地址，只要在地址栏空白处单击鼠标左键，即可让地址栏以传统的方式显示，如图 2-10 所示。

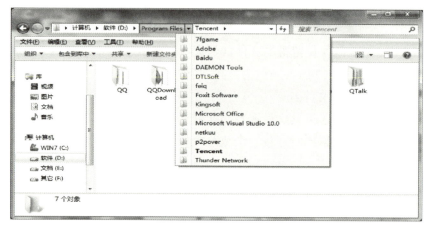

图 2-10　Windows 7 的地址栏采用了"面包屑"导航

在菜单栏方面，Windows 7 的组织方式发生了很大的变化或者说是简化，一些功能被直接作为顶级菜单而置于菜单栏上，如刻录、新建文件夹功能，如图 2-11 所示。

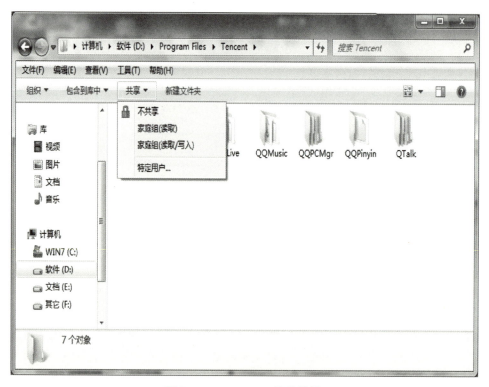

图 2-11　Windows 7 的菜单栏

此外，Windows 7 不再显示工具栏，一些有必要保留的按钮则与菜单栏处在同一行中。如视图模式的设置，单击按钮后即可打开调节菜单，在多种模式之间进行调整，包括 Windows 7 特色的大图标、超大图标等模式，如图 2-12、2-13 所示。

图 2-12　Windows 7 的视图模式设置更加丰富

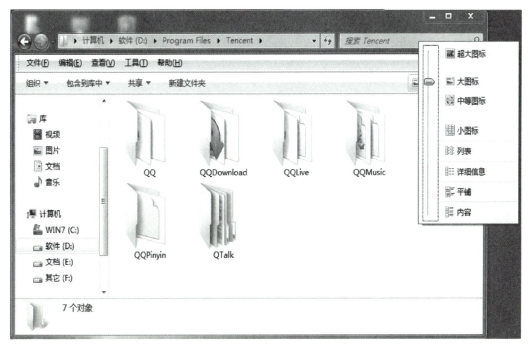

图 2-13　大图标的显示模式颇有特色

在地址栏的右侧，可以再次看到 Windows 7 无处不在的搜索。在搜索框中输入搜索关键词后回车，立刻就可以在资源管理器中得到搜索结果，不仅搜索速度令人满意，且搜索过程的界面表现也很出色，包括搜索进度条、搜索结果条目显示等，如图 2-14 所示。

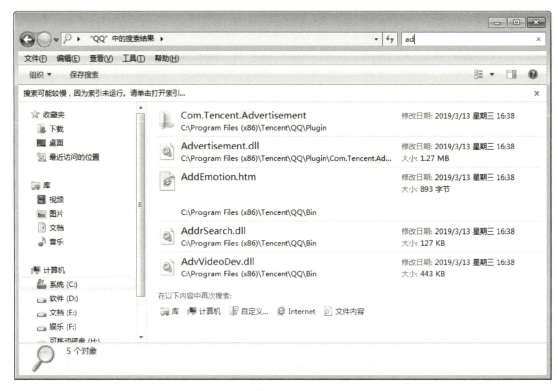

图 2-14　在资源管理器中使用搜索

2.2.3　新建文件与文件夹

在计算机中写入资料或存储文件时需要新建文件或文件夹，在 Windows 7 的相应窗口中通过快捷菜单命令可以快速完成新建任务。下面以新建一个名为"Test"的文件夹为例，其操作步骤如下：

① 在需要创建文件夹的目标位置的空白处，右击，在弹出的快捷菜单中选择"新建"→"文件夹"，或者单击窗口工具栏上的"新建文件夹"命令，如图 2-15 所示。

② 此时，窗口中创建的文件夹默认名称为"新建文件夹"并处于可编辑状态，输入"Test"即可。

新建文件的操作与新建文件夹的操作基本相同，在需要新建文件的目标位置空白处右击，在弹出的快捷菜单中选择"新建"命令，然后在弹出的子菜单中选择新建文件的类型即可。

图 2-15　新建文件夹

2.2.4　选择文件与文件夹

对文件或文件夹进行复制、移动、重命名等基本操作之前,需要对文件或文件夹进行选择,且可以选择不同数量和不同位置的文件和文件夹。

(1) 选择单个文件或文件夹

用鼠标单击文件或文件夹图标即可将其选择。被选择的文件或文件夹与其他没有被选中的文件或文件夹相比,呈蓝底形式显示。

(2) 选择多个文件或文件夹

选择多个相邻的文件或文件夹:在需选择的文件或文件夹起始位置处按住鼠标左键进行拖动,此时在窗口中将出现一个蓝色的矩形框,当蓝色矩形框框住需要选择的所有文件或文件夹后释放鼠标,即可完成选择。

选择多个连续的文件或文件夹:单击某个文件或文件夹图标后,按住【Shift】键,然后单击另一个文件或文件夹图标,即可选择这两个文件或文件夹之间的所有连续的文件或文件夹。

选择多个不连续的文件或文件夹:按住【Ctrl】键不放,依次单击需要选择的文件或文件夹,即可选择多个不连续的文件或文件夹。

选择所有文件或文件夹:在打开的窗口中按【Ctrl+A】组合键,即可选择该窗口中的所有文件或文件夹。

2.2.5　重命名文件或文件夹

文件或文件夹的重命名是指将指定的文件或文件夹重新命名,其操作的步骤如下:

(1) 选中要重命名的文件或文件夹,执行"文件"→"重命名"命令,或在选定的文件或文件夹上右击，在弹出的快捷菜单中执行"重命名"命令。

（2）输入新的名称，按 Enter 键，文件或文件夹就被重命名了。

给文件或文件夹重命名的另一个快捷的方法是：选中要重命名的文件或文件夹，再单击文件或文件夹名，此时文件或文件夹名反色显示，输入新名称后按【Enter】键即可。

例如，将名为"照片"的文件夹重命名为"风景图片"，其操作步骤如下：

① 选择"照片"文件夹，右击，在弹出的快捷菜单中选择"重命名"命令；

② 此时"照片"文件夹的名称文本框呈可编辑状态，输入"风景图片"文本内容后，单击窗口空白处或按【Enter】键完成重命名的操作。

2.2.6 移动和复制文件或文件夹

移动和复制文件或文件夹是经常使用的一项操作。

（1）移动文件或文件夹

移动文件或文件夹后，在原来的位置该文件或文件夹将不再存在。选择需移动的文件夹或文件，按组合键【Ctrl+X】，打开目标文件夹，按组合键【Ctrl+V】或者选择需移动的文件或文件夹，右击，在弹出的快捷菜单中选择"剪切"命令，然后打开目标文件夹，在空白处右击，在弹出的快捷菜单中选择"粘贴"命令。

（2）复制文件或文件夹

复制和粘贴文件时，将创建原始文件的副本，然后可以独立于原始文件对副本进行修改。如果将文件或文件夹复制到计算机上其他位置时，最好为其命名不同的名称，以区别哪个是新文件，哪个是原始文件。

复制和粘贴文件或文件夹的操作步骤与移动文件或文件夹类似，首先选择需要复制的文件或文件夹，右击鼠标，选择"复制"命令，或按【Ctrl+C】组合键，然后打开目标位置，在空白区域，右击鼠标，选择"粘贴"命令或按【Ctrl+V】组合键，即可将原始文件的副本复制到新位置。

2.2.7 删除文件或文件夹

文件或文件夹的删除是指删除那些不再需要的文件或文件夹，方法是：选中要删除的文件或文件夹，单击工具栏中的"删除"按钮，或按键盘上的 Delete 键，系统会弹出"确认文件删除"对话框，如图 2-16 所示，如果确认删除则选择"是"按钮，否则选择"否"按钮。

用上述方法删除的文件或文件夹其实都被放到了系统称之为"回收站"的地方，允许用户恢复。但软盘和移动存储设备上的文件或文件夹删除后不放在"回收站"中，而是直接删除不能恢复。

所谓"回收站"，实际是系统开辟的一块硬盘空间，专门用来保存被删除的文件或文件夹。从回收站中恢复被删除的文件或文件夹的方法是：双击桌面上的"回收站"图标，打开如图 2-17 所示的"回收站"窗口，选中要恢复的文件或文件夹，然后单击窗口左侧的选项区域中的"还原此项目"按钮，文件或文件夹就被恢复到删除之前的位置了。

也可以右击要恢复的文件或文件夹，在弹出的快捷菜单中执行"还原"命令。

清空回收站的方法是：右击桌面上的"回收站"图标，在弹出的快捷菜单中执行

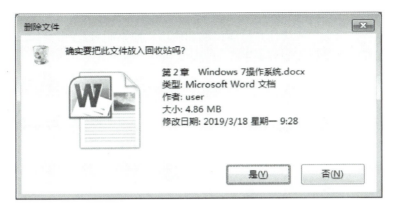

图 2-16 "确认文件删除" 对话框

图 2-17 "回收站" 窗口

"清空回收站"命令；或双击"回收站"图标，然后单击左侧的选项区域中的"清空回收站"按钮即可。

注意：清空回收站的操作是将回收站中的文件或文件夹彻底删除，以后无法再恢复，因此要慎重使用此操作。

若要彻底删除，可选中要删除的文件或文件夹，按住 Shift 键不放，再按 Delete 键，则被删除的文件或文件夹就无法再恢复了。

2.2.8 文件或文件夹属性的设置

每个文件或文件夹均有自己的属性，对文件或文件夹的属性进行重新设置的操作步骤如下：

（1）选中要设置属性的文件或文件夹，在其上单击鼠标右键，在弹出的快捷菜单中执行"属性"命令，弹出如图 2-18 所示的属性对话框。

(2)根据需要,设置相应的属性,然后单击"确定"按钮即可。

"只读"属性:指文件或文件夹只能读取和使用,而不能对其进行修改。

"隐藏"属性:指文件或文件夹不在列表中显示。

如果需要显示被隐藏的文件或文件夹,可以在"资源管理器"窗口执行"工具"→"文件夹选项"命令,打开"文件夹选项"对话框,然后单击"查看"选项卡,如图 2-19 所示,在"高级设置"选项区域中选中"显示所有文件和文件夹"单选按钮,单击"确定"按钮即可。

图 2-18 "属性"对话框

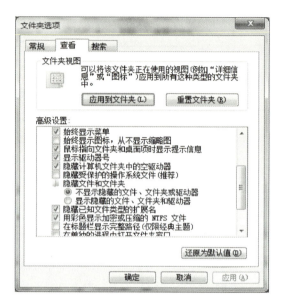

图 2-19 "查看"选项卡

2.2.9 创建文件和文件夹的快捷方式

文件、文件夹和应用程序的快捷方式是一个特殊的小文件,是指向原始文件、文件夹和应用程序的链接。双击快捷方式,即可打开对应的文件、文件夹或启动一个应用程序。

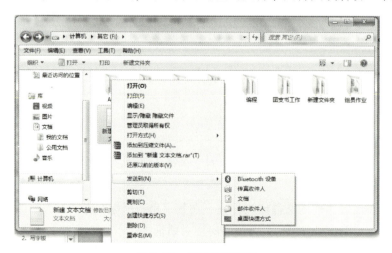

图 2-20 创建快捷方式

用户通常在桌面上建立常用文件、文件夹或应用程序的快捷方式，以便于快速操作，最方便的办法是右击要创建快捷方式的文件、文件夹或应用程序，在弹出的快捷菜单中执行"发送到"→"桌面快捷方式"子命令，如图2-20所示。

2.2.10 搜索文件或文件夹

想查找某类指定的文件，这时就可以使用Windows系统提供的查找功能。打开"搜索"对话框的方法有如下两种：

（1）使用"开始"菜单的搜索框

单击"开始"按钮，打开"开始"菜单，在最底部的文本框中输入关键字。

如果在"开始"菜单的搜索结果中没有要找到的文件，可以单击"查看更多结果"

（2）使用计算机窗口搜索

打开"计算机"窗口，在窗口右上角的搜索框中输入关键字，在输入关键字的同时系统开始进行搜索。

使用计算机窗口中的搜索框时仅在当前目录中搜索，因此只有在根目录"计算机"下才会以整台计算机为搜索范围。

用户可以通过单击搜索框启动"添加搜索筛选器"，通过设置"修改日期"和"文件大小"可提高搜索精度。

搜索文件名中可以包括通配符？和＊,？表示任意一个字符；＊表示任意一组字符，例如：？？A.docx表示搜索前两个字符任意，第三个字符是A的WORD文档。

2.3 Windows 7 系统设置

控制面板是Windows 7提供的一个重要的系统文件夹，是用户对系统进行配置的重要工具，可用来修改系统安全、用户账户和家庭安全、程序、外观和个性、硬件和声音、时钟、语言和区域。

单击"开始"→"控制面板"命令，或者打开"计算机"窗口，在菜单栏下面单击"打开控制面板"按钮，即可打开"控制面板"窗口。

Windows 7的控制面板提供了三种查看方式：类别、大图标和小图标。类别查看按任务分类组织，每一类下再划分功能模块，如图2-21所示。大图标和小图标的控制面板类似，将所有管理的任务显示在一个窗口中。在控制面板的分类视图窗口右上单击"类别"→选择"大图标"或"小图标"按钮，即可切换到大图标和小图标查看，如图2-22所示。

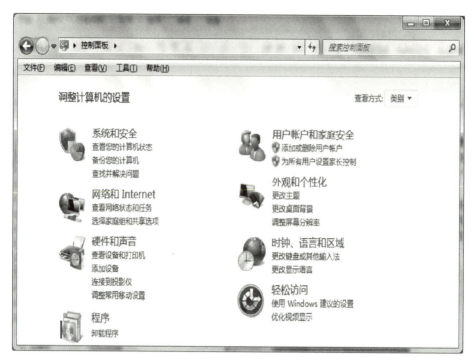

图 2-21　控制面板类别查看

图 2-22　控制面板小图标查看

2.3.1 个性化设置

个性化设置主要是通过更改计算机的主题、颜色、声音、桌面背景、屏幕保护程序、字体大小和用户帐户图片等向为用户添加一些符合个性需求的设置,并且还可以为桌面选择特定的小工具。

1. 主题

主题包括桌面背景、屏幕保护程序、窗口边框颜色和声音,有时还包括图标和鼠标指针,如图2-23所示。可以使用整个主题,或通过分别更改图片、颜色和声音来创建自定义主题。

图2-23 题中包含的组件

2. Aero

Aero是Windows 7版本的高级视觉体验。其特点是透明的玻璃图案中带有精致的窗口动画,以及全新的"开始"菜单、任务栏和窗口边框颜色。

3. 声音

通过声音设置,可以更改接收电子邮件、启动Windows或关闭计算机时计算机发出的声音。

4. 桌面背景

桌面背景也称为"壁纸",是显示在桌面上的图片、颜色或图案。它为打开的窗口提供背景。可以选择单个图片作为桌面背景,也可以设置以幻灯片形式显示桌面背景。

5. 屏幕保护程序

屏幕保护程序是在指定时间内没有使用鼠标或键盘时,出现在屏幕上的图片或动画。可以选择Windows自带的各种屏幕保护程序,也可以使用保存在计算机上的个人图片来创建自己的屏幕保护程序,还可以从网站上下载屏幕保护程序。

更改屏幕保护程序的步骤:

① 单击"个性化"窗口右下角的"屏幕保护程序"命令,打开"屏幕变换程序设置"对话框;

② 在该对话框的"屏幕保护程序"列表中,选择所需的屏幕保护程序,单击"预览"按钮,可以查看屏幕保护程序的效果,移动鼠标或按任意键,可以结束预览,单击"确定"按钮完成屏幕保护程序的设置。

6. 字体大小

字体大小的设置可以对屏幕上的文本或其他项目的大小进行调整。

可以通过增加每英寸点数(DPI)比例来放大屏幕上的文本、图标和其他项目,也可以降低DPI比例使屏幕上的文本和其他项目变得更小,以便在屏幕上容纳更多内容。

更改字体大小的步骤：

① 单击"个性化"窗口左下角的"显示"选项，打开"显示"窗口，如图 2-24 所示。

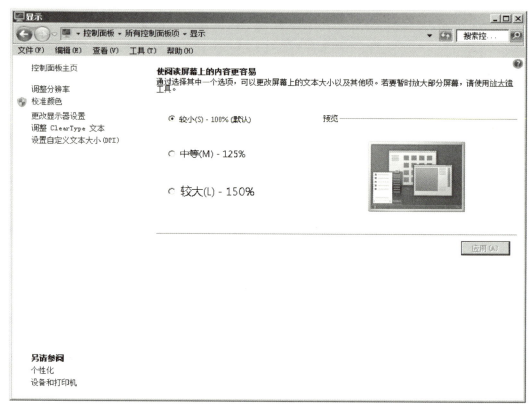

图 2-24 "显示"窗口

② 各选项含义如下：

"较小-100%"：默认选项，文本和其他项目保持正常大小；

"中等-125%"：将文本和其他项目设置为正常大小的 125%；

"较大-150%"：将文本和其他项目设置为正常大小的 150%，注意，只有仅当显示器支持的分辨率至少为 1200×900 像素时才显示该选项。

7. 帐户图片

帐户图片有助于标识计算机上的帐户，该图片显示在欢迎屏幕和"开始"菜单上。可以将帐户图片更改为 Windows 附带的图片之一，也可以使用自定义的图片。

为帐户设置图片的步骤：

① 单击"更改帐户图片"命令，打开"更改图片"窗口，如图 2-25 所示；

② 从列表中选择要使用的图片，然后单击"更改图片"按钮。

如果要使用自定义的图片，则单击"浏览更多图片…"命令，从计算机中浏览所需的图片，选择所需的图片，然后单击"打开"按钮即可。帐户图片可以使用任意大小的图片，但图片文件的扩展名应是 .jpg、.png、.bmp 或 .gif 等类型。

图 2-25 "更改图片"窗口

8. 日期和时间设置

若要调整或设置计算机上显示的时间或日期，具体步骤如下：

①单击任务栏右侧的时间标识，弹出如图 2-26 所示对话框；

图 2-26 设置日期和时间

② 单击"更改日期和时间设置…"命令,打开"日期和时间"对话框,如图 2-27 所示;

图 2-27 "日期和时间"对话框

③ 在该对话框中,单击"更改日期和时间(D)…"按钮,打开"日期和时间设置"对话框,如图 2-28 所示;

图 2-28 "日期和时间设置"对话框

④在该对话框中,设置日期和时间,单击"确定"按钮即可。

2.3.2 输入法设置

通过设置 Windows 7 输入法可以把用户平时常用的输入法设为默认输入模式,方便使用。具体步骤如下:

① 右击任务栏右侧的输入法标志,如图 2-29 所示。在弹出的快捷菜单中单击"设置"命令,即可打开"文本服务和输入语言"对话框,如图 2-30 所示,也可以通过"控制面板"进行输入法设置:依次单击"开始"→"控制面板"→"时钟"→"语言和区域"→"更改键盘或其他输入法",在弹出的"区域和语言"窗口中选择"键盘和语言"选项卡,单击"更改键盘"按钮;

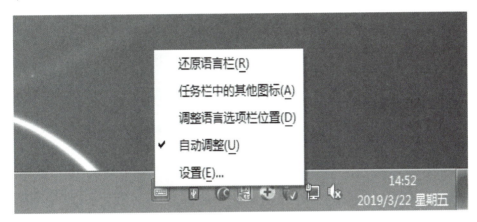

图 2-29 输入法设置

② 在打开的"文本服务和输入语言"对话框中,单击"添加"按钮,从打开的对话框中选择所需的输入法进行添加即可;

③ 添加多个输入法后,例如,有五笔输入、智能 ABC、搜狗拼音等,若想设置一个用户习惯的输入法为默认输入法时,在"文本服务和输入语言"对话框的"常规"选项里选择需默认的输入法,再分别单击"应用"和"确定"按钮(图 2-30)。

> 小贴士:打开默认输入法的组合键为:【Ctrl+Space】,在各种输入法之间进行切换的组合键为:【Ctrl+Shift】。

2.3.3 设置用户帐户

用户帐户是用来记录用户的用户名和口令、隶属的组、可以访问的网络资源,以及用户的个人文件和设置。

在 Windows 操作系统中,可以设置三种类型的账户,每种类型为用户提供不同的计算机控制级别:

(1)标准帐户:适用于日常计算。

(2)管理员帐户:可以对计算机进行最高级别的控制。

图 2-30 "文本服务和输入语言"对话框

(3) 来宾帐户：主要针对需要临时使用计算机的用户。

创建用户帐户的步骤如下：

①单击"开始"→"控制面板"，打开"控制面板"窗口；

②在该窗口中单击"用户帐户和家庭安全"命令，打开该窗口，如图 2-31 所示；

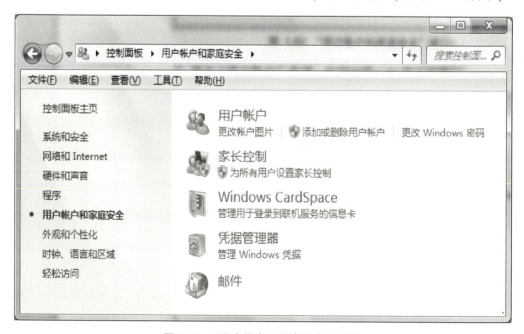

图 2-31 "用户帐户和家庭安全"窗口

③ 单击"用户账户"命令,打开"用户帐户"窗口,如图 2-32 所示;

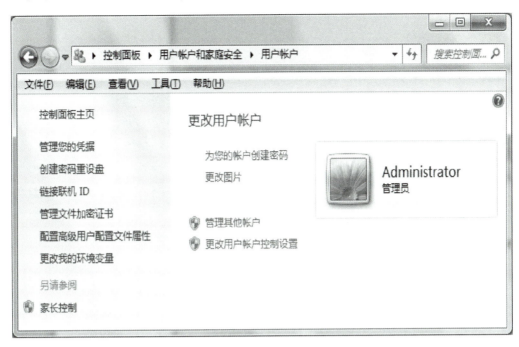

图 2-32 "用户帐户"窗口

④ 在该窗口中,单击"管理其他帐户",打开"管理帐户"窗口,如图 2-33 所示;

图 2-33 "管理帐户"窗口

⑤单击"创建一个新帐户",打开"创建新帐户"窗口,如图 2-34 所示,在"创建新账户"窗口中,输入要创建的账户名,例如:Watt,类型可以选择:"标准账户"或"管理员";

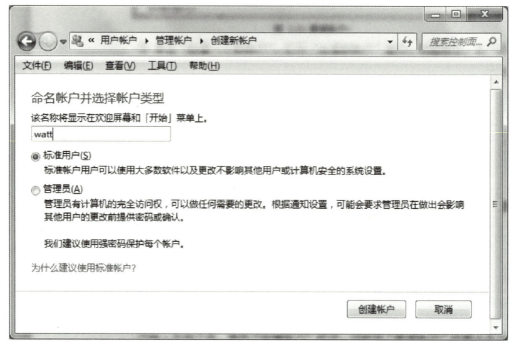

图 2-34 创建新帐户

⑥输入完成之后,单击"创建帐户"即可。这时在"管理帐户"中便会多出一个名为 Watt 的帐户,即为刚才创建的新帐户,用户类型为标准用户,如图 2-35 所示;

图 2-35 帐户创建结果

⑦单击"Watt 标准用户"打开"Watt 标准帐户"的管理设置界面，在该界面中可以对其进行一些设置，如更改用户名、创建密码、更改用户图片等操作。

2.3.4 鼠标的设置

在控制面板的小图标中双击"鼠标"图标，打开"鼠标 属性"对话框，如图 2-36 所示，在该对话框的"鼠标键"选项卡中，选中"切换主要和次要的按钮"复选框，可以将鼠标左右键的功能交换过来。

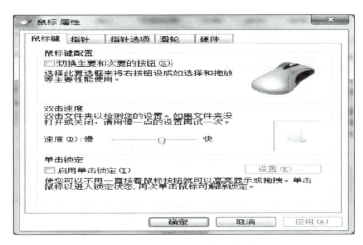

图 2-36 "鼠标 属性"对话框

2.3.5 添加/删除程序

1. 安装应用程序

几乎所有应用程序的光盘都包含自动运行的安装程序，只要将光盘放进光驱中，安装程序会自动运行，并弹出安装向导，指导用户完成安装。

对于那些不具有自动安装功能的应用程序，只要在"资源管理器"窗口或"我的电脑"窗口中双击该应用程序的安装程序图标，即可运行该安装程序。

2. 删除应用程序

如果计算机中有不再需要的应用程序，建议不要在应用程序所在的文件夹中直接删除，因为很多应用程序会在主文件夹之外的其他位置安装部分文件，而且多数程序会在 Windows 文件夹中添加支持文件，向 Windows 系统注册，并在"开始"菜单的"所有程序"中添加快捷方式，如果直接删除，将给系统留下许多垃圾文件。

有些应用程序在"所有程序"菜单中添加了卸载程序，执行其卸载程序即可将该应用程序删除。

对于没有添加卸载程序的应用程序，可以使用"控制面板"窗口中的"程序和功能"将其删除，方法是在"控制面板"窗口中双击"程序和功能"图标，弹出"程序和功能"窗口，如图 2-37 所示，单击要删除的应用程序，然后单击"卸载"按钮，系统将弹出

"添加或删除程序"对话框,如图 2-38 所示,确认删除该程序,则单击"是"按钮,系统就开始卸载该应用程序。

图 2-37 "程序和功能"窗口

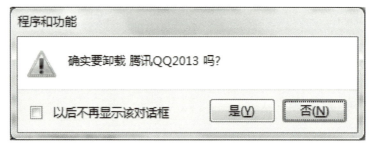

图 2-38 "程序和功能"对话框

2.3.6 网络连接设置

当在 Windows 7 中,网络的连接变得更加容易、更易于操作,它将几乎所有与网络相关的向导和控制程序聚合在"网络和共享中心"中,通过可视化的视图和单站式命令,便可以轻松连接到网络。

有线网络的连接与过去在 Windows XP 中的操作大同小异,变化的仅仅是一些界面的改动或者操作的快捷化。进入控制面板后,依次选择"网络和 Internet 网络和共享中心",便可看到带着可视化视图的界面。在这个界面中,可以通过形象化的映射图了解到自己的网络状况,在这里可以进行各种网络相关的设置,如图 2-39 所示。

Windows 7 的安装会自动将网络协议等配置妥当,基本不需要手工介入,一般情况下只要把网线插对接口即可,最多就是多一个拨号验证身份的步骤。

在"网络和共享中心"界面上,单击"更改您的网络设置"中的"新建连接向导",然后在"设置连接或网络"界面中单击"连接到 Internet",如图 2-40 所示。

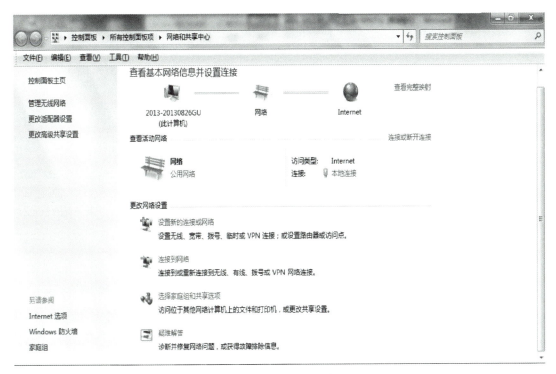

图 2-39 网络和共享中心

图 2-40 设置连接或网络

接下来依据的网络类型、小区宽带或者 ADSL 用户，选择"宽带（PPPoE）"，如图

2-41所示。然后输入的用户名和密码后即可。如果用电话线上网，在连接类型中选择"拨号"，再输入号码、用户名、密码等信息即可，如图 2-42 所示。

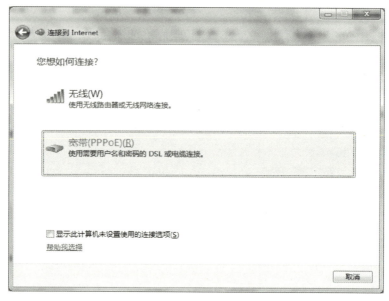

图 2-41　选择连接类型

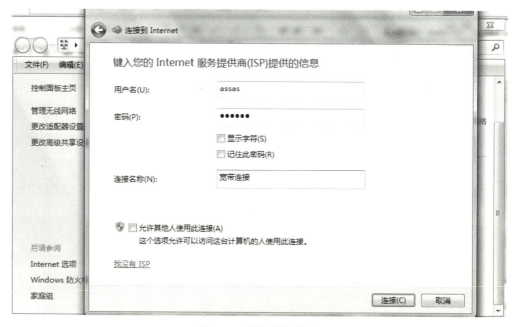

图 2-42　输入验证信息

Windows 7 默认是将本地连接设置为自动获取网络连接的 IP 地址，如果确实需要指定，则通过以下方法：单击网络和共享中心中的"本地连接"弹出本地连接状态，然后选择"属性"，就会看到熟悉的界面，双击"Internet 协议版本 4"就可以设置指定的 IP 地址了，如图 2-43 所示。

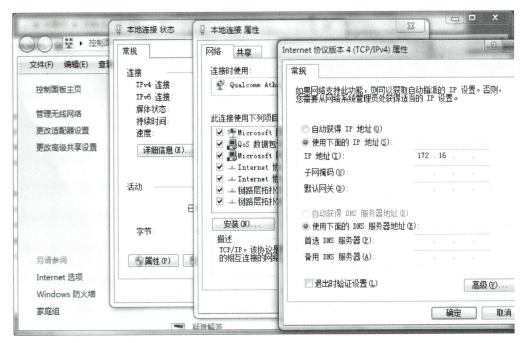

图 2-43　手工设置 IP 地址

无线上网连接，当启用的无线网卡后，鼠标左键单击系统任务栏托盘区域网络连接图标，系统就会自动搜索附近的无线网络信号，所有搜索到的可用无线网络就会显示在上方的小窗口中。每一个无线网络信号都会显示信号如何，而如果将鼠标移动上去，还可以查看更具体的信息，如名称、强度、安全类型等。如果某个网络是未加密的，则会多一个带有感叹号的安全提醒标志，如图 2-44 所示。

图 2-44　搜索并连接到无线网络信号

单击要连接的无线网络，然后单击"连接"按钮，弹出如图 2-45 所示窗口连接到网络，当无线网络连接上后，再次在任务栏托盘上单击网络连接图标，可以看到"当前连接到"区域中多个刚才选择的无线网络。再次点选，即可很轻松地断开连接了，如图 2-46 所示。

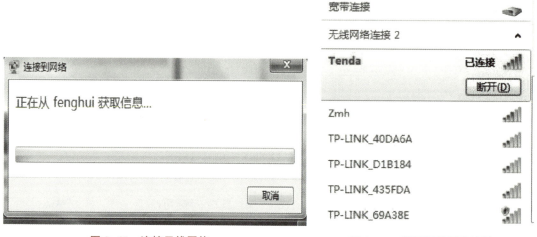

图 2-45　连接无线网络　　　　　　　　图 2-46　断开无线网络连接

2.4　系统管理与维护

2.4.1　磁盘管理和维护

磁盘维护是提高计算机性能的方法之一。磁盘维护的操作一般包括磁盘清理、磁盘碎片整理和磁盘检查等，通过以上操作可以方便地对硬盘的存储空间进行整理，从而提高系统的运行速度。

1. 磁盘清理

计算机在使用时会产生很多临时文件，当这些临时文件不能及时删除时，它们不但变得毫无用处，而且会影响系统的运行和占用磁盘的存储空间。使用"磁盘清理"程序即可将这些多余的临时文件删除。

磁盘清理步骤如下：

①单击"开始"→"所有程序"→"附件"→"系统工具"→"磁盘清理"命令，打开"磁盘清理"对话框，如图 2-47 所示；

图 2-47　"磁盘清理"对话框

② 在"驱动器"下拉列表中选择要清理的磁盘，例如，选择"（C:）"，单击"确定"按钮，程序开始计算清理后能释放的磁盘空间，如图 2-48 所示；

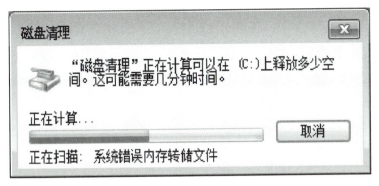

图 2-48　磁盘清理过程

③ 计算完毕后，打开如图 2-49 所示对话框，在"要删除的文件"列表中勾选需删除的文件类型，单击"确定"按钮；

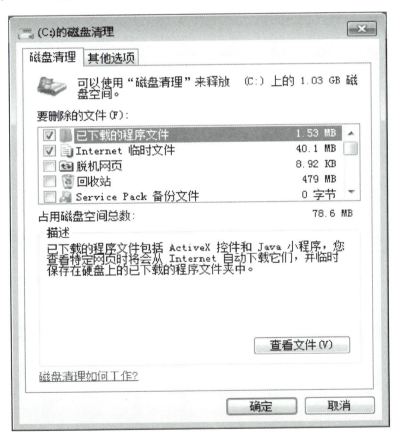

图 2-49　"（C:）的磁盘清理"对话框

④ 计算机将打开一个对话框，询问用户是否要永久删除这些文件，单击"删除文件"按钮，程序自动开始删除临时文件。

执行"磁盘清理"的方法还可以直接右击硬盘盘符,例如,右击 C 盘,在弹出的快捷菜单中选择"属性"命令,打开"本地磁盘(C:)属性"对话框,在"常规"选项卡中,单击"磁盘清理"按钮,同样执行磁盘整理操作。

2. 磁盘碎片整理

在磁盘中存储文件的最小单位是簇,它好像是一个个的小格子被均匀地分布在磁盘上,而文件则被分散放置在不同的簇里。磁盘碎片整理程序的功能就是讲分散的簇集中地排列在一起,从而提高系统运行的速度。

磁盘碎片整理步骤如下:

①单击"开始"→"所有程序"→"附件"→"系统工具"→"磁盘碎片整理程序"命令,打开"磁盘碎片整理"对话框,如图 2-50 所示;

图 2-50 "磁盘碎片整理"对话框

② 在"当前状态"列表中选择碎片整理的磁盘,例如,选择"(C:)"后,单击"分析磁盘"按钮,程序将开始分析 C 盘中的文件碎片程度。此时,在 C 盘对应的"上一次运行时间"项下将显示该磁盘的碎片程度等信息;

③ 单击"磁盘碎片整理"按钮,系统开始对计算机中所有磁盘进行碎片整理。

3. 磁盘检查

当计算机出现频繁死机、蓝屏或者系统运行速度变慢时,可能是由于磁盘上出现了逻辑错误。这时可以使用 Windows 7 自带的磁盘检查程序检查系统中是否存在逻辑错误，当磁盘检测程序检查到逻辑错误时，还可以使用该程序对逻辑错误进行修复。

磁盘检查步骤如下：

① 双击桌面上的"计算机"图标，打开"计算机"窗口。选择需要进行检查的磁盘，例如，要对 E 盘检查，右击 E 盘图标，在弹出的快捷菜单中选择"属性"命令，打开磁盘属性对话框，如图 2-51 所示；

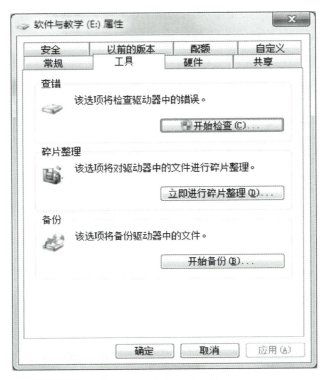

图 2-51　磁盘属性对话框

② 切换到"工具"选项卡，单击"查错"组中的"开始检查"按钮，打开"检查磁盘"对话框，如图 2-52 所示；

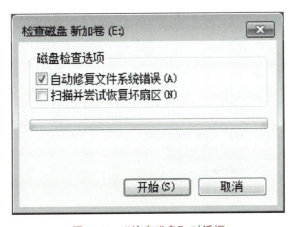

图 2-52　"检查磁盘"对话框

③ 勾选"自动修复文件系统错误"和"扫描并尝试恢复坏扇区"复选框,单击"开始"按钮,程序开始自动检查磁盘逻辑错误;

④ 扫描结束后,系统将提示扫描完毕,单击"关闭"按钮完成磁盘检查操作。

2.4.2 查看计算机的硬件

当用户需要查看计算机的硬件信息,在桌面上的计算机图标上右击,从弹出的菜单中选择"属性",如图 2-53 所示。在新弹出的系统窗口中可以看到"设备管理器""远程控制""系统保护""高级系统设置"四个选项。

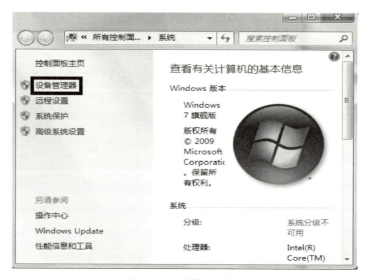

图 2-53 计算机系统

单击"设备管理器"来查看本计算机的硬件,"设备管理器"中包含了计算机的操作系统版本、本机的 CPU 类型、内存容量等信息,效果如图 2-54 所示。

图 2-54 设备管理器

2.4.3 Windows 7 自带的优化设置

1. 优化开机速度

Windows 开机时加载程序的多少直接影响着 Windows 的开机速度。当系统中安装某些应用程序后，应用程序可能会自动加载到系统启动项。这样会使 Windows 系统启动项越来越多，造成计算机开机速度越来越慢。所以，当有不需要开机运行的程序时，可以将它从开机启动项中取消。下面以取消"电脑管家"的开机启动项为例，操作步骤如下：

① 单击"开始"→"控制面板"→"管理工具"中的"系统配置"命令，打开"系统配置"对话框，如图 2-55 所示；

图 2-55 "系统配置"对话框

② 切换到"启动"选项卡，此时将显示计算机中启动项列表，取消选中"电脑管家"复选框，单击"确定"按钮。

2. 虚拟内存

当运行过多的应用程序或者运行需要耗费大量内存的应用程序时，系统会提示虚拟内存空间不足。虚拟内存是指将硬盘中的一部分空闲空间，用于临时存储缓存数据并与内存进行交换。

设置合适的虚拟内存大小可有效地提高系统的运行速度。下面以在 C 盘上设置虚拟内存为例，操作步骤如下：

① 右击桌面上"计算机"图标，在弹出的快捷菜单中选择"属性"命令，打开"系统"窗口，如图 2-56 所示，单击"系统"窗口左侧的"高级系统设置"命令，打开"系统属性"对话框，如图 2-57 所示；

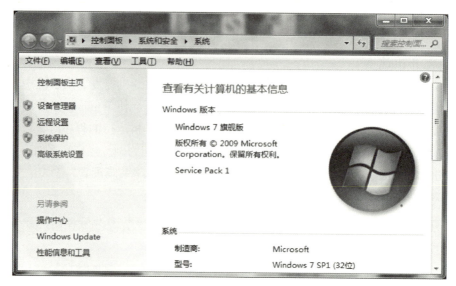

图 2-56 "系统"窗口

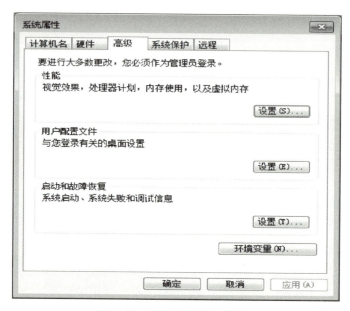

图 2-57 "系统属性"对话框

②切换到"高级"选项,单击"性能"组中的"设置"按钮,打开"性能选项"对话框,在该对话框中,切换到"高级"选项,如图 2-58 所示;

③单击"虚拟内存"组中的"更改"按钮,打开"虚拟内存"对话框,如图 2-59 所示;

④ 在"驱动器(卷标)"下的列表中选择需要设置虚拟内存的盘符,这里选择 C: 选项。单击"自定义大小"单选按钮,在"初始大小"文本框中输入相应数值,如"1000",在"最大值"文本框中输入相应数值,如"5000",依次单击"设置"和"确定"按钮完成设置;

⑤ 虚拟内存设置完成后必须重启计算机才能使设置生效。

图 2-58 "性能选项"对话框

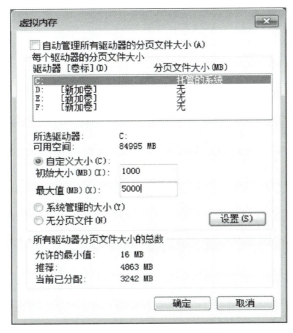

图 2-59 "虚拟内存"对话框

3. 优化视觉效果

Windows 7 默认的视觉效果如透明按钮、显示缩略图和显示阴影等都会耗费掉大量的系统资源。在计算机资源不足或运行速度不理想的情况下，可关闭不必要的视觉效果，从而提高系统的运行速度。将视觉效果调整为最佳性能，操作步骤如下：

①右击桌面上的"计算机"图标，在弹出的快捷菜单中选择"属性"命令，打开"系统"窗口，单击"系统"窗口左侧的"高级系统设置"命令，打开"系统属性"对话框，如图 2-60 所示；

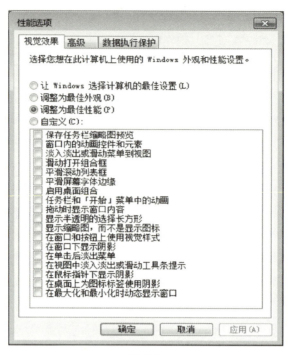

图 2-60 "性能选项"对话框

② 切换到"高级"选项卡,单击"性能"组中的"设置"按钮,打开"性能选项"对话框,如图 2-60 所示;

③ 在"视觉效果"选项卡,单击"调整为最佳性能"按钮,单击"确定"按钮完成设置。

在"视觉效果"选项卡中单击"自定义"按钮,在其下方的列表框中可以单独设置视觉效果,单击"应用"按钮,可方便预览设置的视觉效果而不关闭对话框,确认设置后单击"确定"按钮。

2.5　Windows 7 的附件程序

Windows 7 中包含了一些很实用的附件程序,包括记事本、写字板、画图、计算器等。这些附件程序可以通过执行"开始"→"所有程序"→"附件"命令打开。

1. 记事本

记事本是一个专门用于编辑小型文本文件的文本编辑器,可以建立、修改、阅读和打印文本文件。由于记事本是一种小型文本编辑器,操作简单,所以通常用它来编辑一些配置文件、源程序和说明书等。

2. 写字板

写字板也是一个文字处理程序,其功能比记事本要强一些,除了可以处理文本文件,还可以处理其他格式(如 rif 和 doc 格式)的文件,但功能比 Word 差很多。所以适用于比较短小的以文字为主的文档编辑和排版工作。

3. 计算器

计算器是 Windows 提供的进行数值计算的工具，包括标准型计算器、科学型、程序员和统计信息计算器。标准型计算器可以进行简单的四则运算；科学型计算器可以进行复杂的函数运算和统计运算，同时还可以当做数制转换器使用；程序员计算器是程序员专用的计算器；统计信息计算器是用来统计和计数的一种计算器。

如图 2-61 所示是标准型计算器窗口。用户可以通过执行"查看"→"科学型"命令，切换到如图 2-62 所示的科学型计算器窗口。

图 2-61　标准型计算器

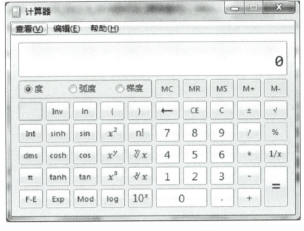
图 2-62　科学型计算器

4. 画图

使用画图程序可以绘制一些简单的图形。画图窗口由标题栏、功能区、画图按钮、快速访问工具栏、绘图区和状态栏组成，如图 2-63 所示。

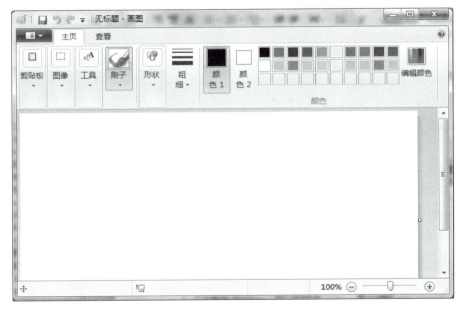
图 2-63　画图应用程序

画图时，首先执行"图像"→"重新调整大小"命令，确定画布的大小；再用鼠标单击功能区中的颜色，选取画笔颜色；用鼠标右击功能区中的颜色，选取画布的颜色；然后在功能区的工具中选取一种画图工具，在绘图区拖动鼠标左键开始画图，完成后保存。系统默认的图像格式为 .png。

画图程序也提供了简单的图形编辑功能，如复制、移动、拉伸、旋转等操作，在此不再赘述。

2.6 习题

一、选择题

1. 根据文件命名规则，下列字符串中合法的文件名是_____。
   A. ADC＊.fnt   B. #ASK%.sbc   C. CON.bat   D. SAQ/.txt
2. 将存有文件的 U 盘格式化后，下列叙述中正确的是_____。
   A. U 盘上的原有文件仍然存在
   B. U 盘上的原有文件全部被删除
   C. U 盘上的原有文件没有被删除，但增加了系统文件
   D. U 盘上的原有文件没有被删除，但清除了计算机病毒
3. 操作系统是一种_____。
   A. 通用软件   B. 系统软件   C. 应用软件   D. 工具软件
4. _____是大写字母的锁定键，主要用于连续输入若干大写字母。
   A. Tab   B. Caps Lock
   D. WC. Shift   D. Alt
5. Windows 的文件夹组织结构是一种_____。
   A. 表格结构   B. 树形结构   C. 网状结构   D. 线性结构
6. Windows 对磁盘信息的管理和使用是以_____为单位的。
   A. 文件   B. 盘片   C. 字节   D. 命令
7. Windows 任务管理器不可用于_____。
   A. 启动应用程序   B. 修改文件属性
   C. 切换当前应用程序窗口   D. 结束应用程序运行
8. 一个文档被关闭后，该文档可以_____。
   A. 保存在外存中   B. 保存在内存中
   C. 保存在剪贴板中   D. 既保存在外存中也保存在内存中
9. 一个应用程序窗口被最小化后，该应用程序将_____。
   A. 被终止执行   B. 暂停执行
   C. 在前台执行   D. 被转入后台执行
10. 以下对 Windows 文件名取名规则的描述不正确的是_____。
    A. 文件名的长度可以超过 11 个字符   B. 文件的取名可以用中文

C. 在文件名中不能有空格　　　　　D. 文件名的长度不能超过 255 个字符

11. 以下属于 Windows 通用视频文件的是_____。

A. bee.txt　　　B. bee.avi　　　C. bee.doc　　　D. bee.bmp

12. 有关 Windows 屏幕保护程序的说法不正确的是_____。

A. 它可以减少屏幕的损耗　　　　B. 它可以保障系统安全

C. 它可以节省计算机内存　　　　D. 它可以设置口令

13. 在 Windows 中，文件有 4 种属性，用户建立的文件一般具有_____属性。

A. 存档　　　B. 只读　　　C. 系统　　　D. 隐藏

14. 在 Windows 中桌面是指_____。

A. 电脑台　　　　　　　　　　B. 活动窗口

C. 资源管理器窗口　　　　　　D. 窗口、图标、对话框所在的屏幕背景

15. 在下面关于 Windows 窗口的描述中不正确的是_____。

A. 窗口是 Windows 应用程序的用户界面

B. Windows 的桌面也是 Windows 窗口

C. 窗口主要由边框、标题栏、菜单栏、工作区、状态栏、滚动条等组成

D. 用户可以在屏幕上移动窗口和改变窗口大小

16. 在资源管理器的窗口中，文件夹图标左边有"+"号，则表示该文件夹_____。

A. 一定含有文件　　　　　　　B. 一定不含有子文件夹

C. 含有子文件夹且没有被展开　D. 含有子文件夹且已经被展开

17. win7 目前有几个版本_____？

A. 3　　　B. 4　　　C. 5　　　D. 6

18. 在 Windows 7 的各个版本中，支持的功能最少的是_____。

A. 家庭普通版　　　B. 家庭高级版　　　C. 专业版　　　D. 旗舰版

19. 在 Windows 7 操作系统中，将打开窗口拖动到屏幕顶端，窗口会_____。

A. 关闭　　　B. 消失　　　C. 最大化　　　D. 最小化

20. 默认情况下，使用_____进行中西文输入法的切换。

A. Ctrl+Space 组合键　　　　B. Alt + Ctrl 组合键

C. Ctrl+Shift 组合键　　　　D. Shift + Space 组合键

21. 在中文输入法中，使用_____进行中西文标点符号的切换。

A. Ctrl+Space 组合键　　　　B. Alt + Ctrl 组合键

C. Ctrl+. 组合键　　　　　　D. Alt +. 组合键

22. 在中文输入法中，使用_____进行全角和半角的切换。

A. Ctrl+Space 组合键　　　　B. Alt + Ctrl 组合键

C. Ctrl+Shift 组合键　　　　D. Shift + Space 组合键

23. 安装 Windows 7 操作系统时，系统磁盘分区必须为_____格式才能安装。

A. FAT　　　B. FAT16　　　C. FAT32　　　D. NTFS

24. 文件的类型可以根据_____来识别。
A. 文件的大小　　B. 文件的用途　　C. 文件的扩展名　　D. 文件的存放位置
25. 在下列软件中，属于计算机操作系统的是_____。
A. Windows 7　　B. Word 2010　　C. Excel 2010　　D. PowerPoint 2010

二、操作题

1. 在桌面上创建 Word 应用程序和画图程序的快捷方式。
2. 进行如下文件或文件夹的操作：
① 在 C 盘上创建一个名叫 abc 的文件夹；
② 将自己的一些文件复制、剪切或保存到该文件夹中；
③ 将该文件夹重命名为 Myfile；
④ 删除该文件夹，然后将其从回收站中恢复；
⑤ 将 Myfile 文件夹移动到 D 盘。
3. 使用控制面板中的"程序"来卸载系统中不再需要的应用程序。
4. 在"资源管理器"窗口或"计算机"窗口中用各种视图查看 D 盘上的文件或文件夹。

第3章 Word文字处理

文字处理是指通过文字处理软件进行文字录入、编辑、排版等格式化操作，它是计算机应用的一个重要方面，并且是日常办公中最频繁的一种应用，小到证明、通知、合同的制作，大到论文、书籍的撰写。

Word 为用户的文字处理提供了专业而优雅的工具，简洁直观的界面，能够帮助用户快捷地创建具有专业水准的文档。通过本章的学习，用户不仅可以对 Word 文字处理有一个全面的认识，能够掌握 Word 文档的建立、编辑、排版等基本操作，更能通过邮件合并、域、样式、目录和索引等高级功能，全面掌握 Word 的综合应用。本章以 Word 2010 的操作为例。

【知识目标】
1. Word 文档的编辑
2. 格式与排版
3. 对象的插入
4. 长文档的专业排版
5. 批量文档的制作

本章扩展资源

3.1　Word 文档的编辑

3.1.1　Word 2010 的启动与退出

1. Word 2010 的启动

在使用 Word 进行文字处理输入时，最先做的工作就是要启动该程序。启动 Word 的方法有很多种，常用的有如下几种方法：

（1）常规启动：执行"开始"→"所有程序"→"Microsoft office"→"Microsoft Word 2010"命令启动 Word 2010。

（2）快捷方式启动：双击桌面上的 Word 2010 快捷方式图标 启动 Word 2010。

（3）通过已有 Word 文档进入：双击带有图标 （扩展名为 .docx 或 .doc）的文件启动 Word 2010。

（4）通过双击安装在 C:\Program Files\Microsoft Office\Office14（安装时的默认路径）

WINWORD.EXE 下的文件启动 Word 2010。

2. Word 2010 的退出

Word 2010 的退出通常有如下几种方法：

（1）通过单击标题栏上的"关闭" 按钮退出 Word 2010。

（2）通过双击标题栏上左上角的控制菜单图标 退出 Word 2010。

（3）通过执行"文件"→"退出"命令退出 Word 2010。

（4）直接按下 Alt+F4 组合键退出 Word 2010。

3.1.2 Word 2010 工作界面

Word 2010 启动后，进入工作界面，如图 3-1 所示。Word 2010 的工作界面主要由快速访问工具栏、功能选项卡、功能区、文本编辑区和视图栏等部分组成，各自作用如下：

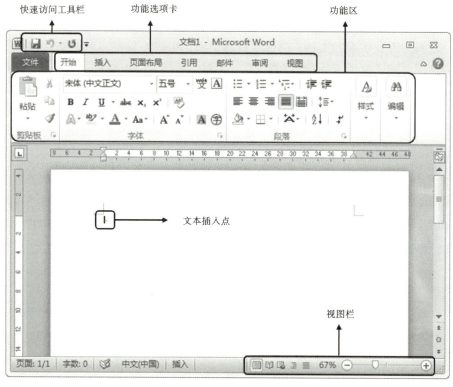

图 3-1　Word 2010 工作界面

1. 快速访问工具栏

默认情况下，快速访问工具栏中包含了 3 组命令："保存" 、"撤销" 和"恢复" 。用户还可以自定义快速访问工具栏，根据需要添加相应的命令，自定义的方法是单击快速访问工具栏右侧的 按钮，在弹出的快捷菜单中找到所需的命令。

2. 选项卡和功能区

在 Word 2010 工作界面的上部为"开始""插入""页面布局""引用""邮件""审

阅"和"视图"等选项卡，这些选项卡就是编辑 Word 文档所需的各种命令集合。单击某个选项卡即可展开相应的功能区，在功能区中，提供了不同的组，每个组中包含了不同的命令按钮或下拉列表框等，如图 3-1 所示的"开始"选项卡中有"剪贴板""字体""段落""样式"和"编辑"等组，有的组中其右下角还会有"对话框启动器"按钮，单击该按钮将打开相应的对话框或任务窗格进行更为详细的设置。

3. 文本编辑区

用来输入和编辑文本的区域。文本编辑区中有一个不停闪烁的竖线光标，即为文本插入点，用来定位文本输入的位置。编辑区的上方和左侧有标尺，便于用户掌握文档的整体布局，若标尺没有显示，单击"视图"→"显示"组中，勾选"标尺"即可。

4. 状态栏和视图栏

在工作界面的底部是状态栏，在其左侧用来显示当前文档的页数、总页数、字数、当前文档的检错和语言状态等。

状态栏右侧显示的是视图栏，单击视图按钮组 中的按钮，可在相应视图模式之间切换，单击显示比例按钮 ，可打开"显示比例"对话框调整文档的显示比例，或单击加减按钮或拖曳滑块也可调节页面显示比例，方便用户查看文档内容。

3.1.3　Word 2010 文档编辑过程

使用 Word 2010 制作文档的一般步骤为：

（1）启动 Word 2010，新建文档；

（2）在文档中输入文字内容；

（3）文字输入完成后，进行基本的编辑操作，如修改/删除，复制/粘贴，撤销/恢复等；

（4）保存编辑的文档；

（5）为了防止他人随意查看文档，还可为其设置密码保护。

下面就按照文档处理的一般过程来介绍 Word 2010 的基本操作。

1. 文档的创建

启动 Word 之后，可以创建空白的新文档，也可以利用模板创建新文档。

（1）创建空白新文档

空白文档其实也是一种模板，这种模板非常简单，建立之后没有任何内容，以默认的字体、字号和纸张，等待用户输入。

单击"文件"→"新建"命令，在窗口中间显示的"可用模板"列表区中选择"空白文档"选项，单击右侧的"创建"按钮，即可创建新文档。

（2）利用模板创建新文档

Word 2010 中提供了多种模板样式，如信函、报告、公文等，用户还可以从 Office 官网上下载更多类型的模板。

利用这些模板，可以快速地创建出格式专业、外观精美的文档，从而节省了排版时间，提高文档处理效率。

与创建空白新文档类似，单击"文件"→"新建"命令，在窗口中间显示的"可用模板"中选择合适的模板，单击右侧的"创建"按钮，即可创建一个带有格式和基本结构的文档，用户只需要编辑文档中相应的内容即可。

2. 文本的输入

创建新文档之后，在文档编辑区将会出现一个闪烁的竖线光标，提示用户此处为文字输入的起始位置。通过键盘可以输入各种文本。

输入中文时，应先切换到中文输入法，如拼音输入法，切换方法可用鼠标单击 Windows 任务栏中的"输入法指示器"，在弹出的菜单中选择中文输入法，也可以通过按【Ctrl+Shift】组合键在系统已安装的输入法之间切换，选择所需的输入法。

在中文输入法下，如果要输入英文，可以按【Shift】键在中英文之间进行切换。

如果输入一个段落结束，需按【Enter】回车键，会在当前位置插入一个符号 ↵，称为硬回车符，它是段落标记，强制换行，开始新的段落。

3. 文本的选择

对文本进行格式设置或其他操作时，首先必须选中要编辑的文本。熟练掌握文本的选择方法，能够提高工作效率。

（1）选择任意的文本

用鼠标拖动的方法选择文本是最基本、最常用也是最灵活的方法。在要选择文本的起始位置，按下鼠标左键进行拖动，直到要选定部分的末尾，鼠标所经过区域的文本变成蓝底高亮状态，释放鼠标左键即可。

（2）选择一行

若只选择一行文本，可以将鼠标移到该行左侧的空白位置，当鼠标指针的形状变为右上方向的箭头时，单击鼠标即可。

（3）选择一段

若只选择一段文本，可以将鼠标移到该段左侧的空白位置，当鼠标指针的形状变为右上方向的箭头时，双击鼠标，即可选定该段。

此外，在该段任意位置，连续单击鼠标 3 次，也可选定整个段落。

（4）选择整篇文档

若要选择整篇文档，可以将鼠标移到文档左侧的空白位置，当鼠标指针的形状变为右上方向的箭头时，三击鼠标，即可选定整篇文档。

此外，按【Ctrl+A】组合键，也可选定整篇文档。

4. 文本的修改

在 Word 中，可以对输入错误的文本进行修改，修改方法主要有插入文本，改写文本和删除文本等。

(1) 插入与改写

文档中若要添加或修改输入错误的文本，可以在插入状态或改写状态下进行。

默认情况下，Word 处于插入状态，在工作界面下方的状态栏中可以看见 插入 状态按钮，将光标定位到文档某一位置修改时，输入新的文字内容后，原来该位置上的文字自动向右移动。

在状态栏中单击 插入 按钮，切换至 改写 状态，将光标定位到文档某一位置修改时，输入的新文字内容将替换掉原来该位置开始往右的同等数量文字。

> 小贴士：文档插入和改写状态的切换，还可以通过按键盘【Insert】键切换。

(2) 删除

删除文档中不需要的文本，选中要删除的文本后，按【Delete】键或【Backspace】键均可删除。

【Delete】键和【Backspace】键的区别：在不选中文本的情况下，按【Delete】键删除的是光标后面的文本，按【Backspace】键删除的是光标前面的文本。

5. 文本的移动与复制

在编辑文档的过程中，经常会遇到将一段文字移动或复制到另外一个位置的情形。无论是移动还是复制文本，首先都要选中移动或复制的文本。

(1) 移动文本

移动文本是指将选择的文本移动到另一个位置，原位置不再保留该文本。操作方法如下：

鼠标拖动法：选中要移动的文本，然后将鼠标指针放在选中的文本上，按下鼠标左键进行拖动，拖动到目标位置后释放鼠标左键，完成文本的移动。这种方法适合于小段文本在文档内的移动。

快捷键法：选中要移动的文本，按【Ctrl+X】组合键，选中的内容将剪切到"剪贴板"，将光标定位到目标位置，按【Ctrl+V】组合键，文本将会粘贴到目标位置。

需要说明的是按【Ctrl+X】组合键剪切文本后，可多次按【Ctrl+V】组合键进行粘贴，即一次剪切，多次粘贴。

命令按钮法：选中要移动的文本，单击"开始"→"剪贴板"组中的"剪切" 命令按钮，然后将光标定位到目标位置，单击"剪贴板"组中的"粘贴"命令按钮，完成移动。

(2) 复制文本

复制文本与移动文本类似，只是移动文本后，原位置将不再保留该文本，而复制文本后，原位置还保留该文本。

快捷键法：选中要复制的文本，按【Ctrl+C】组合键，选中的内容将复制到"剪贴板"，将光标定位到目标位置，按【Ctrl+V】组合键，文本将会粘贴到目标位置。

与上面移动文本一样，按【Ctrl+C】组合键复制文本后，可多次按【Ctrl+V】组合键进行粘贴，即一次复制，多次粘贴。

命令按钮法：选中要复制的文本，单击"开始"→"剪贴板"组中的"复制"命令按钮，然后将光标定位到目标位置，单击"剪贴板"组中的"粘贴"命令按钮，完成粘贴。

快捷菜单法：选中要复制的文本，在选中的文本上单击鼠标右键，在弹出的快捷菜单上，选择"复制"命令，将光标定位到目标位置，再次单击鼠标右键，选择"粘贴"命令。

如果复制或移动的文本是具有格式的文本，那么在粘贴时可以通过粘贴选项来选择如何处理粘贴文本的格式。"粘贴"选项主要有"保留源格式""合并格式""只保留文本"等。

当用户粘贴了带有格式的文本之后，会在粘贴内容的末尾弹出 (Ctrl)，鼠标单击后也会显示粘贴选项，按【Esc】键可退出该选项设置。

6. 查找和替换

在一篇长文档中要查看某个字词的位置，或者将某个词全部替换为另外的词，逐个查找和替换将花费大量的时间，并且容易有遗漏，此时可使用 Word 的"查找与替换"功能实现。

（1）查找

查找可以帮助用户快速找到指定的文本及其所在的位置。

单击"开始"→"编辑"组中的"查找"命令或按【Ctrl+F】组合键，在 Word 2010 工作界面的左侧打开导航窗格，如图 3-2 左所示。在该窗格的"搜索文档"文本框中输入要查找的文本，例如，输入"电脑"文本后，文档中所有的电脑文本以黄色突出显示，同时在文本框下显示查找到 9 个匹配项，如图 3-2 右所示。

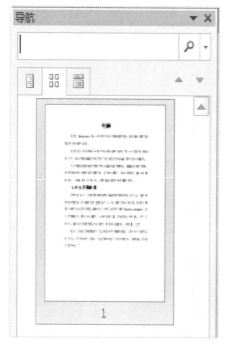
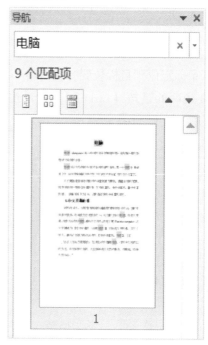

图 3-2 "查找"导航窗格

（2）替换

替换文本就是将文档中查找的内容，修改为另一个文本。单击"开始"→"编辑"组中的"替换"命令或按【Ctrl+H】组合键，打开"查找和替换"对话框，如图 3-3 所示。在"查找内容"右侧的文本框中输入要查找的文本，例如，"电脑"，在"替换为"右侧的文本框中输入要替换的文本，例如，输入"计算机"，单击"全部替换"按钮，即可将文档中所有的"电脑"字符全部替换为"计算机"，并弹出对话框，说明替换了多少处。

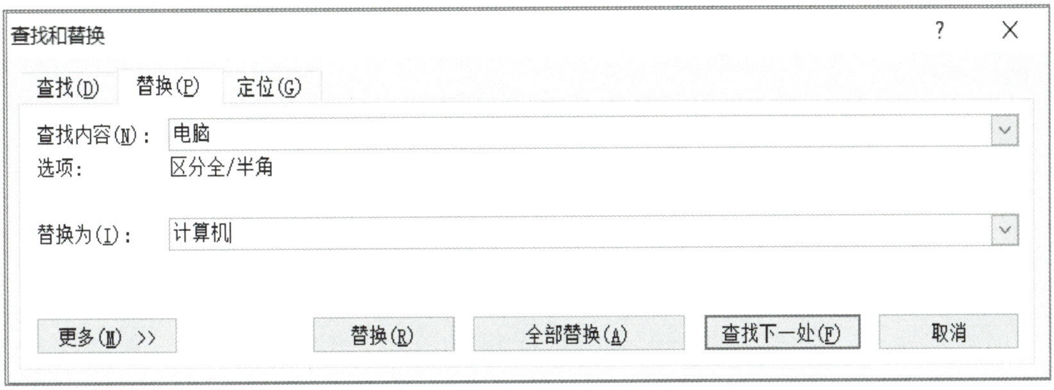

图 3-3 "查找和替换"对话框

Word 的"查找和替换"功能非常强大，不仅可以查找单个固定的文本，还可以使用通配符来查找多个具有某种特征的文本，甚至可以使用一些代码命令来查找，在文档的编辑中，熟练使用"查找和替换"功能可以解决很多问题。

以下，通过三个实例来介绍详细介绍"查找和替换"的应用。

【例题 3-1】批量字体格式的设置：一篇很长的 Word 文档中，其中多个地方出现"计算机"一词，要求把文档中所有的"计算机"设置为红色、加粗、加下划线的效果。

【操作要点】

① 在文档中任选"计算机"一词，按【Ctrl+H】组合键，打开"查找和替换"对话框；

② 在"查找和替换"对话框中，"计算机"一词已自动显示在"查找内容"文本框中，如图 3-4 所示；

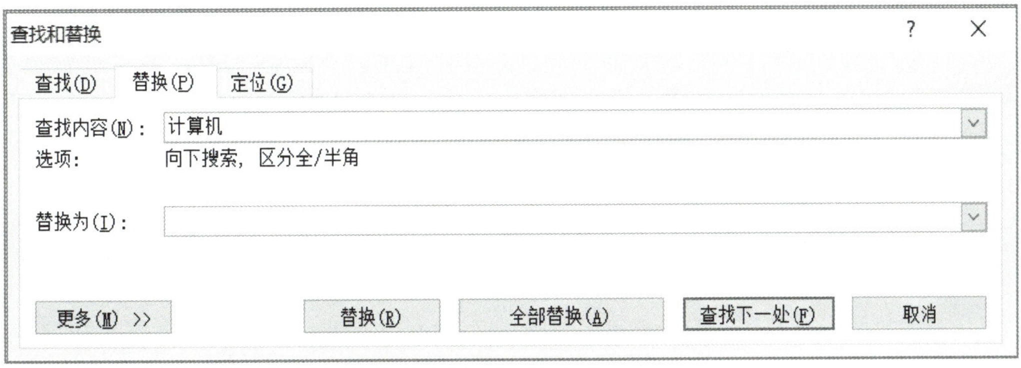

图 3-4 "查找和替换"对话框

③ 将光标定位到"替换为"文本框中,输入"计算机",并设置格式:单击"更多"按钮,展开对话框,单击下方的"格式"按钮,在弹出的选项中选择"字体",打开"替换字体"对话框,在该对话框上,"字形"选择"加粗","字体颜色"选择"红色","下划线线型"选择"细下划线",下线线颜色设置为"红色"设置完成后,单击"确定"按钮,返回"查找和替换"对话框,设置的字体格式显示在"替换为"文本框的下方,如图 3-5 所示。若设置的格式有错误或需修改,单击下方的"不限定格式"按钮清除已经设置的格式;

④ 单击"全部替换"按钮,即可将文档中所有的"计算机"替换为设置的格式效果。

图 3-5 "查找和替换"对话框

【例题 3-2】使用通配符查找:如图 3-6 所示的文档中,含有多个不同的书名,要求将所有的书名设置为黑体、红色格式。

由于要查找的书名不统一,但这些书名都有一个共同特征,就是书名文字都包含在书名号"《》"之间,因此可以根据书名号这个特征来进行查找。

特征有了,但是如何表示所有的书名呢?在这里需要使用通配符。通配符有两种:"*"和"?",其中"*"可表示零个或多个字符,"?"只表示一个任意的字符。因此要表示这些不同的书名时,可写成"《*》"。

【操作要点】

① 按【Ctrl+H】组合键,打开"查找和替换"对话框;

② 在"查找内容"右侧的文本框中输入"《*》"(不包含双引号);

③ 由于只改变书名文字的字体格式,文字本身并不改变,因此将光标定位在"替换

新书简介

《谁在世界的中央——古代中国的天下观》(修订版)，梁二平著，上海交通大学出版社 2018 年 3 月第一版，78.00 元。

报人修炼成学者，学术成果问世后竟能畅销，反复再版，这些让很多自学成才的人士艳羡不已的好事，都次第发生在本书作者身上了。谈历史，看当代，望未来，此三善，本书可以兼美。

《西方博物学大系》(影印)，江晓原主编，华东师范大学出版社 2018 年 6 月起持续出版。

总共拟影印西方博物学著作百种以上，时间跨度为 15 世纪～1919 年，作者分布于 16 个国家，写作语种包括英语、法语、德语、拉丁语、弗兰芒语等。研究及描述对象遍及植物、昆虫、鱼类、鸟类、软体动物、两栖动物、爬行动物、哺乳动物和人类，卷帙浩繁，堪称观止。

《科学的历程》(第四版)，吴国盛著，湖南科学技术出版社 2018 年 8 月第一版，128.00 元。

此书被普遍认为是吴国盛教授的成名作，至少许多公众是因为此书而得知吴国盛教授的。此第四版厚达 766 页，通读匪易，但真能下决心读完，则对科学的了解必可更上层楼。

图 3-6　文档截图

为"文本框中时，可以不输入任何内容，只需设置其格式即可。单击"更多"按钮，展开对话框，单击下方的"格式"按钮，选择"字体"命令，打开"替换字体"对话框，"中文字体"选择"黑体"，"字体颜色"选择"红色"，单击"确定"按钮，返回到"查找和替换"对话框。

④ 在"查找和替换"对话框上，必须勾选"使用通配符"选项，如图 3-7 所示，单击"全部替换"按钮。

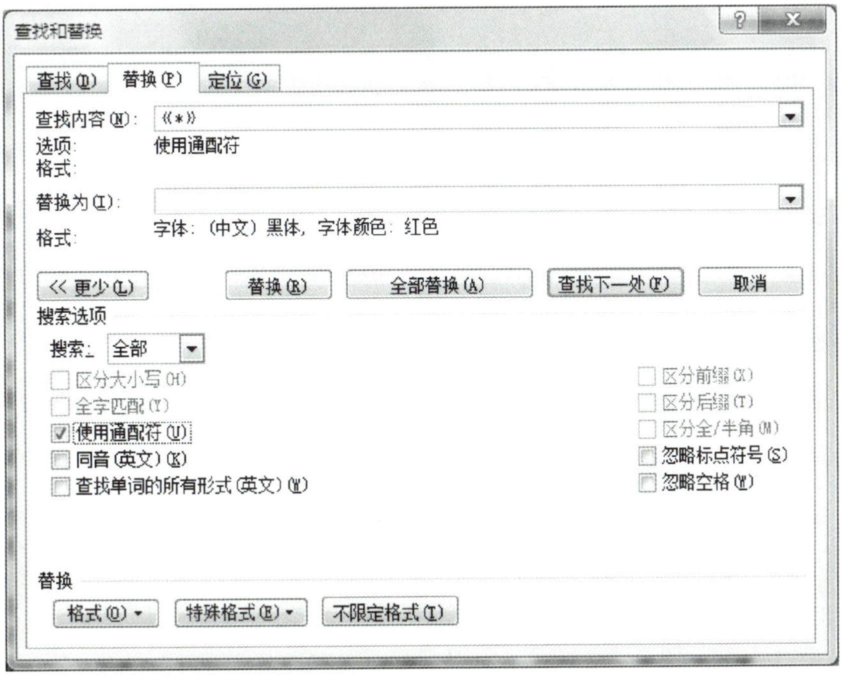

图 3-7　"查找和替换"对话框

【例题 3-3】删除空行和手动换行符：如图 3-8 所示，文档中含有大量的空白段落和手动换行符"↓"，要求把文档中的手动换行符更改为段落标记"↵"，并将文档中的空白段落删除。

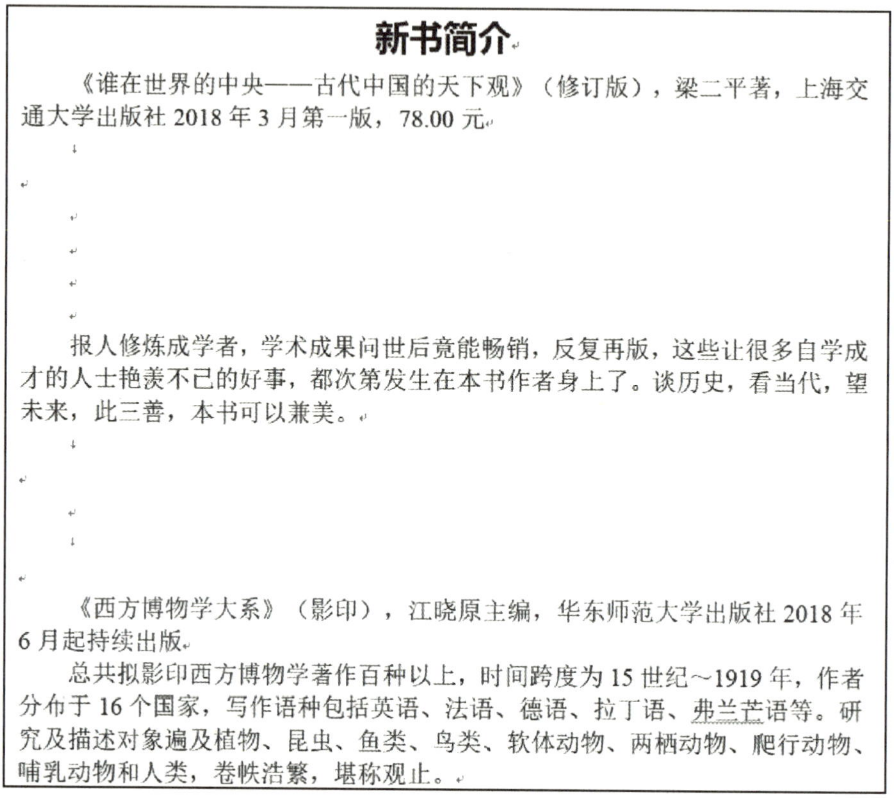

新书简介

《谁在世界的中央——古代中国的天下观》（修订版），梁二平著，上海交通大学出版社 2018 年 3 月第一版，78.00 元。

报人修炼成学者，学术成果问世后竟能畅销，反复再版，这些让很多自学成才的人士艳羡不已的好事，都次第发生在本书作者身上了。谈历史，看当代，望未来，此三善，本书可以兼美。

《西方博物学大系》（影印），江晓原主编，华东师范大学出版社 2018 年 6 月起持续出版。

总共拟影印西方博物学著作百种以上，时间跨度为 15 世纪～1919 年，作者分布于 16 个国家，写作语种包括英语、法语、德语、拉丁语、弗兰芒语等。研究及描述对象遍及植物、昆虫、鱼类、鸟类、软体动物、两栖动物、爬行动物、哺乳动物和人类，卷帙浩繁，堪称观止。

图 3-8　含空行的文档截图

将网页中的文档复制到 Word 中时，文档中经常有许多手动换行符或空行，在编辑文档时需要将它们删除，若手工一个一个的删除，效率非常低下，合理的利用"查找和替换"来删除，可以提高编辑文档的效率。

【操作要点】

① 打开"查找和替换"对话框，将光标定位在"查找内容"右侧的文本框中，单击"更多"按钮，展开对话框，单击下方的"特殊格式"按钮，在弹出的快捷菜单中，选择"手动换行符"，如图所示，此时文本框中显示"^l"；

② 在"替换为"文本框中，单击"特殊格式"按钮，选择"段落标记"，此时替换为文本框中显示"^p"；

> 小贴士：在查找和替换中，"^l"（小写字母 l）或者"^11"（数字 11）表示手动换行符；"^p"或者"^13"表示段落标记。

③ 单击"全部替换"按钮，即可将手动换行符全部替换为段落标记。

此时文档中全部为段落标记"↵"，某一区域连续两个段落标记之间没有任何字符，表示此处为一空行，要删除这些空行，采用的方法是凡是有两个连续段落标记的地方都把它替换成一个段落标记，具体方法如下：

打开"查找和替换"对话框，在"查找内容"文本框中输入"^p^p"，在"替换为"文本框中输入"^p"，反复单击"全部替换"，可以删除所有的空行。当连续空白段落较多时，需要反复单击"替换"按钮或"全部替换"按钮，才能将所有空白段落删除。

其中，"^p^p"表示2个连续的段落标记，其中第2个"^p"表示为空白段落。同样，查找2个连续的手动换行符可表示为"^l^l"。

7. 保存文档

在编辑文档的过程中，需要经常对文档进行保存，避免因意外情况导致编辑的文档内容丢失。

保存方法有：

（1）单击快速访问工具栏上的"保存"按钮；

（2）"文件"→"保存"命令；

（3）按【Ctrl+S】组合键。

若是新创建的文档还没有保存过，单击"保存""命令"，会打开"另存为"对话框，需选择保存的位置，输入相应的文件名。

8. 保护文档

（1）文档的加密

若防止他人随意查看文档信息，可以对文档进行加密以保护文档。保护文档的操作过程如下：

① 单击"文件"→"信息"中的"保护文档"命令，在弹出的下拉选项中选择"用密码进行加密"，打开"加密文档"对话框；

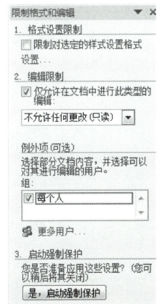

② 在"加密文档"对话框中输入相应的密码，单击"确定"按钮，显示"确认密码"对话框，再次输入刚刚设置的密码；

③ 单击任意选项卡，返回到 Word 工作界面，单击快速访问工具栏上的保存按钮，保存刚刚的设置，关闭 Word，重新打开该文档时，将显示"密码"对话框，用户必须输入正确的密码，才能打开该文档。

要删除文档的保护密码，单击"文件"→"信息"中的"保护文档"命令，在弹出的下拉选项中选择"用密码进行加密"，在打开的"加密文档"对话框中，直接删除密码即可。

（2）限制编辑

使用文档保护还可以限制他人对文档进行编辑。单击"文件"→"信息"中的"保护文档"命令，在弹出的下拉选项中选择"限制编辑"，打开"限制格式和编辑"导航窗格，如图3-9所示。若要进行格式设置限制，勾选"限制对选定的样

图 3-9 限制格式和编辑对话框

式设置格式";若要进行编辑限制,勾选"仅允许在文档中进行此类型编辑",在其下方的列表框中选择"不允许任何更改(只读)"选项,然后单击"是,启动强制保护"按钮,在打开的"启用强制保护"对话框中选择保护方法,如设置用户密码或用户验证,最后单击"确定"按钮,完成编辑限制。

3.2 格式与排版

文档的文字输入完成后,还需要对其进行一些格式设置与排版,使得整篇文档页面美观、格式规范、重点突出、结构清晰,便于阅读。

3.2.1 字体格式

字体的格式设置主要包括字体、字号、字形、颜色等。通过设置,可以使文字重点更加突出,文档更加美观。

修改或设置字体的格式,一般是在"开始"→"字体"组中进行;或单击"字体"组右下角的"对话框启动器" 按钮,打开"字体"对话框,如图 3-10 所示,在该对话框中对字体进行格式设置。

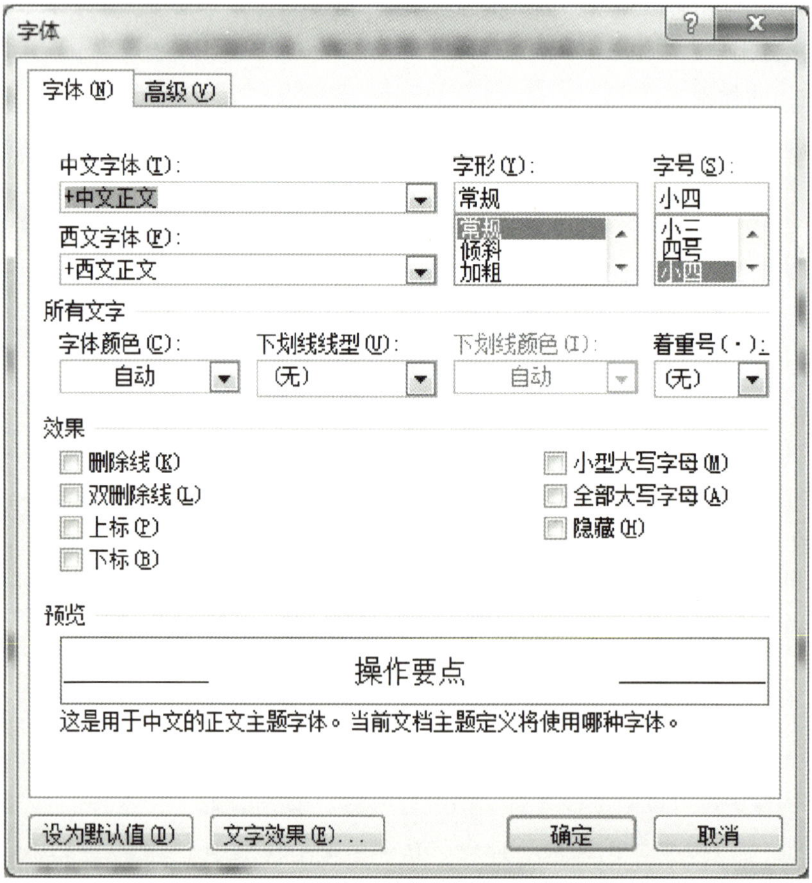

图 3-10 "字体"对话框

1. 字体

字体是文字的外在形式特征，也是文字的风格。新建文档，默认的中文字体是宋体，它是一种印刷字体，绝大多数书籍的字体都采用的是宋体；默认的英文字体是"Times New Roman"。

设置字体的方法是选中要设置字体的文本，在"字体"组中，单击"字体"宋体(中文正▾ 下拉列表框右侧的下三角按钮，在弹出的列表中选择所需的字体。

【例题 3-4】将文档中的中文字体设置为"微软雅黑"，英文字体设置为"Arial"。

若要对文档中的中文字符和英文字符分别设置不同的字体，使用上面的设置方法只会将中英文字符设置为同一种字体。打开"字体"对话框，在"中文字体"下面的列表框中选择"微软雅黑"，"西文字体"下面的下拉列表框这选择"Arial"，如图 3-11 所示。

图 3-11 "字体"对话框

2. 字号

字号是指文字的大小。设置字号的方法是选中要设置字号的文本，在"字体"组中，单击"字号" 小四 ▾ 下拉列表框右侧的下三角按钮，在弹出的列表中选择需要的字号。

Word 中字号的大小有两种表达方式：一种是几号字，从大到小依次为初号、小初、一号、小一、二号、小二、三号、小三、四号、小四、五号、小五、六号、小六、七号、八号;另一种是字号的磅数,可以在"字号"下拉列表框中选择,也可以在其下拉框中输入具体的数值,按回车键确定,磅数越大,字号就越大。

也可单击 A⌃ A⌄ 按钮,进行字号的快速调整。

3. 字形

字形是指文字的外形,Word 中的字形有粗体、斜体、下划线、删除线等。

设置字形的方法是选中要设置字形的文本,在"字体"组中单击相应的字形 B I U ▾ abc X₂ X² 按钮,其中:B 表示粗体、I 表示斜体、U 表示下划线、abc 表示删除线、X_2 表示下标,X^2 表示上标,其中,在下划线按钮的右侧还有下三角按钮,单击后在弹出的列表中可以选择下划线的线型和设置线条的颜色。

字形的这些按钮都是开关式的,即单击一下,按钮选中,选中的文本具有该字形效果,再次单击一下,按钮取消,选中的文本该字形效果也取消。

4. 字体颜色

在【字体】组中,单击字体颜色 A 按钮右侧的下三角按钮,在弹出的调色板中选择合适的颜色。

不仅可以对字体设置单一的颜色,还可以对字体设置多色渐变效果。

【例题 3-5】设置如图 3-12 所示的文字效果:字体为方正小标宋简体,字号为小一,加粗,字体颜色为上黄下红双色线性渐变,红色位置为 70%。

书山有路勤为径,学海无涯苦作舟

图 3-12　字体效果

【操作要点】

① 设置字体:由于文字的字体为方正小标宋体,而 Windows 自带的字体库里并没有该字体,需要下载安装后才能使用。通过搜索引擎下载"方正小标宋简体"后,右击字体文件,在快捷菜单中选择"安装"命令,该字体就安装到计算机字体库中,重新打开 Word 文档,就可以在"字体"列表中找到方正小标宋简体;

② 在"字体"组中,分别设置字号为小一、加粗效果;

③ 在"字体"组中,单击"字体颜色" A ▾ 右侧的下三角按钮,选择"渐变"→"其他渐变",打开"设置文本效果格式"对话框,在该对话框中,选择"渐变填充",如图3-13所示,进行渐变设置;

其中:

类型:用来设置渐变的类型,默认有线性、射线、矩形和路径四种类型。

角度:用来设置渐变的起始角度,如类型为线性渐变,角度为 90°,表示垂直方向上线性渐变,0° 表示水平方向上线性渐变,本例角度设置为 90°。

渐变光圈:在渐变条上默认有 3 个移动滑块,每个滑块代表一种渐变的颜色,选择一个滑块,可以在下方的颜色列表中设置其颜色,滑块的个数可以添加或删除,添加滑块,

图 3-13　字体渐变效果设置

只需在渐变条上单击鼠标即可，删除滑块，选择任一滑块，拖出渐变条即可删除。由于本例只需黄红两色渐变，可将中间的滑块拖出渐变条进行删除。将最左边的滑块颜色设置为黄色，最右侧的滑块颜色设置为红色，并设置其位置为 70%，文字将呈现上黄下红的双色线性渐变效果。

5. 文本效果

在"字体"组中，单击文本效果 右侧的下三角按钮，还可以对选中的文本设置一些艺术效果，如阴影、发光、映像等。之前类似的效果需要使用一些专业工具才能完成，现在只需要简单的设置即可完成，极大地提高了文档的排版效率。

此外，在"字体"组中，还可以设置一些其他常用格式：如单击 按钮，可以设置以不同颜色突出显示文本，使文字看上去像用荧光笔做了标记一样，单击无颜色，可取消设置。单击 按钮，给文字添加拼音。

3.2.2　段落格式

段落是指以段落结束标记"↵"为结束特征的一段文本，其中段落结束标记"↵"为不可打印字符。因此，在 Word 文档中，每段后面的"↵"在打印文档时候不会打印出来。

一篇文档通过合理的段落设置，可以使文档层次分明，结构清晰，便于阅读。

段落的设置是对整个段落有效的，如果只设置一个段落的格式，可以将光标定位在该段的任意位置；如果要设置多个段落的格式，则需要选中这些段落。

段落的格式设置主要有对齐、缩进、行距与段落间距等。修改或设置段落的格式，一般是在"开始"→"段落"组中进行；或单击"段落"组右下角的对话框启动器" "按钮，打开"段落"对话框，如图3-14所示，在该对话框中对段落进行相应的设置。

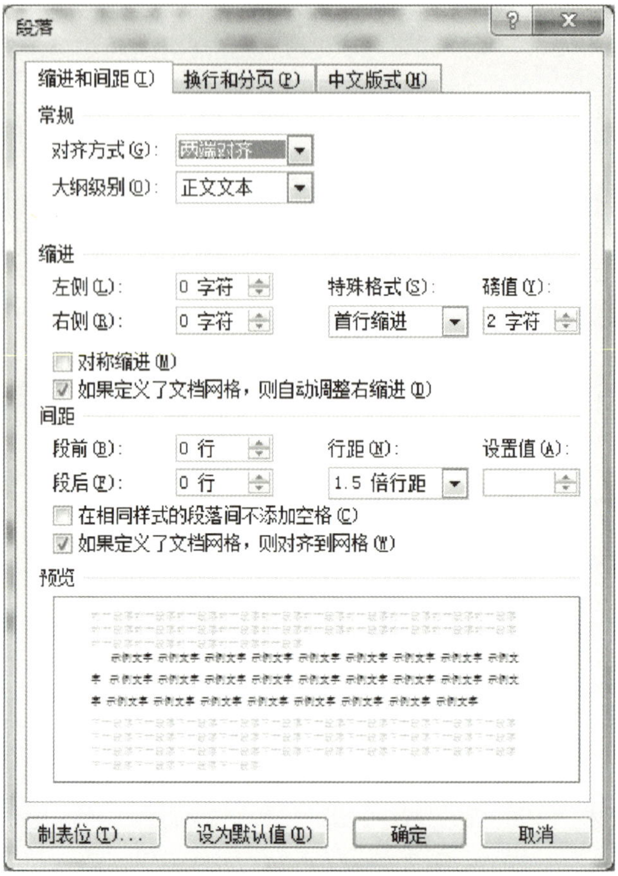

1. 对齐

段落的对齐方式主要有5种：文本左对齐、居中、文本右对齐、两端对齐和分散对齐，这5种对齐方式分别对应【段落】组中的5个按钮。

图3-14 "段落"对话框

需要特别说明的是两端对齐，可使段落两边同时与页面的左边距和右边距对齐，一般英文排版时使用较多，由于要迁就英文单词在一行要保持整体性，左对齐常常会造成页面右边无法对齐的情况，如图3-15左所示。采用两端对齐，可使得整段文字具有整齐地边缘，如图3-15右所示。

> One night a robber2 stole all the gold. When the miser came again, he found nothing but an empty hole. He was surprised, and then burst into tears.All the neighbors gathered around him. He told them how he used to come and visit his gold.
> "Did you ever take any of it out?" asked one of them. "No," he said, "I only came to look at it."
> "Then come again and look at the hole," said the neighbor, "it will be the same as looking at the gold."

> One night a robber2 stole all the gold. When the miser came again, he found nothing but an empty hole. He was surprised, and then burst into tears.All the neighbors gathered around him. He told them how he used to come and visit his gold.
> "Did you ever take any of it out?" asked one of them. "No," he said, "I only came to look at it."
> "Then come again and look at the hole," said the neighbor, "it will be the same as looking at the gold."

图3-15 "两端对齐"示例

2. 缩进

段落的缩进是指段落左右两边的文字与页边距之间的距离，包括左缩进、右缩进、首行缩进和悬挂缩进。

首行缩进是指每个段落的第一行缩进，在中文的排版习惯中一般段落首行缩进两个字符。

悬挂缩进是指段落的首行起始位置不变，其余各行都缩进一定的距离。

为了精确和详细地设置各种缩进量的值，在段落对话框的"缩进和间距"选项中设置，如图 3-14 所示，单击"特殊格式"下方的下拉列表，可以选择首行缩进、悬挂缩进以及段落无缩进等。

> 小贴士：在"段落"组中，还提供了减少缩进量"▦"按钮和增加缩进量"▦"按钮，每单击一次将使段落左缩进或右缩进一个汉字的距离。

3. 行距和段落间距

行距是指段落之中各行文字之间的距离，Word 默认的行距是单倍行距。

段落间距是指相邻两段之间的距离，包括段前和段后的距离，在文档中，段落间距应略大于行距，以使得段落之间有区隔，展示清晰。

行距和段落间距的设置，一般在段落对话框中进行，如图 3-14 所示，在间距中可以设置段前、段后的值，在行距下拉列表中可以根据实际需要选择或自定义行距；也可以单击行和段落间距"▦▾"按钮，进行行距和段落间距的快速设置。

此外，在段落对话框的"换行和分页"选项中，还可以对孤行、分页、行号、断字等细节进行设置，在"中文版式"选项卡中，可以对中文文稿的特殊版式进行设置，如按中文习惯控制首尾字符、允许标点溢出边界等。

4. 项目符号和编号

项目符号和编号是指放在段落前的符号或数字编号，起到强调作用。合理使用项目符号和编号，可以使文档的层次结构更清晰、更有条理。

设置项目符号方法：单击"段落"组中项目符号 ▦ ▾ 右侧的下三角钮，展开"项目符号库"列表，从中选择需要的符号即可，也可更改符号的类型，在"项目符号库"列表中，单击"定义新项目符号"按钮，打开"定义新项目符号"对话框，如图 3-16 所示，可以单击"符号"和"图片"按钮，从中选择新的符号类型。

设置编号的方法与设置符号相同，单击"段落"组中编号 ▦ ▾ 右侧下三角按钮，在展

图 3-16 "定义新项目符号"对话框

开的"编号库"列表中,选择需要的编号样式即可。

5. 格式刷

格式刷是 Office 提供的一个工具。它是一把用来"刷格式"的刷子,能够将指定段落或文本的格式复制到其他段落或文本上,大大减少了排版的重复操作。

下面以一个实例详细介绍格式刷的使用方法。

【例题 3-6】如图 3-17 左所示,将第一行的文字格式复制到第二行文字上。

图 3-17 "格式刷"的应用

【操作要点】

① 鼠标选中第一行文字;

② 单击"开始"→"剪贴板"组中的格式刷 按钮;此时鼠标的光标左侧就会出现刷子的形状;

③ 用鼠标选中第二行文字后,松开鼠标,就会发现第二行完全复制了第一行文字的格式,如图 3-17 右所示。

格式复制完成后,鼠标指针恢复成默认的状态,不能再次进行格式复制,即单击格式刷按钮只能复制一次格式;若要连续多次的进行格式复制,需双击格式刷按钮,让其一直保持在格式刷状态,格式全部复制完成后,再次单击"格式刷"按钮,或者按【Esc】键退出格式刷状态。

> 小贴士:在使用格式刷复制格式,若选择文字时包含了段落标记,将复制该段的文字格式和段落格式到目标文字段落中;若只选择了文字,则只复制文字的格式到目标文字段落中。

3.2.3 页面设置

页面设置主要包括对页边距、纸张大小、纸张方向、版式和文档网格等进行设置。在进行页面设置之前,先熟悉页面组成和各个区域的名称,如图 3-18 所示。

页面的各种设置一般都在"页面布局"→"页面设置"组中进行,或单击"页面设置"组右下角的对话框启动器 按钮,打开"页面设置"对话框,在该对话框中对页边距、纸张、版式和文档网格进行设置。

1. 版心设置

版心一般是指页面中除掉上、下、左、右页边距后正文内容所在的区域,如图 3-18 所示。版心大小是通过页边距的设置来确定,在"页面设置"对话框的"页边距"选项卡中,如图 3-19 所示,可以设置上、下、左、右页边距,装订线及其位置和纸张方向等。

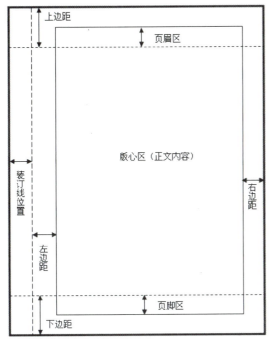
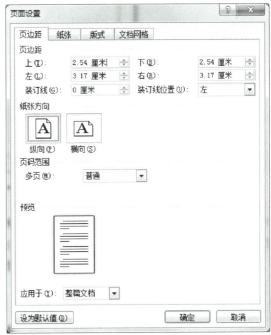

图 3-18 页面组成　　　　　图 3-19 "页边距"选项

2. 纸张大小

新建的 Word 文档，默认为 A4 纸张类型，方向为纵向。

在"页面设置"对话框的"纸张"选项中，可以为文档选择需要的纸张类型；在"宽度"和"高度"后的文本框中输入相应数值，单击"确定"按钮还可自定义页面的纸张大小。

在设置纸张大小的时候，经常会看到 A4、B5 以及 16 开等型号，这些都是纸张的规格。一般，纸张的规格是指纸张制成后，经过修整切边，裁成一定的规格尺寸。我国以前采用的是以多少开（如 16 开或 32 开等）来表示纸张的大小，现在采用国际标准，规定以 A0、A1、A2、B1、B2……等标记来表示纸张的幅面规格。把用于复印和打印的纸张按面积分成 A 规格和 B 规格，A 规格的纸张中 A0 最大，幅面面积为 1 平方米，尺寸为 841mm×1189mm，B 规格的纸张中 B0 最大，幅面面积为 1.4 平方米，尺寸为 1000mm×1414mm。若将 A0 纸张沿长度方向对开成两等分，便成为 A1 规格，将 A1 纸张沿长度方向对开，便成为 A2 规格，如此对开至 A8 规格；B0 纸张亦按此法对开至 B8 规格。例如："A4"纸型，就是将 A0 规格的纸张折叠 4 次，所以一张 A4 纸的面积就是 A0 纸面积的 2 的 4 次方分之一，即 1/16，其余依此类推。

K 型纸的命名略有不同，它是把一张大小为 1K 的纸，幅面面积为 787mm×1092mm，平分成两份，每一张就是 2K，把 2K 纸分成一半，就是 4K，直至 32K，K 型纸没有 3K、5K……之说。

鉴于国内外不同的标准，Word 在纸型设置时提供了不同标准的纸型选择，例如，B5 就分为 ISO 标准（国际标准）和 JIS 标准（日本工业标准），在使用时应根据实际需要选择。

3. 版式设置

在"页面设置"对话框的"版式"选项中，可以设置页眉和页脚区域的高度、页面垂直对齐方式以及给文档的段落添加行号和设置页面边框等，如图 3-20 所示。

在"页眉"或"页脚"后的文本框中输入的值是页眉或页脚距边界的尺寸。注意，不是页眉或页脚本身的尺寸。

勾选"奇偶页不同"选项，可以给文档的奇数页和偶数页设置不同的页眉和页脚。例如，专业书籍的正面和反面页眉文字描述不同，页脚的位置也不同，就是通过该选项来控制。

"首页不同"，在文档编辑时，文档的第一页是封面或主题页，其后的内容才是正文页，若给正文页添加页眉或页脚后，作为第一页的封面也会显示正文中设置的页眉或页脚，这是用户不希望看到的，可以勾选该选项，从而使得第一页无页眉或页脚。

"垂直对齐方式"用于设置页面上的文本在页面垂直方向上的对齐方式，包括 4 种对齐方式：顶端对齐、居中、两端对齐和底端对齐，注意"段落"组中的对齐按钮 是用来设置文本在页面水平方向上的对齐方式。

4. 文档网格

在"页面设置"对话框的"文档网格"选项中，可以对页面的行和字符进行设置，如图 3-21 所示。

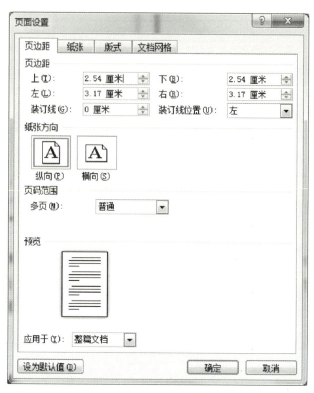

图 3-20　"版式"选项

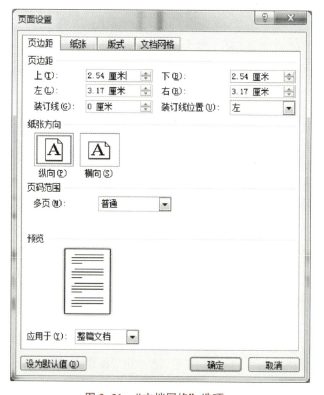

图 3-21　"文档网格"选项

在该选项中可以设置文字的方向、页面的栏数以及页面的行数和每行的字符数，注意在设置行数和字符数时，必须先设定字符的大小，再设置行数和字符，否则文本内容会超出页面版心。

在该对话框中，单击"绘图网格"按钮，可以来设置页面网格线的大小。网格线是一系列纵横交错的线条组合，可以用来辅助对齐文档中的对象，就像日常绘图时使用的坐标纸上的网格一样。每个网格的大小可以根据需要进行调整。

在进行图形、图片移动操作时，移动一次的距离是以绘图网格的一格为单位的，移到某个位置，被移动的图形、图片会对齐到网格上显示出来。因此，网格的间距越大移动的距离就越大，反之，网格小，则移动的距离也就小。若要进行微量移动，则应该将网格的间距调到最小。

在绘制图形时也与网格大小紧密相关，如绘制一条直线，直线的长度是网格间距的整数倍，起点和终点都会对齐到网格。

总之，在编辑文档之前应先设置文档的页面，养成良好的编辑文档习惯，若先编排文档，再进行页面的相关设置，可能会导致文档结构混乱，事倍功半，费时费力。

【例题 3-7】新建一空白文档，设置其页面的纸张大小为 A4、版心位置为上边距 3.5 厘米、下边距为为 3.0 厘米、左边距为 3.0 厘米，右边距为 2.5 厘米，装订线位置定义为 0 厘米，页眉距边界为 2 厘米，页脚距边界为 2.2 厘米，每页 36 行。

【操作要点】

① 单击"页面布局"→"页面设置"组右下角的对话框启动器 按钮，或双击水平标尺的灰色区域，打开"页面设置"对话框；

② 在"页面设置"对话框的"纸张"选项中，设置纸张大小为 A4；切换到"页边距"选项，分别设置左右上下的页边距为要求的值，装订线为 0 厘米；切换到"版式"选项，设置页眉距边界为 2 厘米，页脚距边界 2.2 厘米；切换到"版式"选项，选择"指定行网格"，将"行数"下的每页设置为 36。

5. 分页和分节

编写文档时通常要求新的章节另起一页，不建议用户采用连续按【Enter】键强制换行的方法将新章节内容调整到另一页，因为存在着这些空行，当对文档进行修改或重新编排时，会造成文档结构的混乱，正确的分页方法是使用 Word 提供的分页与分节功能。

(1) 分页

分页符是 Word 中的一种特殊符号，在该符号位置处将强制开始下一页。当内容填满一页时，Word 会自动开始新的一页，如果要在某个特定的位置强制分页，可以手动插入分页符。例如，在撰写毕业论文时，每个章节名称前插入分页符后，不论前面的章节内容如何变化，都可以确保每一章的内容总是在新的一页开始。

分页方法：将光标定位在要分页的位置，单击"页面布局"→"页面设置"组中的"分隔符"，在展开的列表中选择"分页符"命令，即可实现将光标后的内容另起到新的一页；或按【Ctrl+Enter】组合键，也可实现强制分页。

(2) 分节

节（Section）是用来设置一个独立的排版单元或区域，Word 是以节为单位来设置页面格式的。在新建文档时，Word 将整个文档的所有页默认为一个节。

由于节是页面排版中最小的有效单位，为了使页面排版的多样化，可以将文档分割成任意数量的节，用户根据需要为每一个节设置不同的外观与格式。

在编辑文档时，当需要对同一个文档不同页面的大小、页边距、纸张方向、页面垂直对齐方式、页眉等内容作出不同的设置时，就需要分节。尤其在长文档的排版中，经常对文档的章节进行分节，从而使得文档不同的章节具有不同的页眉或页脚。

■ 插入分节符

将光标定位在需要分节的位置，单击"页面布局"→"页面设置"组中的"分隔符"，选择"分节符"下的任一选项，即可分节。光标所在的位置会插入一个分节符，其后面的内容显示在新的节中。在"页面视图"下，分节符并不显示出来，切换到"草稿"或"大纲视图"，可以看到如图 3-22 所示的分节符标记。

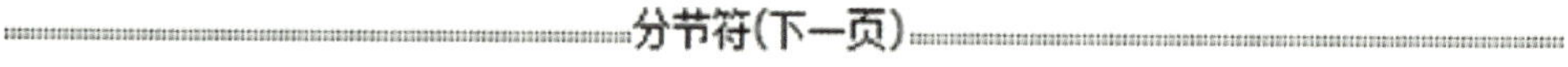

================分节符(下一页)================

图 3-22　分节符

■ 分节符的类型

Word 中有四种分节符类型可供选择，类型及功能作用见表 3-1 所示。

表 3-1　分节符类型与作用

类型	功能作用
下一页	光标当前位置之后的全部内容作为新的一节，移到下一页中。此时同时完成了分页和分节
连续	在光标当前位置插入分节符，只是分节，并不分页。分栏就是这种分节符
奇数页	新节从下一个奇数页开始，同时完成了分节和分页。光标当前位置之后的内容将转移到下一个奇数页上。例如，将一篇文档的第 5 页上内容进行奇数页分节，新节的内容显示在第 7 页上，这篇文档的第 6 页为空白页。有些书稿要求每个章标题总是打印在奇数页，就可以使用该分节符
偶数页	与"奇数页"类似，只是新节从一个偶数页开始。例如，在一篇文档的第 2 页上进行偶数页分节，新节的内容将显示在第 4 页上，第 3 页为空白页

■ 删除分节符

当需要更改文档中分节符的类型或取消分节时，需要将分节符删除。切换到"草稿"或"大纲视图"，单击需要删除的分节符，按【Delete】键即可删除。注意，在删除分节符时，同时还删除了节中文本的格式。例如，如果删除了某个分节符，其前面的文字将合并到后面的节中，并采用后者的格式设置。

默认情况下，新建的 Word 文档，无论有多少页，都处在同一个节中，所有的页只能进行同样的纸张大小、纸张方向等外观设置。编排文档的过程中，有时需要对文档的页面进行个性化设置，例如，要求不同的页，具有不同的纸张大小、纸张方向、页眉或页脚以及版式等，分页的方式解决不了这类问题，必须通过分节的方法，才可以实现。

【例题 3-8】页面设置：新建空白文档，由三页组成，要求如下：

① 第 1 页中第一行内容为"中国"，样式为"标题 1"，页面垂直对齐方式为"居中"，页面方向为纵向，纸张大小为 16 开；

② 第 2 页中第一行内容为"美国"，样式为"标题 2"，页面垂直对齐方式为"顶端对齐"，页面方向为横向，纸张大小为 A4，并对该页面添加行号，起始编号为"1"；

③ 第 3 页中第一行内容为"日本"，样式为"正文"，页面垂直对齐方式为"底端对齐"，页面方向为纵向、纸张大小为 B5。

【操作要点】

① 新建空白文档，输入文字"中国"，单击"开始"→"样式"组中的"标题 1"，"中国"文字将会设置"标题 1"样式；默认的页面为纵向，无需设置，双击水平标尺的灰色区域，打开"页面设置"对话框，在"纸张"选项中，设置为"16 开"；切换到"版式"选项，在页面垂直对齐方式中，选择"居中"；

② 光标定位在文字"中国"后，单击"页面布局"→"页面设置"组中的"分隔符"命令，选择"分节符"中的"下一页"选项，光标将移至新节所在页中，并将原光标位置处的样式带入到新节中，在新节所在的页中，删除这个样式的方法是"开始"→"样式"组右侧下拉按钮 ，展开样式列表，如图 3-23 所示，选择"清除格式"命令，即可删除光标处的格式；

图 3-23　样式列表

③ 在新节所在的页中，输入文字"美国"，在"样式"组中，选择"标题 2"样式；同理在"页面设置"对话框的"纸张"选项中，设置纸张大小为 A4，纸张方向为横向；在"版式"选项中，设置页面垂直对齐方式为"顶端对齐"，单击"行号"按钮，添加行号；

④ 采用同样的分节方法，插入第 3 页，清除格式后，输入文字"日本"，设置相应的页面格式即可。

从这个实例可以看出，同一个文档，3 页纸的纸张大小、方向和版式均不同，而实现这些功能，都是通过分节的方法完成的。

6. 分栏

分栏是排版中常见的一项设置，使文档的页面呈现不再单一，版面美观、内容清晰易读。

分栏的方法：选中需要分栏的段落文字，单击"页面布局"→"页面设置"组中的"分栏"命令，在弹出的下拉列表中选择需要的栏数即可，若需要对分栏进行细节设置，在下拉列表中单击"更多分栏（C）…"，打开"分栏对话框"，如图 3-24 所示，在该对话框中进行设置。

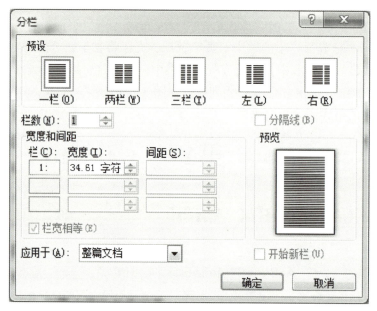

图 3-24　"分栏"对话框

7. 水印

Word 中的水印是把图形、图像、文字等作为文档背景的一种特殊处理方法。尤其在处理绝密、秘密和机密等密级文档时，通常在文档的每页加上"机密"或其他等级的水印字样，用来提示文档的保密性。

Word 内置了多种水印，如"机密"和"紧急"等，但这些水印并不一定能满足用户的需要。用户可以根据实际需要自定义文字水印或图片水印。单击"页面布局"→"页面背景"组中的"水印"命令，在展开的下拉列表中，单击下方的"自定义水印"选项，打开"水印"对话框，如图 3-25 所示。

在"水印"对话框中，选择"文字水印"，在"文字"文本框中输入自定义水印文字，如"本文版权所有，谢绝复制"，然后分别设置字体、字号和颜色，选中"半透明"

复选框,这样可以使水印呈现出比较隐蔽的显示效果,不干扰正文内容的阅读,还可设置水印版式为"斜式"或"水平"效果。

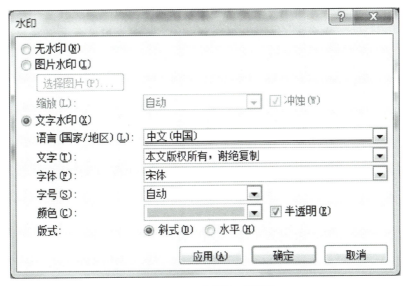

图 3-25 "水印"对话框

3.3 插入对象

Word 文档中除了用户输入的文本内容之外,往往还有一些其他信息,如图片、图形、表格、图表等,这些内容不是简单的文本字符,被统称为对象。这些对象的插入极大地丰富了 Word 文档的内容,使文档更加友好和多样化。

插入对象的相关命令主要在"插入"选项卡中,如图 3-26 所示,可以插入表格、图片、图形、页眉和页脚、公式和符号等对象。

本节主要介绍表格和域这两个对象的插入和应用问题。

图 3-26 "插入"选项卡

3.3.1 插入表格

表格对象是文档处理中不可缺少的一项功能,它形式简单、表达直观,尤其适合数据展示,使展示的数据条理清晰,简洁明了。

1. 插入表格

在 Word 中,插入表格的方式有多种。

图 3-27 "即时预览"插入表格

(1) 使用即时预览插入表格

使用"表格"下拉列表即时预览插入表格的方法是最简单也是最直观的一种方式。

将光标定位在要插入表格的位置,单击"插入"→"表格"组中的"表格"按钮,在弹出的下拉列表的"插入表格"区域中,滑动鼠标,列表上方将显示表格的列数和行数,如图3-27所示,3×4 表格,表示 4 行 3 列的表格。移动鼠标确定行数和列数时,用户同时可以在文档中预览表格的变化。

插入表格后,Word 功能区中自动打开"表格工具"→"设计"选项卡,用户可以通过"表格工具"→"设计"或"布局"选项卡对表格进行相应的设置。

(2) 使用"插入表格"命令

将光标定位在要插入表格的位置,单击"插入"→"表格"组中的"表格"按钮,在弹出的下拉列表中选择"插入表格(I)…"命令,弹出"插入表格"对话框,如图 3-28 所示,在对话框中输入表格的行数和列数即可。在"自动调整"操作选项中,还可以根据实际情况选择"固定列宽""根据内容调整表格"和"根据窗口调整表格"。

图 3-28 "插入表格"对话框

(3) 手动绘制表格

如果需要创建不规则或负责的表格,可以选择手动绘制表格的方法,也可以通过先插入基本结构的规则表格,然后通过手动绘制表格的方法为表格添加不规则的表格线。

将光标定位在要插入表格的位置,单击"插入"→"表格"组中的"表格"按钮,在弹出的下拉列表中选择"绘制表格"命令,此时鼠标指针会变成笔的形状,按住鼠标左键拖动就可以进行表格的绘制。

手动绘制表格时,"表格工具"→"设计"选项卡中的"绘制表格"按钮处于高亮状态,如图 3-29 所示,在其左边的笔样式、笔划粗细和笔颜色选项中可以为表格选择合适的线型、线宽和颜色等。

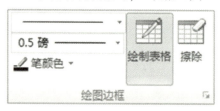

图 3-29 "绘图边框"组

如果要擦除表格的线条,单击"擦除"按钮,鼠标指针变成橡皮擦的形状,单击需要擦除的线条即可擦除。擦除操作完成后,需再次单击"擦除"

按钮，取消擦除状态。

（4）文本转换成表格

Word 中还可以对已经存在的文本直接转换成表格。将文本转换成表格前需要在文本中设置相应的分隔符，分隔符可以是段落标记、逗号、空格、制表符或其他自定义的字符。

以制表符为分隔符为例，将文本转换成表格的过程如下：

首先，在 Word 中输入文本，在希望分隔的位置按【Tab】键插入制表符，在希望换行的位置按【Enter】键，例如，输入的文本如下：

```
国家 →  GDP（亿美元）        →   人均 GDP(美元)→ 人均 GDP 名次↵
美国 →  124550.68 →  43740   →   7↵
日本 →  45059.12  →  38980   →   11↵
德国 →  27819.00  →  34580   →   19↵
中国 →  22286.62  →  1740    →   128↵
英国 →  21925.53  →  37600   →   12↵
法国 →  21101.85  →  34810   →   18↵
```

选中要转换为表格的文本，单击"插入"→"表格"组中的"表格"按钮，在弹出的下拉列表中选择"文本转换成表格（V）…"命令，打开"将文字转换成表格"对话框，如图 3-30 所示，Word 会自动识别出分隔符以及表格的行数和列数，如上述文字即可转换为 4 行 7 列的表格，单击"确定"按钮，文本就转换成表格。

图 3-30 "文字转换成表格"对话框

2. 表格边框与样式

表格插入之后，有时要根据实际需要，设置不同的框线粗细、颜色以及样式等。

（1）表格样式

Word 中提供了多种预设的表格样式。用户可以应用这些样式快速对表格的字体、边框和底纹等进行快速格式设置。

给表格套用表格样式，操作过程如下：

① 选中表格，当鼠标移到表格上时，表格左上角出现选择标记，单击该标记选中整张表格；

> 小贴士：按住鼠标左键，拖动鼠标，选中表格所有的行与列，与单击表格选择标记选中整张表格是有区别的，前者是选定表格中所有单元格里的对象内容，后者是选定整张表格。

② 单击"表格工具"→"设计"上下文选项卡,在"表格样式"组中,如图3-31所示,选择需要套用的样式即可。

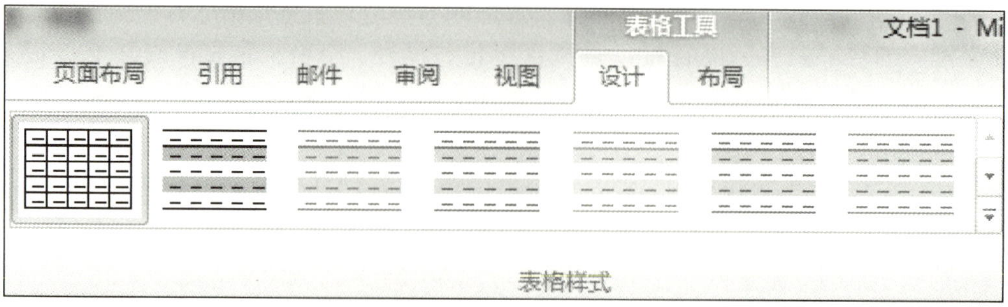

图 3-31 表格样式

(2) 表格的框线

对表格的框线进行一些个性化设置,可在"表格工具"→"设计"选项卡的"绘图边框"组中进行,通过笔样式、笔划粗细和笔颜色等选项对表格设置合适的线型、线宽和颜色等。

【例题 3-9】设置表格的框线:见表3-2所示,设置其外框线为3.0磅,蓝色,外粗内细样式;内部框线为1.0磅,红色;并对"课程"所在单元格设置左上右下的斜线表头,斜线以上为课程,斜线以下为姓名。

表 3-2 成绩表

课程	英语	计算机	体育	思修	大学语文	线性代数	电影欣赏
李平平	89	90	65	67	78	78	87
张文林	70	92	70	90	67	80	77
王成大	87	89	78	78	89	87	67
吕遥	90	67	88	87	90	76	78
科瑞特	78	77	55	88	45	89	56
嘉盛	80	89	67	87	80	78	77
雷水生	67	80	56	80	78	67	70

【操作要点】

① 鼠标指向表格,单击表格左上角的选择标记,选中整张表格,在"表格工具"→"设计"选项卡的"绘图边框"组中,"笔样式"选择外粗内细线条样式,"笔划粗细"选择为3.0磅,"笔颜色"设置为"蓝色";然后在"表格样式"组中,单击"边框"右侧的下拉按钮,选择"外侧框线",即可将相应的设置应用到表格的外框上;

② 在"绘图边框"组中,重新设置"笔样式"为单实线,"笔划粗细"选择1.0磅,"笔颜色"为红色,单击"边框"右侧的下拉按钮,选择"内部框线";

③ 鼠标指向第一行和第二行的分隔线,鼠标指针变成上下双箭头时,向下拖动,增大行高,光标定位在"课程"单元格中,在"表格样式"组中,单击"边框"右侧的下

拉按钮，选择"斜下框线"，光标定位在"课程"左侧，按空格键，适当调整"课程"位置，然后按回车键，输入"姓名"，并调整其位置，最终效果见表3-3。

表3-3 修改后的成绩表

课程 姓名	英语	计算机	体育	思修	大学语文	线性代数	电影欣赏
李平平	89	90	65	67	78	78	87
张文林	70	92	70	90	67	80	77
王成大	87	89	78	78	89	87	67
吕遥	90	67	88	87	90	76	78
科瑞特	78	77	55	88	45	89	56
嘉盛	80	89	67	87	80	78	77
雷水生	67	80	56	80	78	67	70

（3）行列管理

表格插入之后，会根据实际需要对表格进行改动，如插入或删除行或列。

插入行的方法：鼠标指向表格的最左侧，当指针变成指向右上角的空心箭头时，选择插入行的位置，单击右键，在快捷菜单中选择"插入"命令，在展开的子菜单中选择"在上方插入行"或"在下方插入行"。

或者将鼠标移到所要插入表格的最右侧，确定插入行的位置，直接按【Enter】键即可。

插入列的方法与插入行的方法类似，鼠标指向表格最顶部，指针变成垂直向下的黑色箭头时，选择插入列的位置，单击右键，在快捷菜单中选择"插入"命令，在展开的子菜单中选择"在左侧插入列"或"在右侧插入列"。

删除行和列的方法比较简单，选择要删除的行或列，单击鼠标右键，在快捷菜单中选择"删除行"或"删除列"命令。

行、列的插入和删除，还可以在"表格工具"→"布局"选项卡的"行和列"组中选择"在上方插入""在下方插入""在左侧插入""在右侧插入"和"删除"等命令执行。

（4）单元格的合并与拆分

合并或拆分单元格可以让表格的同一行或同一列的多个单元格合并为一个单元格，或者将一个单元格拆分成多个单元格。

合并单元格的方法：选中要合并的单元格，单击鼠标右键，在快捷菜单中选择"合并单元格"命令，或在"表格工具"→"布局"选项卡的"合并"组中单击"合并单元格"，这样选中的多个单元格就合并成了一个单元格。

拆分单元格的方法：将光标定位在要拆分的单元格中，单击鼠标右键，在快捷菜单中选择"拆分单元格"命令，在打开的"拆分单元格"对话框中输入拆分后的列数和行数即可，也可以在"表格工具"→"布局"选项卡的"合并"组中单击"拆分单元格"按钮，完成单元格的拆分。

（5）改变表格的行高和列宽

① 用鼠标拖动表格线

将鼠标移到需要调整行高或列宽的表格边框线上，当鼠标指针变成 ↕ 或 ↔ 形状时。拖动 ↕ 形状指针调整行高，拖动 ↔ 形状指针调整列宽。

② 使用"表格属性"命令

右击表格→"表格属性"命令，弹出"表格属性"对话框，如图 3-32 所示。通过该对话框可以精确设置表格的行高和列宽。

单击"行"选项卡，在"指定高度"文本框中输入确定的行高值，"行高值"有"固定值"和"最小值"两个选项。

若设置为"固定值"，则行高始终保持设置高度不变，当单元格内容超出时，超出部分不显示。

若设置为"最小值"，当单元格内容超出时，会自动调整行高。

单击"列"选项卡，在"指定宽度"文本框中输入确定的列宽值。

单击"单元格"选项卡，输入"高度"和"宽度"值，可以设置单元格的行高和列宽。

图 3-32 "表格属性"对话框

使用 Word 2010 提供的自动调整功能，右击表格→"自动调整"命令，选择对应的选项即可。

（6）表格内容的对齐方式

在"表格工具"→"布局"选项卡的"对齐方式"组中，可以根据需要设置表格内容的对齐方式。

（7）标题行跨页重复

当表格内容较多，表格就会跨越两页或多页显示，如果希望每一页都能够有标题行，可以通过标题行跨页重复来实现。

将光标定位在表格的标题行中，单击"表格工具"→"布局"，在"数据"组中，选择"重复标题行"按钮，就可实现表格跨页时，每一页自动加上标题行。

3. 表格内容的格式化

表格内容的格式化的设置与文档中的正文设置方法一样，还可以对表格中的文本设置文字方向、文本在单元格中的对齐方式及表格的边框和底纹等。

（1）表格的文字方向

表格中文字方向默认为横向排列，可根据需要设置为竖向排列。设置方法如下：选择需改变文字方向的单元格，单击"表格工具"→"布局"，选择"对齐方式"组中的"更改文字方向"按钮即可。

（2）单元格对齐方式

在默认情况下，单元格中输入的文本以靠上两端对齐的方式显示。可以在"表格工具"→"布局"的"对齐方式"组中，根据需要选择对齐方式，如图 3-33 所示。

图 3-33 "对齐方式"方格

4. 表格位置及大小的设置

（1）移动表格

当单击表格的任意处时，Word 2010 表格中就会出现两个控制点，一个位于左上角，即"表格移动控制点"；一个位于右下角，即"表格大小控制点"，如图 3-34 所示。拖动"表格移动控制点"，即可将表格移动到任意位置。

（2）改变表格的大小

当鼠标指针指向"表格大小控制点"时，鼠标指针将变成形状，拖动鼠标时，屏幕上出现一个虚线框，以显示改变后的表格外边框的大小。此时整个表格将会等比例缩放，表格内每个单元格的高度和宽度也随之发生相应的变化，如图 3-34 所示。

图 3-34 表格控制点

5. 表格的排序与计算

(1) 表格的排序

选定需要排序的列，单击"表格"→"布局"，然后单击排序按钮 ，在弹出的排序对话框中进行设置，如图 3-35 所示。

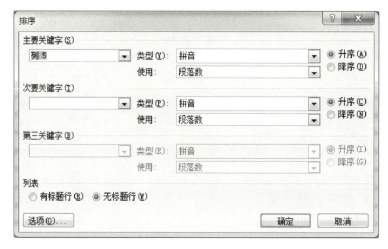

图 3-35 "排序"对话框

在该对话框中，最多可以设置 3 个排序关键字，若在主要关键字中遇到相同的数据，则根据指定的"次要关键字"进行第 2 次排序，若还有相同的数据，可以依据第三关键字排序。

每个排序依据都可分别选择"升序"或"降序"两种方式进行排序，默认值为"升序"。

(2) 表格的计算

Word 中的表格还可以对数据进行计算。Word 表格中数据的计算与 Excel 类似，需要对数据所在的单元格进行引用，而引用就需要知道单元格的名称。

表 3-4 为表格中各区域的名称及含义。表格计算可利用表格工具组的"布局"选项卡中的"公式"按钮进行计算。

表 3-4 表格中各区域的名称及含义

名 称	含 义
LEFT	光标所在位置左边的单元格
ABOVE	光标所在位置上方的单元格
B3	位于第 2 列、第 3 行的单元格
A1：B2	从单元格 A1 到 B2 矩形区域内的所有单元格 即由 A1、A2、B1、B2 共 4 个单元格组成的矩形区域
A1，B2	指 A1 和 B2 两个单元格

规则的表格中，各单元格名称以列字母+行编号的形式表示，如图 3-36 所示。

	A	B	C	D	E	F	G	H
1	A1	B1	C1	D1	E1	F1	G1	H1
2	A2	B2	C2	D2	E2	F2	G2	H2
3	A3	B3	C3	D3	E3	F3	G3	H3
4	A4	B4	C4	D4	E4	F4	G4	H4
5	A5	B5	C5	D5	E5	F5	G5	H5

图 3-36 规则表格单元格名称

对于不规则表格，单元格的名称以行为基准，从左到右依次对行内单元格进行命名，如图 3-37 所示。

	A	B	C	D	E	F	G	H
1	A1	B1						
2	A2	B2			C2			
3	A3	B3	C3	D3	E3	F3	G3	H3
4	A4	B4	C4		E4	F4	G3	H4
5	A5							

图 3-37 不规则表格单元格名称

在了解了 Word 表格中单元格名称的表示方法后，就可以对单元格中的数据进行计算。单击"表格工具"→"布局"组中的"公式"按钮，弹出"公式"对话框，如图 3-38 所示。

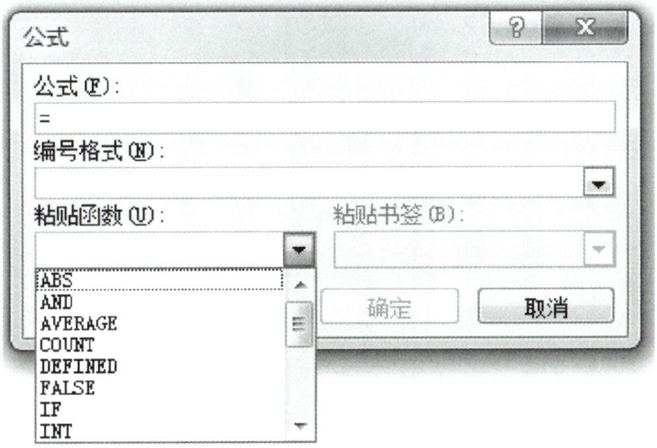

图 3-38 "公式"对话框

【例题 3-10】表 3-5 是一张成绩表，用公式命令来计算表中的总分和平均分。

表 3-5 成绩表

姓名	语文	数学	英语	总分	平均分
张三	89	78	100	267	89.00
李四	99	99	79	277	92.33
王五	78	88	67	233	77.67

① 计算单元格求和

■ 先把光标定位在计算结果存放的单元格 E2 内；

■ 在表格工具组中选择"布局"选项卡，单击"公式"按钮，弹出"公式"对话框，如图 3-38 所示。

■ 在"公式"文本框中直接输入"=SUM（LEFT）"（意为求当前光标左边所有数值的和，为默认值）。

■ 单击"确定"按钮即可完成 E2 单元格的求和计算。

■ 然后再计算 E3 单元格的求和：方法同计算 E2 的方法，只是在"公式"对话框中，"公式文本框"默认值将不再是"=SUM（LEFT）"，而变成了"=SUM（ABOVE）"（默认是对当前光标上面的数据进行求和），只需将 ABOVE 改为 LEFT 就可以了，同理，再求出 E4 单元格的和，则求和运算就完成了。

② 求平均值

■ 先把光标定位在计算结果存放的单元格 F2 内。

■ 在表格工具组中选择"布局"选项卡，单击"公式"按钮，弹出"公式"对话框，如图 3-38 所示。

■ 在"公式"文本框中直接输入"=AVERAGE（B2，C2，D2）"或"=AVERAGE（B2：D2）"或在"粘贴函数"下拉列表框中选择函数 AVERAGE（）（求平均值函数），一定要注意在函数前面必须加上等号"="，括号里（）输入要计算的单元格区域"（B2，C2，D2）"或"（B2：D2）"。

■ 若要设置数据的格式，则可选取"编号格式"下拉列表框中的相关选项，计算出来的结果可以以整数形式或小数形式或百分数等形式保存。如本题中假设平均值要求保留两位小数，则可在"数字格式"的下拉列表框中选择"0.00"选项，如图 3-39 所示。

■ 单击"确定"按钮即可完成 F2 单元格的求平均值的计算。

同样，求 F3 时把公式变为

图 3-39 数字格式

"=AVERAGE（B3，C3，D3）"或"=AVERAGE（B3：D3）"，求F4时把公式变为"=AVERAGE（B4，C4，D4）"或"=AVERAGE（B4：D4）"，即可完成平均值的计算。

3.3.2 插入图片

1. 图片文件格式

图片文件的格式有许多，有些格式并不被Word 2010所接受。可以在"插入图片"对话框中的"文件类型"下拉列表框中查找Word 2010所支持的文件格式。目前有许多流行的图形文件格式，如PSD（图像处理软件Photoshop的专用格式）、BMP（Windows位图）、JPG（JPEG文件交换格式）、GIF（图形交换格式）、PNG（可移植网络图形）格式文件等，常用的许多类型的图形文件都可以被转换成Word 2010能够直接识别的图形文件，如BMP（Windows位图）、JPG（JPEG文件交换格式）、GIF（图形交换格式）、WMF（图元文件格式）、EMF（Windows 32位扩展图元文件格式）、PNG（可移植网络图形）、CDR（CorelDRAW图形）格式文件等。

2. 图片的插入及编辑

Word 2010文档中图片的插入可以来自系统自带的剪贴画库，也可从Internet上下载，还可直接由数码相机或扫描仪获得。总之，只要是Word 2010能支持的图片格式，都可直接插入。

（1）插入图片

① 来自剪贴画

定位插入点，单击"插入"→"插图"组中的"剪贴画"命令，弹出"剪贴画"对话框，如图3-39左所示，在"搜索文字"文本框中输入要插入的图片类型如："运动"，再单击"搜索"按钮，则图库中所有的运动类型图片将会显示在窗口下方的显示窗口中，双击所需要的图片，即可将指定图片插入到文本的指定位置如图3-40右所示。

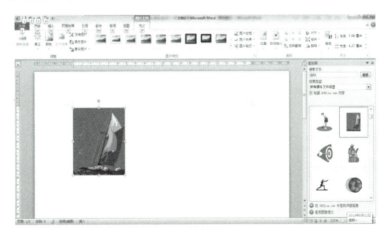

图3-40 插入剪贴画

② 插入图片文件

定位插入点，单击"插入"→"插图"组中的"图片"命令，如图 3-41 左所示。

图 3-41　插入图片

在"查找范围"下拉列表框中指定文件所在的位置，确定插入的图片文件之后，单击"插入"按钮，在弹出的下拉列表框中单击如图 3-41 右所示的位置选择需要的插入方式。在"插入"按钮的下拉列表中共有"插入""链接文件""插入和链接"3 种方式，其区别如下：

■ 插入方式

也叫嵌入方式，插入后的对象将成为文档中的一部分，随文档一起保存。文档中的图形不会随着原图形文件的更新而自动更新。

■ 链接方式

插入的对象仍然保存在源文件中，当前文档只保存该图形文件的位置信息。文档中的图形会随着原图形文件的更新而自动更新。

■ 插入和链接方式

对象被插入的同时还保存了该图形文件的位置信息。图形将随文档一起保存。文档中的图形会随着原图形文件的更新而自动更新。

（2）编辑图片

① 移动图片

先选定图片，用鼠标在图片的任意位置单击，即可选中图片，这时会在图片的四周会出现 8 个控制点，如图 3-42 所示。当鼠标移到图片上时，鼠标指针形状会变成✥形状，拖动鼠标即可使图片在页面上随意移动。若要对图片进行精确移动，可按住 Ctrl 键的同时按键盘上的方向键对图片进行上、下、左、右移动。

② 缩放图片

■ 将鼠标指针移到图片的某个控制点上，拖动

图 3-42　选定图片

鼠标可进行图片的缩放。

■ 若拖动图片四角的控制点，同时按住 Shift 键，可对图片进行等比例缩放。
■ 若拖动鼠标的同时按住 Alt 键，可对图片进行精细缩放。

③ 设置图片环绕方式

设置图片的环绕方式，也就是设置图片与文字的位置关系，方法如下：

选中图片后，在"图片"工具组上单击排列方格中的"位置"按钮，然后在文字环绕框中选择对应的环绕方式，如图 3-43 所示。图 3-44 所示为设置了文字四周环绕，顶端对齐的效果图。若要进一步设置文字环绕方式，则单击如图 3-43 下方的"其他布局选项"，弹出如图 3-45 所示的"布局"对话框。

图 3-43　"文字环绕"按钮

图 3-44　"四周型"文字环绕效果图

④ 图片的颜色、对比度、亮度的控制

改变图片颜色的方法如下：

在图片工具组中选择"格式"→"调整"组中"重新着色"按钮，并在列表中选择需要的颜色，如图 3-46 所示。

图 3-45　"布局"对话框

图 3-46　改变图片颜色

⑤ 改变图片背景

选中图片后右击，在弹出的快捷菜单中执行"设置图片格式"命令，在弹出的"设置图片格式"对话框中单击"颜色与线条"选项卡，单击"颜色"下拉列表框，如图 3-47 所示。可将不同的颜色和效果作为图片的填充背景。单击"颜色"下拉列表框后的"填充效果"按钮，弹出"填充效果"对话框，如图 3-48 所示。在该对话框中还可将图片的背景设置成不同的过渡色、图案、纹理等。

 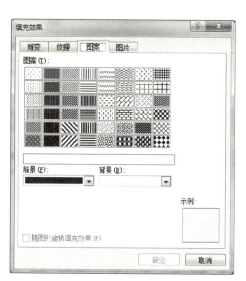

图 3-47　"颜色与线条"选项卡　　　　图 3-48　"填充效果"对话框

3.3.3　插入自选图形

1. 绘制自选图形

在 Word 2010 中，可以直接利用"绘图"工具组中提供的绘图工具绘制正方形、矩形、多边形、直线、曲线、圆、椭圆等简单的图形对象。打开"绘图工具"组的方法如下：

单击"插入"→"插图"组中的"形状"按钮，在弹出的列表中选择"新建绘图画布"命令项，"绘图工具组"如图 3-49 所示。

图 3-49　"绘图"工具组

利用绘制自选图形功能可绘制一些特殊形状的图形。单击图 3-49 所示的"形状"按钮，在弹出的下拉列表框中选择需要的自选图形，如图 3-50 所示。选择自选图形后，鼠标指针将变成十字形，在插入位置单击鼠标，自选图形即被插入。拖动绘制图形时按住 Shift 键，可对图形进行等比例缩放。

2. 编辑图形

（1）在图形中添加文字

单击"插入"→"文本"组中的"文本框"按钮，选择"绘制文本框"，然后在文本框中输入文字，将文本框设置为"无填充"、"无线条"，最后将其拖到图片上即可。在图形中添加文字的效果如图 3-51 所示。

（2）图形的组合与分解

如果要组合图形，则先要选定要组合的图形，全部选定后右击，在弹出的快捷菜单中执行"组合"→"组合"命令。组合前后的效果如图 3-52 所示。一旦组合成功，则所组合的图形便会成为一个整体不可分离。

如果要分解已组合的图形，可以选中图片后右击，在弹出的快捷菜单中执行"组合"→"取消组合"命令，即可使组合的图形具有独立性，可以进行独立操作而互不关联。

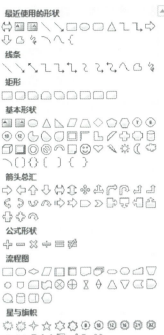

图 3-50 选择"自选图形"

图 3-51 添加文字示例

图 3-52 组合前后的效果示例

（3）图形的叠放次序

选中需要调整的图片后右击，在弹出的快捷菜单中执行"叠放次序"中的相应命令设置叠放的位置，可分别根据需要设置为上移一层、下移一层、置于顶层或置于底层等。图形叠放次序的效果如图 3-53 所示。

（4）图形的旋转及形状的调整

如果要旋转图形，或调整图形的形状，先选定图形，这时图形中会出现绿色的小圆点，称为旋转控制点，当把鼠标移至控点上时，鼠标指针会变为形状，如图 3-54 所示。将鼠标移至旋转控制点上，拖动鼠标即可旋转图形。

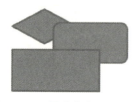
图 3-53 "叠放次序"示例

图 3-54 "自由旋转"示例

同时有些图形在被选中时,图形周围会出现一个或多个黄色菱形块,称为图形的"调整控制点",用鼠标拖动这些控制点,可获得各种变形后的图形。如图 3-55 左所示,图形通过 3 个调整控制点的调整和绿色旋转控制点的调整,变成了图 3-55 右图形的形状。

图 3-55 "变形"示例

如图 3-56 所示是通过"调整控制点"调整图形后的多种图形示例。

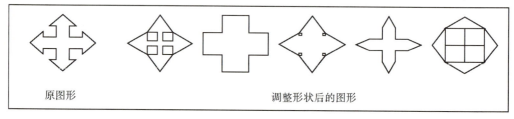
图 3-56 调整图形示例

另外还可以通过绘图工具组中的"形状样式"组中的"形状填充"按钮 形状填充 、"形状轮廓"按钮 形状轮廓 ,为图形设置边框色和填充色,还可设置特殊效果的线条图案和填充效果等,操作与前面介绍的同类操作方法相同,这里不再重述。

3.3.4 插入文本框

文本框实际上是一种可移动的、大小可调的文字或图形的容器。使用文本框可以实现多个文本混排的效果。创建和编辑文本框的操作步骤如下:

单击"插入"→"文本"组中"文本框"按钮,如图 3-57 所示。在弹出的下拉列表框中选择"绘制文本框"或"绘制竖排文本框"选项,可在文档中插入文本水平排列或文本竖直排列的文本框。

选择一种文本框排列方式后,即可在文档中显示一个画布。移动鼠标至文档中,指针会变为十字形状,按住鼠标左键并拖动出一个文本框至合适的大小,再松开鼠标,这样就可以插入一个文本框。此时用户可以在文本框中输入内容,如图 3-58 所示。

单击文本框,在"绘图工具"→"格式"选项卡中可以设置文本框的形状、线条、

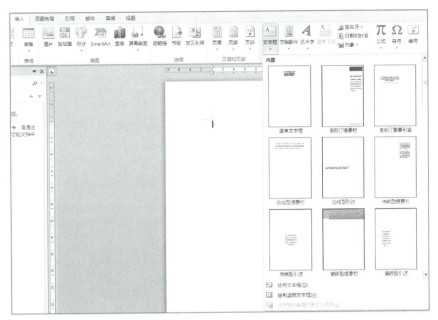

图 3-57 插入文本框

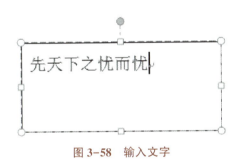

图 3-58 输入文字

大小、颜色、版式等属性。

　　文本框与图形对象一样,也可以实现与文档中正文文字的混排。单击"格式"→"排列"组中的"自动换行"按钮,在下拉列表框中可对文本框的环绕方式进行设置。

3.3.5　插入艺术字

　　为了使文档的标题活泼、生动,可以使用 Word 的艺术字功能来生成具有特殊视觉效果的标题。Word 2010 中文版通过"格式"选项卡中的按钮来完成对艺术字的处理。生成的艺术字被当作是图形对象,因此可以像对待图形那样进行移动或缩放操作,当然,也可以使用"绘图工具"选项卡中的工具来改变其效果。插入艺术字的操作步骤如下:

　　确定要插入艺术字的位置。单击"插入"→"艺术字",弹出如图 3-59 所示的列表框。

　　在该列表框中选择一种艺术字式样,即可插入艺术字样式,如图 3-60 所示。在"文字"框中输入想插入的艺术字文字,然后分别在"开始"选项卡中设置艺术字的字体、字号和字形。

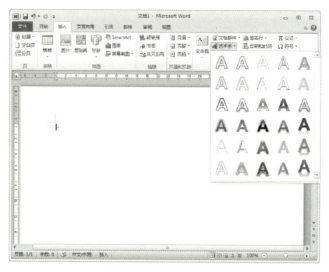

图 3-59 "艺术字库"列表框

图 3-60 编辑"艺术字"

艺术字插入到文档后,利用"格式"选项卡中的按钮可以完成所有艺术字的编辑、设置操作。

3.3.6 插入对象应用

【例题 3-11】要想编辑如图 3-61 所示的内容。

【操作要点】

① 启动 Word 2010,输入如图 3-61 所示的文字内容。

② 设置字体字号字形。标题采用艺术字体,输入文字并设置艺术字样式,然后设置艺术字体"填充颜色"为红色,"线条"为无线条颜色;然后选定正文设置为华文新魏、常规、四号、蓝色字体,在"段落格式"中设置"行间距"为固定值 22 磅。

图 3-61　图文混排示例

③ 图片的编辑。添加图片,单击"插入"→"插图"组中"剪贴画"命令,弹出"剪贴画"对话框,在"搜索文字"文本框中输入要插入的图片类型"自然"或"花",勾选"包括 Office.com"项,如图 3-62 所示,再单击"搜索"按钮,则图库中所有的"花"类型图片将会显示在窗口下方的显示窗口中,双击所需要的图片,即可将指定图片插入到文本的指定位置,如图 3-63 所示。将"花"的图片拖至覆盖全文字,并将"颜色"设置为"冲蚀","文字环绕"设置为"衬于文字下方",其余三个图片拖至文本中对应的位置左上角、左下角和右下角,并将图片调到适当的大小。

通过以上几个步骤,便可完成图 3-61 的图文混排的效果。

图 3-62　"剪贴画"对话框　　　　　图 3-63　插入"剪贴画"

3.4 长文档的处理

在日常学习和办公中，长文档的编辑与处理是用户常常面对的一项工作，如毕业论文、营销报告、企业申报书、宣传手册、科技书籍等。长文档的纲目结构复杂，内容较多，长达数十页甚至上百页，若不使用正确的方法，长文档的排版费时费力，而且排版效果可能也不尽如人意。

本节以教材编写排版为例，详细介绍长文档排版中涉及的各项知识，并进一步理解分节和分页的作用；学会利用标题样式快速设置文档的格式，建立多级编号；利用引用功能自动生成目录、题注、尾注等；通过域的方式插入不同节的页眉和页码；利用批注和修订功能查看文档的修改状况。

3.4.1 样式

样式在排版中非常重要，"无样式非排版"，由此可见一斑。样式不仅可以规范全文格式，还与文档大纲相对应。在毕业论文等长文档的编辑过程中，样式主要用于设置文档的章、节、小节等内容以及正文、题注等格式，由此可以创建章节的多级编号、题注的自动编号，它是文档自动生成目录的基础。

1. 样式

样式是预先定义好的有关文本、段落、边框等格式的集合，包含字体、字号、字形、颜色、对齐方式、行距、边框等。每个样式都有名称，用户可以直接把某个样式应用于某个段落或文字上。这样可以一次性地将这些文字设置为样式中所预定的格式，而不必对文字的格式逐一设置，大大提高了编辑的效率。

Word 内置了很多样式，例如，标题 1、标题 2、正文等。在"开始"→"样式"组中列出了常用的快速样式库。

对样式进行详细的编辑与设置，在"样式"窗格中进行。单击"样式"组右下角的对话框启动器 按钮，打开"样式"窗格，如图 3-64 所示。

默认的情况下，该窗格只列出了部分推荐样式。系统中自带的样式添加到任务窗格的方法如下：

在"样式"窗格中，单击窗格下方的"管理样式" 按钮，打开"管理样式"对话框，切换到"推荐"选项卡，如图 3-65 所示，从列表中选择所需的内置样式，单击"显示"按钮，则所选的样式将在"样式"窗格中显示出来。

2. 创建样式

用户不仅可以直接应用 Word 内置的样式，还可以根据需要创建样式。如图 3-64 所示，在"样式"窗格中，单击窗格下方的"新建样式" 按钮，打开"根据格式设置创建新样式"对话框，如图 3-66 所示。

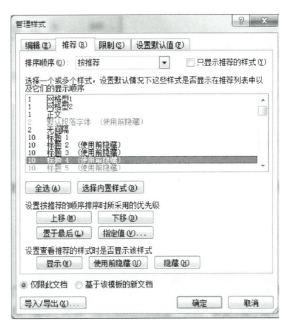

图 3-64 "样式"窗格　　　　图 3-65 "管理样式"对话框

图 3-66 "根据格式设置创建新样式"对话框

在该对话框中可以设置创建的样式属性和格式等内容，其中：

① 名称：创建的样式名称，和文件的命名类似，用户根据需要自行命名，尽量做到见名知义。

② 样式类型：类型的选择需要用户考虑创建的样式的目的与作用，从而选定合适的类型。

③ 样式基准：选择已有的样式作为新样式的基础，新样式继承原有样式的全部特点；如果不需要基准样式，选择"无样式"。在创建样式时，由于新样式会继承基准样式的全部特点，所以样式基准的选择非常重要。

④ 后续段落样式：定义该新建样式后面的段落应用的样式。

所有设置完成后，单击"确定"按钮后，创建的样式就可以在当前文档中使用。

3. 修改样式

如果内置的样式或创建的样式无法满足某些格式要求，可以在现有样式的基础上进行修改。例如，要修改"标题2"样式的格式，在"样式"窗格中，单击"标题2"样式右侧的下拉按钮或鼠标右击，弹出的快捷菜单中，选择"修改"命令，则会弹出类似于如图3-66所示的"修改样式"对话框，用户可以根据实际需要对"标题2"样式进行格式的修改，样式一旦修改，文档中所有基于标题2样式的文字或段落格式随之也会更新。

4. 删除样式

当文档不再需要某个样式时，可以将该样式删除。样式删除后，文档中原来由这个样式所格式化的段落或文字将改变为"正文"样式。

在"样式"窗格中，选择要删除的样式，单击右侧的下拉箭头，选择"删除"命令即可。注意，Word内置的样式无法通过此方法删除。

5. 为样式指定快捷键

为样式指定快捷键，主要是便捷用户的操作，当为某个段落应用样式时，只需按快捷键就可，无需在"样式"窗格中一一选择。快捷键的设置可以是【Ctrl】、【Alt】等加上相应字母的组合键，也可直接是一些功能键，但有些组合键或功能键不让使用，这是由于应用软件已将该键留作他用，例如，【F1】键，Word已把它设置为打开"帮助"的快捷键。

【例题3-12】为样式设置快捷键：将"标题1"样式指定【Ctrl+1】快捷键。

【操作要点】

① 在"样式"窗格中，单击"标题1"样式右侧的下拉按钮，选择"修改"命令，打开"修改样式"对话框；

② 单击"格式"按钮，在弹出的菜单中选择"快捷键"，打开"自定义键盘"对话框，如图3-67所示。

③ 在"请按新快捷键"下的文本框中，按住【Ctrl】和【1】键，则该组合键显示在文本框中；

④ 单击"指定"按钮，【Ctrl+1】组合键就添加到"当前快捷键"列表中，这样就为

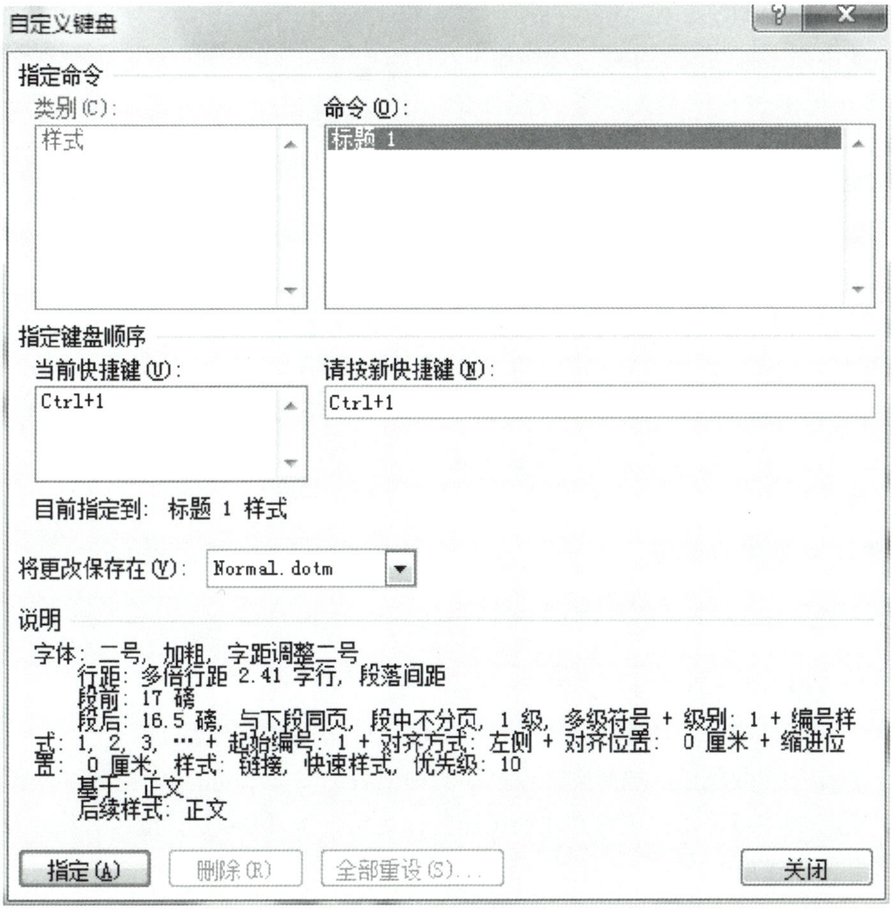

图 3-67 自定义键盘对话框

"标题 1"设置了快捷键,当文档中某处文字要设置为"标题 1"样式时,只需按【Ctrl+1】快捷键即可。

6. 标题样式

标题样式是 Word 用于文档标题格式而内置的样式,在 Word 中提供了 9 级不同的标题样式,分别从标题 1 到标题 9,这九级标题对应的大纲级别分别为 1 级到 9 级。例如,在设置论文中的标题样式时,章级标题可设置为"标题 1"样式,节级标题可设置为"标题 2"样式,小节级标题可设置"标题 3"样式,以此类推,一般建议文档中应用的标题样式最多到 4 级,即从"标题 1"到"标题 4",标题层级太多,会使文档的结构显得过于复杂,不利于用户阅读。

3.4.2 脚注和尾注

脚注和尾注常见于专业论文中,它们是对正文添加的注释。脚注和尾注主要分为两个部分:一个是插入文档中的引用标记,另一个是注释文本。脚注的注释文本显示在页面的底部,尾注的注释文本显示在文档的末尾。

1. 脚注和尾注的插入

在文档中插入脚注或尾注时,操作如下:

① 将光标定位在要插入脚注或尾注的位置;

② 单击"引用"→"脚注"组中的对话框启动器 按钮,弹出"脚注和尾注"对话框,如图3-68所示,在该对话框中可以对位置、编号格式进行设置。

③ 单击"插入"按钮,则脚注或尾注引用标记将插入到相应的文档位置,而光标则自动置于页面底端或文档末尾,此时输入脚注或尾注的注释文本即可。

2. 脚注和尾注的编辑

当需要移动、复制或删除脚注或尾注时,处理的实际上是注释标记,而非注释文字。移动、复制或删除脚注或尾注后,编号会自动改变。

图3-68 "脚注和尾注"对话框

(1)移动脚注或尾注:选择脚注或尾注的标记后,直接拖到新位置。

(2)复制脚注或尾注:选择脚注或尾注的标记后,按【Ctrl】键,拖到新位置。

(3)删除脚注或尾注:选择脚注或尾注的标记后,按【Delete】键,脚注或尾注的标记和注释文本直接被删除。

3. 脚注和尾注的转换

在Word中,脚注和尾注可以相互转换。右击页面底部的脚注编号,在弹出的快捷菜单中选择"转换至尾注"命令,也可以按照同样的方法将尾注转换成脚注。

【例题3-13】如图3-69所示,给分析报告的作者添加脚注:贾文、陈辞的注释文字为"市场1部",章杰的注释文字为"市场2部"。

> 笔记本电脑销售分析报告
>
> 贾文   陈辞   章节

图3-69 脚注的插入

【操作要点】

① 光标定位在"贾文"后,单击"引用"→"脚注"组的"插入脚注"命令,光标转移至页面底端,输入注释文字"市场1部";

② 若再按照①中的方法对"陈辞"插入脚注,则注释语句重复显示,不符合论文的规范要求。多个脚注引用同一个注释文字,应使用"交叉引用",将光标定位在"陈辞"后,单击"引用"→"题注"组中的"交叉引用"命令,打开"交叉引用"对话框,如图 3-70 所示,在对话框中,引用类型选择为"脚注",引用内容为"脚注编号",单击"插入"按钮,则脚注编号"1"显示在"陈辞"后,选中编号"1",单击"开始"→"字体"组中的"上标" x^2 按钮,将编号"1"调整为上标形式;

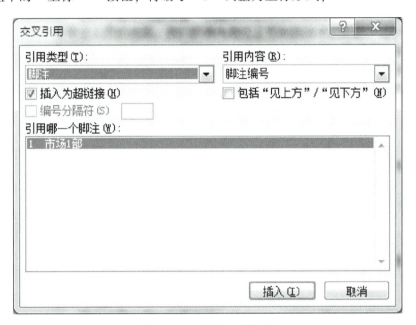

图 3-70 脚注的交叉引用

③ 选中"贾文"后的脚注编号,按住【Ctrl】键,拖到"章杰"后,编号自动变为"2",修改其注释文字为"市场 2 部"。

3.4.3 题注与交叉引用

一般要对论文、书稿中的图片和表格进行编号,如"图 1-1、图 1-2、表 1-1"等形式,在文档中也要引用"如图 1-1 所示,见表 1-1 所示"等内容。当文档中图、表很多时,若采用手动编号,一旦插入或删除图、表时,图、表的编号和引用就需要重新设置编号,对应的引用也需要进行修改,这样很容易出错,因此对图、表的编号应该实现自动编号,引用也应能够自动更新。

Word 中的题注就是给图片、表格、公式和图表等对象添加名称和自动编号,方便用户的查找和阅读。

交叉引用可以将文档中插图、表格和公式等内容与相关正文说明内容建立对应关系,可为标题、脚注、尾注、编号段落等创建交叉引用,既方便阅读,又为编辑操作提供自动更新。

1. 插入题注

一般论文中,图片和图形的题注标注在其下方,表格的题注在其上方。单击"引用"→"题注"组中的"插入题注"按钮,打开"题注"对话框,如图3-71所示。可在"标签"右侧的下拉列表中选择标签名称,默认的有表格、公式和图表三项,也可根据需要自定义标签,单击"新建标签"按钮,如输入"图"。题注标签后的编号自动按阿拉伯数字顺序编号,如果希望标签后的编号包含章节号,单击"编号"按钮,在弹出的"题注"编号对话框中勾选"包含章节号",如图3-72所示,当然,使用这种编号的前提是使用了样式和多级列表。

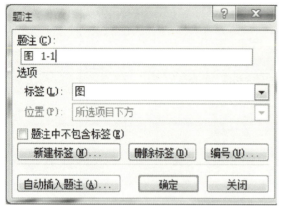 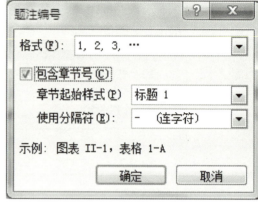

图 3-71 "题注"对话框　　　　　　图 3-72 "题注编号"设置

2. 自动插入题注

上述插入题注的方法是每次插入图、表对象后,单击"插入题注"命令完成的。通过设置"自动插入题注",当文档中每插入一次图形或其他项目对象时,Word自动插入含有标签及编号的题注。如图3-71所示,单击"自动插入题注"按钮,打开"自动插入题注"对话框,如图3-73所示。

图 3-73 "自动插入题注"对话框

在"在插入时添加题注"列表中选择对象类别（可选的项目由所安装 OLE 应用软件而定），然后通过"新建标签"按钮和"编号"按钮，设置所选项目的标签、位置和编号方式等。

设置完成后，一旦在文档中插入设定类别的对象，Word 自动为该对象添加题注，若要终止自动题注，可在"自动插入题注"对话框中取消选中的自动设定题注的项目。

3. 题注的交叉引用

为图片或表格等对象添加题注后，需要在正文中添加"如图 1-1 所示"或"见表 2-1 所示"的说明性文字，对此，可以通过交叉引用来实现，方法如下：

① 将光标定位于正文的介绍文字"如所示"的"如"之后，单击"引用"→"题注"组中的"交叉引用"命令，打开"交叉引用"对话框，如图 3-74 所示。

② 在"引用类型"下拉列表中需要引用的标签，如"图"；"引

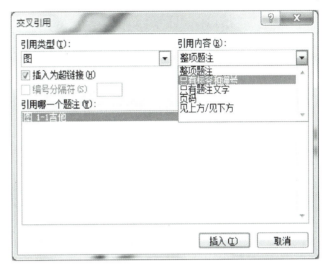

图 3-74 题注的交叉引用

用内容"下拉列表中，选择"只有标签和编号"；"引用哪一个题注"项目列表框中选择引用的指定项目，单击"插入"，完成引用设置。

4. 编号项的交叉引用

论文中，某些论据或观点通常要引用一些专业文献资料，这些文献资料通常在文档的末尾一一列举出来，并与正文位置实现对应。对此，可以通过交叉引用编号项来实现。操作方法如下：

① 为论文中的参考文献设定编号。选中全部参考文献，右击，在弹出的快捷菜单中选择"编号"命令。由于论文规范要求编号项的两侧使用中括号，因此需要在"编号"选项卡中设置自定义编号，在编号项两侧输入中括号；

② 打开"交叉引用"对话框，在"引用类型"下拉列表中选择"编号项"，"引用内容"设置为"段落编号"，在"引用哪一个编号项"列表框中选定指定的项目，如图 3-75 所示，单击"插入"按钮即可。

5. 更新编号和交叉引用

题注和交叉引用发生变更后不会主动更新，需要用户自行更新，方法如下：在某个题注或交叉引用编号上，右击，在快捷菜单中选择"更新域"命令，即可更新域中的自动编号。如果多处需要更新，按【Ctrl+A】组合键，选择整篇文档，然后按【F9】键，或在快捷菜单中选择"更新域"命令，即可更新全篇文档中所有的域。

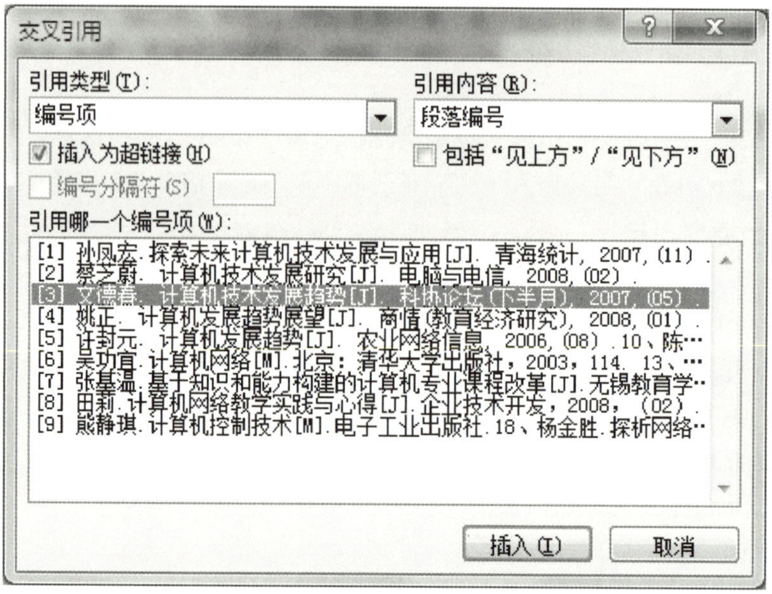

图 3-75 编号的交叉引用

3.4.4 页眉和页脚

页眉和页脚是指文档中每个页面页边距的顶部和底部区域。用户可以在页眉、页脚位置插入章节标题、页码等内容。在使用页眉和页脚时，不必为每一页都输入页眉和页脚，只需要输入一次 Word 自动在本节内的所有页中添加相同的页眉和页脚。

1. 页码

书籍的页码一般在页脚处，单击"插入"→"页眉和页脚"组中的"页码"命令，在弹出的下拉列表中选择页码的位置和样式（如页面底端的"普通数字 1"），即可方便地插入页码。

但在论文的目录和正文部分的页码格式一般是不同的，如目录部分的页码一般使用大写的罗马字符（Ⅰ，Ⅱ，Ⅲ，…），正文部分使用阿拉伯数字。要实现同一文档的不同部分使用不同的页码格式，必须对文档分节。目录部分为一节，正文为一节。分节后，为每一节插入页码时，还需设置页码格式。单击"页码"下拉按钮，弹出的列表中选择"设置页码格式"，打开"页码格式"对话框，如图 3-76 所示，在该对话框中除了设置编号格式外，页码的编号也非常重要，在为某一节内容设置页

图 3-76 "页码格式"对话框

码时，若页码的编号不是接着上一节内容继续编号，必须选择"起始页码"选项，并在后面的文本框中输入 1。

2. 为不同的节设置不同页眉

一般情况下，若论文没有分节，输入页眉时，整篇论文所有的页都具有相同的页眉。在论文中，通常要求目录页无页眉，正文中的各个章节页眉内容页不一样，对此，应对论文不同的部分进行分节，如目录为一节，论文各章各自成为一节，这样就可以设置个性化的页眉。

即便采用了分节，在默认情况下，各个节之间的页眉也是链接的，修改某一节的页眉，其他节的页眉也会随之变化。只有在修改某一节的页眉前，取消与前一节的链接，新修改的页眉才不会影响到前一节的页眉。修改方法如下：

进入页眉编辑区，单击"页眉和页脚工具"→"导航"组中的"链接到前一条页眉"按钮，如图 3-77 所示，取消前后节页眉的链接关系。

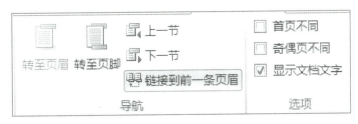

图 3-77　断开页眉之间的链接

3.4.5　目录

论文排版过程中，少不了目录内容。目录分别定位了文档中标题、关键词等所在的页码，便于阅读和查找。

目录通常就是文档中的各级标题以及页码的列表，一般位于论文的正文之前。目录的作用在于方便用户可以快速地检阅或定位到感兴趣的内容，同时也有助于了解文章的章节结构。

Word 中可以创建文档目录、图目录和表格目录等多种目录。

如果手动创建文档的目录，工作量庞大，而且弊端很多，如更改文档的标题或页码后，必须同时修改目录中相应的标题和页码。所以使用标题样式、大纲级别等自动生成目录，该方法基于样式设置或大纲级别，要求在目录生成之前应进行样式或大纲的预设，这样自动生成的目录可更新目录的页码和结构，便于维护，对长文档的排版尤为方便。

1. 根据内置样式插入目录

对文档的标题应用 Word 内置的标题样式或大纲级别格式后再插入目录，是设置目录最简单和快速的方法。

将光标定位文档中要插入目录的位置，单击"引用"→"目录"组中的"目录"命令，选择"插入目录"，打开"目录"对话框，如图 3-78 所示。在"显示级别"中选择目录中要显示的标题级别，如选择"3"表示目录中将显示样式为标题 1 到标题 3 的三级标题，单击"确定"按钮，即可插入目录。

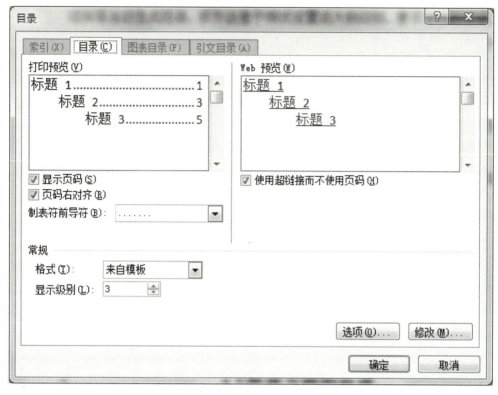

图 3-78 "目录"对话框

按默认目录样式生成的目录，各级目录标题之间的字体格式相同，不能体现出标题的级别和层次性，可以设置各级目录标题字体的格式来体现区别，注意，不能直接在插入的目录上进行字体格式的设置，因为这样设置的效果，一旦更新了目录，所做的设置将会消失。要想修改目录中文字的显示效果，应在"目录"对话框中完成。如图 3-78 所示，单击"修改"按钮，打开样式对话框，在该对话框中，选择某一个目录，单击"修改"按钮，可以设置该目录的字体和段落格式。

2. 更新目录

当更改了文档中的标题内容和样式，或文档的页码发生变化时，都需要及时更新目录。更新目录的方法如下：

① 右击目录的任意位置，此时目录区域将变灰，弹出快捷菜单；

② 在快捷菜单中选择"更新域"命令，弹出"更新目录"对话框；

③ 在该对话框中选择更新类型，若选择"更新整个目录"，目录将更新所有标题内容及页码的变化，若选择"只更新页码"，目录仅更新页码。

3. 图表目录

图表目录是指文档中的插图或表格之类的目录。对于包含大量插图或表格的论文来说，加上一个图目录或表目录，会给用户带来很大方便。

图表目录自动生成的基础是文档中必须为所有的插图或表格添加了题注,只有添加了题注的图或表才能在自动生成的图或表目录中才能呈现出来。

图目录或表目录的创建方法和文档目录类似,操作过程如下:

① 为文档中所有的插图或表格添加题注;

② 将光标定位在要插入图或表目录的位置,单击"引用"→"题注"组中的"插入表目录"命令,打开"图表目录"对话框,如图 3-79 所示。

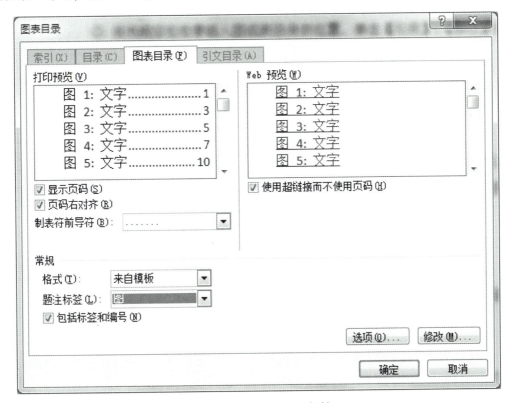

图 3-79 "图表目录"对话框

③ 选择题注标签,如要插入图目录,选择"图"标签,勾选"包括标签和编号"选项,单击"确定"按钮,这样就在文档中为所有的插图创建了一个图目录。

3.4.6 审阅和修订

像论文或书稿等长文档制作完成后,通常需要导师或他人对文档进行审阅。审阅完成之后,审阅人对总结标注出修改意见或建议,再返回到作者处进行修改和更正。Word 为用户提供了这种协同工作的功能,即批注和修订。审阅人通过插入批注和修订的方式将意见和建议等显示出来,不会影响原文档的排版格式。

1. 批注

批注是附加在文档上的注释,显示在文档的页边距或"审阅窗格"中。批注不是文档的一部分,只是审阅者提出的意见和建议等信息。

(1) 批注的插入

① 选择需要插入批注的文本或内容。

② 单击"审阅"→"批注"组中的"新建批注"命令,即可插入批注,审阅者只需在批注框内输入文字,如图 3-80 所示。

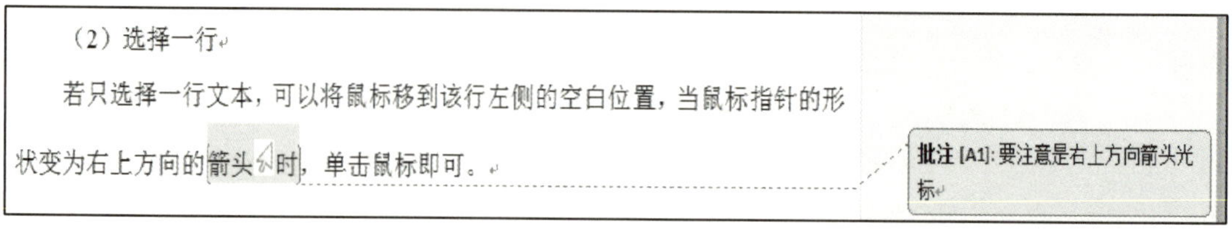

图 3-80 批注效果图

(2) 删除批注

根据审阅者批注中提出的建议修改文档后,就可以删除批注。可以有选择性地删除单个或部分批注,也可以删除所有的批注。

删除单个批注:右击要删除的批注,在快捷菜单中选择"删除批注"命令。

删除所有批注:单击"审阅"→"批注"组中的"删除"命令,选择"删除文档中的所有批注"。

删除指定审阅者的批注:若一篇文档有多个审阅者,要删除指定审阅者的批注,必须先单独显示该审阅者的批注,然后对所显示的批注进行删除。

2. 修订

如果审阅者直接对文档进行修改,又希望作者看出来,此时可以采用"修订"功能。修订功能可以对文档中所做的任何操作如插入、删除和修改等进行标记。

单击"审阅"→"修订"组中的"修订"命令,文档进入修订状态。在修订状态下,对文档的任何操作都被标记出来。

(1) 接受修订

单击"审阅"→"更改"组中的"接受"命令,选择"接受修订""接受所有显示的修订"或"接受所有修订"等命令,分别接受单个修订、某个审阅者的修订和所有审阅者的修订。

当接受修订后,它将修订转为常规文字或格式应用的最终文本,修订标记自动删除。

(2) 拒绝接受修订

单击"审阅"→"更改"组中的"拒绝"命令,可以拒绝接受审阅者所做的任何修改,拒绝接受修订后,修订标记也将自动删除。

至此,论文排版的各个环节处理过程与方法介绍完毕,掌握了这些功能,不仅能轻松自如地对论文、书稿等长文档进行排版,而且排版后的文稿也显得很专业。

3.5 批量文档的处理

在日常办公过程中,经常会批量处理一些文档,如信函、准考证、成绩通知书、工资条和证件等，这些文档的共同特点一是格式和主要内容相同，只是具体数据有变化，二是数量大，批量制作。如果采用复制+粘贴的方法一个个的制作，费时费力，又有可能会遗漏或出错。对此可以通过 Word 中的邮件合并功能，轻松、准确和快速地完成这些文档的制作。

3.5.1 邮件合并的概念与过程

1. 邮件合并的概念

应当注意邮件合并不是合并邮件，最初是在批量处理邮件文档时提出的，即在邮件文档的固定内容中，合并一些与发送信息相关的通信资料如 Excel 表、Access 数据表等，从而批量生成需要的邮件文档，提高工作效率，邮件合并由此而产生。

在 Word 中使用邮件合并功能的文档通常都具备两个特点

（1）制作的文档数量大；

（2）这些文档内容分为固定不变的内容和变化的内容，如信封上的寄信人地址和邮政编码、信函中的落款等，这些都是固定不变的内容，这种文档在邮件合并中称之为主文档；而收信人的地址、邮编等就属于变化的内容，其中变化的部分由含有标题行的数据记录表获得，见表 3-6。

表 3-6 数据记录表

学号	姓名	语文	数学	英语	信息技术	总分	名次
20120001	张三	85	75	80	88	328	2
20120002	李四	75	70	75	80	300	3
20120003	王五	90	85	85	90	350	1
20120004	陈六	65	70	70	80	285	4

数据记录表由字段列和记录行构成，表中的第一行为标题行，每个标题（又叫字段名）规定该列存储的信息，表中的第二行开始为记录行，一行为一条记录，每个记录存储着一个对象具体的信息，在邮件合并中把这样的数据记录表叫作数据源。数据源通常由 Excel 或 Access 制作完成。

2. 邮件合并操作过程

邮件合并的操作步骤分为三步，或者说需要建立三个文档，通过这三个文档就可以利用邮件合并功能解决实际问题。

（1）建立主文档

主文档就是文档中固定不变的主体内容，它是合并文档的模板，决定了合并文档每一页的构架和外观，如主文档是一封信函，合并后的文档也是一封信函。

（2）准备好数据源

数据源就是一张数据记录表，其中包含着相关的字段名和记录内容，可以通过 Excel 或 Access 应用软件制作完成。在制作数据源时应注意以下几个问题：

① 要求首行为标题行，即字段名，它是后续各行的标题；
② 除标题行外的每一列中的数据应具有相同的数据类型；
③ 每条记录中的单元格数量应相等，不得出现纵向合并的单元格。

(3) 把数据源合并到主文档中

在主文档和数据源已有的情况下，就可以把数据源中相应字段合并到主文档的对应内容之中，通常情况下，数据源中记录的条数，决定着合并后生成文档的份数。

3.5.2 邮件合并的应用

【例题 3-14】如图 3-81 所示，是某单位的职工工资明细表的一部分，请给每位职工制作一张工资条，要求工资条纸张方向为横向，每页纸能够打印五个人的工资明细条。

职工号	姓名	基本工资	绩效工资	薪级工资	公积金	养老金	医疗保险	职业年金	所得税	实发工资
01	张平平	1500	1236.36	800.00	123.00	100.00	78.00	23.00	25.81	3834.55
02	王大昌	2200	2600.12	750.00	100.00	123.00	75.00	24.00	86.16	5785.96
03	李品	1900	2400.10	450.00	234.00	145.00	74.00	44.00	67.41	5179.69
04	王高妨	2400	2600.00	560.00	123.00	254.00	72.00	55.00	91.92	5972.08
05	蒋文平	2600	2800.00	580.00	245.00	231.00	58.00	60.00	107.22	6466.78
06	李江	2360	3000.00	123.00	325.00	123.00	48.00	42.00	90.63	5930.37
07	邱保健	2800	3600.10	456.00	723.00	152.00	69.00	52.00	145.56	7706.54
08	任安	2100	3400.30	358.00	758.00	136.00	58.00	50.00	115.81	6744.49
09	沈泽	2000	2800.36	573.00	765.00	124.00	57.00	63.00	101.47	6280.89
10	谭林朋	2300	4500.10	265.00	489.00	158.00	68.00	42.00	144.66	7677.44
11	孙瑶瑶	1900	3600.12	248.00	456.00	126.00	45.00	50.00	102.75	6322.37
12	李晨晨	2700	2500.26	594.00	578.00	124.00	36.00	51.00	107.50	6475.76
13	李江华	2200	1900.25	760.00	365.00	127.00	47.00	60.00	73.78	5385.47
14	金晓红	2000	1800.35	681.00	354.00	140.00	59.00	42.00	62.29	5014.06
15	陈洋洋	2100	2822.36	236.00	489.00	120.00	85.00	36.00	86.65	5801.65
16	高爱红	2200	3600.23	548.00	578.00	130.00	68.00	35.00	124.78	7034.45
17	郭木林	26000	3500.60	687.00	854.00	156.00	52.00	24.00	848.21	30425.39
18	潘红	2800	2400.80	542.00	578.00	160.00	41.00	36.00	106.73	6451.07
19	林志笔	2700	2900.40	652.00	654.00	147.00	40.00	26.00	123.58	6995.82
20	沙粒	2400	3600.36	254.00	800.00	125.00	50.00	24.00	127.60	7125.76

图 3-81 工资明细表

(1) 建立主文档

① 在 Word 中，新建一空白文档，页面为横向；
② 在文档中插入一个 2 行 10 列的表格，并输入相应标题，见表 3-7。

表 3-7 工资条

职工号	姓名	基本工资	绩效工资	薪级工资	公积金	养老金	医疗保险	职业年金	所得税	实发工资

(2) 准备数据源

如图 3-81 所示，在 Excel 中制作"工资明细表"数据源。

(3) 插入合并域

① 单击"邮件"→"开始邮件合并"组中的"选择收件人"命令，选择"使用现有列表"，在计算机上找到数据源文件"工资明细表.xlsx"，并在该数据源中选择工资数据

所在的工资表标签，单击"确定"按钮；

② 将光标定位到主文档表格的第 2 行第 1 个单元格，单击"邮件"→"编写和插入域"组中的"插入合并域"命令，依次将"职工号""姓名""基本工资"等合并域插入到相应的单元格中，见表 3-8。

表 3-8 插入合并域的工资条

职工号	姓名	基本工资	绩效工资	薪级工资	公积金	养老金	医疗保险	职业年金	所得税	实发工资
《职工号》	《姓名》	《基本工资》	《绩效工资》	《薪级工资》	《公积金》	《养老金》	《医疗保险》	《职业年金》	《所得税》	《实发工资》

（4）查看合并记录

在主文档中插入了对应的合并域后，就可以查看合并的记录是否正确，数据格式是否正常等。

① 单击"邮件"→"预览结果"组中的"预览结果"按钮，则工资条主文档进入查看合并数据模式，见表 3-9；

表 3-9 工资条预览

职工号	姓名	基本工资	绩效工资	薪级工资	公积金	养老金	医疗保险	职业年金	所得税	实发工资
01	张平平	1500	1236.3599999999999	800	123	100	78	78	25.8107999999999	3834.5491888888885

② 单击 ◀◀ ◀ 1 ▶ ▶▶ 中的"向前""向后"按钮，可以一一查看各条记录的合并结果是否正确。

见表 3-9 所示，部分数据格式出现了问题，如浮动工资、扣税和实发合计等，Word 在邮件合并时读取 Excel 或者 Access 数据源中非整数数值（浮点数）时，会出现与原数据不符的情况，如 1236.3599999999999。

（5）还原数据源中的数据

① 再次单击"预览结果"按钮，退出查看合并数据模式；

② 选中主文档表格第 2 行第 3 列中的《绩效工资》合并域，按【Ctrl+F9】组合键，插入域标记，光标处输入"="，即{ =《绩效工资》}；

③ 按【F9】键，即可看到此时域结果为"1236.36"；

④ 同样方法修改"扣税"和"实发合计"合并域，再次预览结果时，数据均恢复正常；

> 小贴士：域代码"=（Formula）"总是还原数据源中的数据。

（6）合并文档

主文档设置结束，数据格式查看正确，就可合并文档。

单击"邮件"→"完成"组中的"完成并合并"命令，选择"编辑单个文档"，打开"合并到新文档"对话框，选择"全部"，则合并后的新文档默认名称为"信函 1"，每页显示一条记录，将其重新命名后，存到计算机中。

(7) 一页显示多条记录

按照上述操作，合并文档中每页只显示一条记录，若要一页打印多条记录，如每页显示 5 条记录，操作方法如下：

① 选定主文档中插入合并域的表格，在其下方空白位置复制一个，注意表格之间空几行，便于打印后裁剪，见表 3-10；

表 3-10　多工资条设置 1

序	姓名	基本工资	浮动工资	养老金	医疗	公积金	失业金	扣税	实发合计
《序》	《姓名》	《基本工资》	1265.69	《养老金》	《医疗》	《医疗》	《失业金》	《扣税》	《实发合计》

序	姓名	基本工资	浮动工资	养老金	医疗	公积金	失业金	扣税	实发合计
《序》	《姓名》	《基本工资》	1265.69	《养老金》	《医疗》	《医疗》	《失业金》	《扣税》	《实发合计》

② 将光标定位在第 2 个表格中的《职工号》合并域的左侧，单击"邮件"→"编写和插入域"组中的"规则"命令，选择"下一记录"，Word 将在《职工号》合并域前插入《下一记录》《序》的 Word 域，表示该表格指向上面表格所在记录的下一条记录；

③ 将指向下一记录的第二个表格，在下方再复制 3 次，注意表格之间应有空行，见表 3-11，单击"预览结果"按钮，可以看到主文档中显示五条信息，合并后，合并文档每页也显示 5 条记录信息，见表 3-12。

表 3-11　多工资条设置 2

职工号	姓名	基本工资	绩效工资	薪级工资	公积金	养老金	医疗保险	职业年金	所得税	实发工资
《职工号》	《姓名》	《基本工资》	1236.36	《薪级工资》	《公积金》	《养老金》	《医疗保险》	《医疗保险》	25.8108	3834.5492

职工号	姓名	基本工资	绩效工资	薪级工资	公积金	养老金	医疗保险	职业年金	所得税	实发工资
《下一记录》《职工号》	《姓名》	《基本工资》	1236.36	《薪级工资》	《公积金》	《养老金》	《医疗保险》	《医疗保险》	25.8108	3834.5492

职工号	姓名	基本工资	绩效工资	薪级工资	公积金	养老金	医疗保险	职业年金	所得税	实发工资
《下一记录》《职工号》	《姓名》	《基本工资》	1236.36	《薪级工资》	《公积金》	《养老金》	《医疗保险》	《医疗保险》	25.8108	3834.5492

职工号	姓名	基本工资	绩效工资	薪级工资	公积金	养老金	医疗保险	职业年金	所得税	实发工资
《下一记录》《职工号》	《姓名》	《基本工资》	1236.36	《薪级工资》	《公积金》	《养老金》	《医疗保险》	《医疗保险》	25.8108	3834.5492

职工号	姓名	基本工资	绩效工资	薪级工资	公积金	养老金	医疗保险	职业年金	所得税	实发工资
《下一记录》《职工号》	《姓名》	《基本工资》	1236.36	《薪级工资》	《公积金》	《养老金》	《医疗保险》	《医疗保险》	25.8108	3834.5492

表 3-12　每页 5 条记录工资条

职工号	姓名	基本工资	绩效工资	薪级工资	公积金	养老金	医疗保险	职业年金	所得税	实发工资
01	张平平	1500	1236.36	800	123	100	78	78	25.8108	3834.5492

职工号	姓名	基本工资	绩效工资	薪级工资	公积金	养老金	医疗保险	职业年金	所得税	实发工资
02	王大吕	2200	2600.12	750	100	123	75	75	86.1636	5785.9564

职工号	姓名	基本工资	绩效工资	薪级工资	公积金	养老金	医疗保险	职业年金	所得税	实发工资
03	李品	1900	2400.1	450	234	145	74	74	67.413	5179.687

职工号	姓名	基本工资	绩效工资	薪级工资	公积金	养老金	医疗保险	职业年金	所得税	实发工资
04	王高妨	2400	2600	560	123	254	72	72	91.92	5972.08

职工号	姓名	基本工资	绩效工资	薪级工资	公积金	养老金	医疗保险	职业年金	所得税	实发工资
05	蒋文平	2600	2800	580	245	231	58	58	107.22	6466.78

3.6　习题

一、选择题

1. 正在编辑的文件 jz.docx，做一个备份文件 jzbf.docx 的方法是_____（保留原文件）。
   A. "文件"→"保存"　　　　B. "文件"→"另存为"
   C. 功能区中的"复制"　　　D. 快速访问工具栏中的"保存"

2. Word 2010 的"文件"选项卡下的"最近所用文件"选项所对应的文件是_____。
   A. 当前被操作的文件　　　B. 当前已经打开的 Word 文件
   C. 最近被操作过的 word 文件　D. 扩展名是 .docx 的所有文件

3. 在 Word 2010 编辑状态中，能设定文档行间距的功能按钮是位于_____中。
   A. "文件"选项卡　　　　　B. "开始"选项卡
   C. "插入"选项卡　　　　　D. "页面布局"选项卡

4. 在 Word 2010 中，可以很直观地改变段落的缩进方式，调整左右边界和改变表格的列宽，应该利用_____。
   A. 字体　　B. 样式　　C. 标尺　　D. 编辑

5. Word 2010 文档的默认扩展名为_____。
   A. txt　　B. doc　　C. docx　　D. jpg

6. 在 Word 2010 的编辑状态，可以显示页面四角的视图方式是_____。
   A. 草稿视图方式　　　　　B. 大纲视图方式
   C. 页面视图方式　　　　　D. 阅读版式视图方式

7. 在 Word 2010 中编辑文档时，为了使文档更清晰，可以对页眉页脚进行编辑，如输入时间、日期、页码、文字等，但要注意的是页眉页脚只允许在_____中使用。

   A. 大纲视图　　　B. 草稿视图　　　C. 页面视图　　　D. 以上都不对

8. 在 Word 文档编辑中，文字下面有红色波浪下划线表示_____。

   A. 对输入的确认　　　　　　B. 可能有错误

   C. 可能有拼写错误　　　　　D. 已修改过的文档

9. 在 Word 软件中，下列操作中不能建立一个新文档的是_____。

   A. 在 Word 2010 窗口的"文件"选项卡下，选择"新建"命令

   B. 按快捷键"Ctrl+N"

   C. 选择"快速访问工具栏"中的"新建"按钮（若该按钮不存在，则可添加"新建"按钮）

   D. 在 Word 2010 窗口的"文件"选项卡下，选择"打开"命令

10. 在 Word 2010 中，要打开已有文档，在"快速访问工具栏"中应单击的按钮是_____。

    A. 打开　　　　B. 保存　　　　C. 新建　　　　D. 打印

11. 在 Word 2010 的编辑状态，当前正编辑一个新建文档"文档1"，当执行"文件"选项卡中的"保存"命令后_____。

    A. "文档1"被存盘　　　　　B. 弹出"另存为"对话框，供进一步操作

    C. 自动以"文档1"为名存盘　D. 不能以"文档1"存盘

12. 在查找和替换的对话框中，没有的标签是_____。

    A. 搜索　　　　　　　　　　B. 查找

    C. 替换　　　　　　　　　　D. 定位

13. 在输入 Word 2010 文档过程中，为了防止意外而不使文档丢失，Word 2010 设置了自动保存功能，欲使自动保存时间间隔为 10 分钟，应依次进行的一组操作是_____。

    A. 选择"文件""选项""保存"，再设置自动保存时间间隔　　B. 按 Ctrl+S 键

    C. 选择"文件""保存"命令　　　　　　　　　　　　　　　D. 以上都不对

14. 在 Word 2010 编辑状态下，要想删除光标前面的字符，可以按_____。

    A. Backspace　　　　　　　B. Del（或 Delete）

    C. Ctrl+P　　　　　　　　　D. Shift+A

15. 在 Word 2010 中，快速访问工具栏上的_____按钮，可恢复删除的文本。

    A. 撤销　　　　　　　　　　B. 清除

    C. 恢复　　　　　　　　　　D. 后退

16. 在 Word 2010 编辑状态中，使插入点快速移动到文档尾的操作是_____。

    A. Home　　　　　　　　　　B. Ctrl+End

    C. Alt +End　　　　　　　　D. Ctrl+ Home

17. 在 Word 2010 窗口中，如果双击某行文字左端的空白处（此时鼠标指针将变为空心头状），可选择_____。

A. 一行　　　B. 多行　　　C. 一段　　　D. 一页

18. Word 2010 文档中设置页码应选择的选项卡是_____。
A. "文件"　　　B. "开始"　　　C. "插入"　　　D. "视图"

19. 在 Word 2010 的表格中输入计算公式必须要以_____开头。
A. 加号　　　　　　B. 等号
C. 减号　　　　　　D. 单引号

20. Word 2010 文档中设置页码应选择的选项卡是_____。
A. "文件"　　　　　B. "开始"
C. "插入"　　　　　D. "视图"

21. 在 Word 2010 中，下列叙述正确的是_____。
A. 不能够将"考核"替换为"kaohe"，因为一个是中文，一个是英文字符串
B. 不能够将"考核"替换为"中级考核"，因为它们的字符长度不相等
C. 能够将"考核"替换为"中级考核"，因为替换长度不必相等
D. 不可以将含空格的字符串替换为无空格的字符串

22. 在 Word 2010 的编辑状态下，若要进行字体效果设置（如设置文字三维效果等），首先应打开_____。
A. "剪贴板"窗格　　　B. "段落"对话框
C. "字体"对话框　　　D. "样式"窗格

23. 在 Word 2010 编辑状态中，如果要给段落分栏，在选定要分栏的段落后，首先要单击_____选项卡。
A. "开始"　　　　　B. "插入"
C. "页面布局"　　　D. "视图"

24. 在 Word 2010 中，下述关于分栏操作的说法，正确的是_____。
A. 栏与栏之间不可以设置分隔线
B. 任何视图下均可看到分栏效果
C. 设置的各栏宽度和间距与页面宽度无关
D. 可以将指定的段落分成指定宽度的两栏

25. 在 Word 编辑状态下，不可以进行的操作是_____。
A. 对选定的段落进行页眉、页脚设置
B. 在选定的段落内进行查找、替换
C. 对选定的段落进行拼写和语法检查
D. 对选定的段落进行字数统计

26. 在 Word 2010 的"页面设置"中，默认的纸张大小规格是_____。
A. 16K　　　B. A4　　　C. A3　　　D. B4

27. 在 Word 2010 中，要打印一篇文档的第 1，3，5，6，7 和 20 页，需在打印对话框的页码范围文本框中输入_____。
A. 1-3，5-7，20　　　　　B. 1-3，5，6，7-20

C. 1，3-5，6-7，20　　　　D. 1，3，5-7，20

28. 在 Word 2010 表格中求某行数值的平均值，可使用的统计函数是_____。
A. Sum（　）　　B. Total（　）　　C. Count（　）　　D. Average（　）

29. 对于 Word 2010 中表格的叙述，正确的是_____。
A. 表格中的数据不能进行公式计算　　B. 表格中的文本只能垂直居中
C. 可对表格中的数据排序　　　　　　D. 只能在表格的外框画粗线

30. 将文字转换成表格的第一步是_____。
A. 调整文字的间距
B. 选择要转换的文字
C. 选择"插入"选项卡上"表格"组中的"文本转换成表格"命令
D. 设置页面格式

31. 在 Word 2010 编辑状态下，插入图形并选择图形将自动出现"绘图工具"，插入图片并选择图片将自动出现"图片工具"，关于它们的"格式"选项卡说法不对的是_____。
A. 在"绘图工具"下"格式"选项卡中有"形状样式"组
B. 在"绘图工具"下"格式"选项卡中有"文本"组
C. 在"图片工具"下"格式"选项卡中有"图片样式"组
D. 在"图片工具"下"格式"选项卡中没有"排列"组

32. 在 Word 2010 文档编辑中，对所插入的图片不能进行的操作是_____。
A. 放大或缩小　　　　B. 从矩形边缘裁剪
C. 修改其中的图形　　D. 复制到另一个文件的插入点位置

二、简答题

1. 如何在 Word 文档中插入艺术字？
2. 如何在保存文档的同时创建新的文件夹？
3. 如何使用鼠标选定一个句子、一行文本、一个段落和整个文档？
4. 如何在 Word 文档中插入剪贴画、图片文件？图片格式包括哪些内容，如何进行设置？
5. 启动 Word 2010 的常用方法有哪几种？
6. 若想对一页中的各个段落进行多种分栏，如何操作？
7. 如果文档中的内容在一页没满的情况下要强制换页，如何操作？

第4章
Excel数据处理

Excel 2010 是微软公司推出的 Office 2010 办公系列软件的核心组件之一，使用它不仅可以用于制作各类电子表格，而且可以实现用户对数据的计算、统计、管理、分析和预测等操作，广泛应用于财务、行政、金融、经济、审计和统计等领域，大大提高了数据处理的效率。本章深入浅出地介绍了 Excel 2010 在办公中对数据进行编辑、分析和管理的方法，涉及 Excel 2010 的工作环境与基本操作、编辑数据表格、公式与函数、数据处理与分析、图表的创建与应用等常用操作。

【知识目标】
1. Excel2010 的基本操作
2. 公式与函数
3. 数据管理与分析
4. 图表的创建与编辑

本章扩展资源

4.1 Excel 基础知识与基本操作

4.1.1 Excel 2010 的启动

启动 Excel 2010 的方法主要有以下 3 种：

① 执行"开始"→"所有程序"→"Microsoft Office"→"Microsoft Office Excel 2010"命令。

② 通过桌面 Excel 2010 快捷图标启动。

③ 双击已有的 Excel 文件，即可启动 Excel 2010 并打开该文件。

启动 Excel 2010 后，屏幕上显示如图 4-1 所示的窗口，表明已进入 Excel 2010 的工作界面。

4.1.2 Excel 2010 的工作界面

从图 4-1 可以看到，Excel 2010 窗口整体呈现为规整的表格形式，即工作表区。与 Word 2010 类似，工作表窗口上部是功能区域，下部则为数据区域。为了描述方便，先结合该窗口，介绍 Excel 2010 中的一些常用术语，再介绍基本操作。

1. 快速访问工具栏

默认情况下，快速访问工具栏中有"保存""撤销""恢复"三个按钮，单击相应的

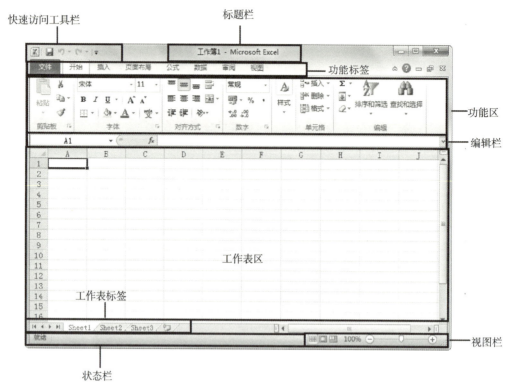

图 4-1　Excel 主界面

按钮可快速执行所需的操作。用户可以点击右侧的自定义快速访问工具栏按钮选择添加或隐藏其他工具按钮。

2. 标题栏

标题栏用于显示当前编辑的工作簿的名称，当创建一个新工作簿时，Excel 2010 会自动以"工作簿 1"或"工作簿 2"等类似的临时文件名来命名。

3. 功能标签

Excel 2010 中所有的功能操作分门别类在各个标签中，包括文件、开始、插入、页面布局、公式、数据、审阅和视图。

4. 功能区

功能区与功能标签是对应的关系，单击某个功能标签即可展开相应的功能区。在功能区中有许多自动适应窗口大小的工具组，每个组中包含了不同的命令、按钮或下拉列表框等。

5. 编辑栏

用于输入和编辑活动单元格中的数据或公式。当在工作表的某个单元格中输入数据时，编辑栏会同步显示输入的内容。

6. 工作表区

用于显示或编辑工作表中的数据，它包括行号、列标、单元格、滚动条、工作表标签等。

7. 工作表标签

用于显示工作表的名称，默认名称为 Sheet1、Sheet2、Sheet3、…，单击相应的工作表标签可在不同工作表间进行切换。

8. 状态栏

用于显示当前工作表或单元格的相关信息。

9. 视图栏

单击视图按钮组中相应按钮可切换视图模式，通过拖动显示比例工具栏的滑块可调节页面显示比例。

4.1.3　Excel 2010 的退出

当完成表格数据的编辑后，可选择以下方法退出 Excel 2010：

① 单击 Excel 窗口右上角的"关闭"按钮。

② 选择"文件"→"退出"菜单命令。

③ 单击快速访问工具栏的 ，在弹出的菜单中单击"关闭"命令。

4.1.4　单元格、工作表与工作簿

1. 单元格

单元格是工作表中最小的组成单位，是数据输入和编辑的直接场所。单元格都采用"列标+行号"的方式来命名。例如，A6 单元格指的是第 A 列与第 6 行交叉位置上的单元格。有时为了区分不同工作表的单元格，需要在地址前加上工作表名称，如 Sheet1！A1 表示"Sheet1"工作表的"A1"单元格。多个单元格所构成的单元格群组称为单元格区域，例如，B3 单元格与 D7 单元格之间连续的单元格可表示为 B3：D7 单元格区域。

每个工作表中只有一个单元格为当前单元格，也称为活动单元格，它的边框自动加黑加粗显示。在工作表中，只能向活动单元格输入或编辑原有数据，其地址在名称框中显示。

2. 工作表

多行与多列相互交叉就形成工作表，它是用来组织、显示和分析数据的场所。它是一个由 16384 列和 1048576 行组成的表格，列标从左到右依次编号为 A、B、C、…、Z，AA、AB…、AZ、BA、BB、…、IV、…ZZ、AAA、AAB、…XFD。行号从上到下依次编号为 1、2、3、…1048576。按【Ctrl+↓】组合键可到达最末行，按【Ctrl+→】组合键可到达最末列。按【Ctrl+↑】组合键从当前行返回工作表首行，按【Ctrl+←】组合键则从当前列返回工作表首列。

3. 工作簿

若干张工作表层叠在一起形成工作簿，工作簿即 Excel 文档。工作表由排列成行或成

列的单元格组成,若干工作表又"装订成册"形成了工作簿。工作簿是 Excel 文件存在的形式,默认情况下其保存类型是"Excel 工作簿(*.xlsx)"。用户在使用早期版本的 Excel 软件时,为了更好地共享资源,可将文件类型保存为"Excel 97-2003 工作簿(*.xls)",保持兼容性。

4. 字段与记录

规范的 Excel 表格和数据库一样,字段和记录是用户处理的数据对象。Excel 中的每一列数据通常具有相同的格式和数据类型,称为字段,每个字段的标题就是字段名。数据区的每一行就称为一条记录,包含至少一个字段的数据。这一条记录在排序时,自动成为一个整体,相对固定不变。字段与记录分别如图 4-2、图 4-3 所示。

A	B	C	D	E	F	G	H	I
员工编号	姓名	性别	身份证号	部门	组别	年龄	学历	职称

图 4-2 字段名

	A	B	C	D	E	F	G	H	I
1	员工编号	姓名	性别	身份证号	部门	组别	年龄	学历	职称
2	C001	周自横	男	110101199003076392	工程部	E1	28	硕士	工程师
3	C002	刘一宁	男	320102199209115790	开发部	D1	26	本科	助工

图 4-3 两条记录

4.1.5 工作簿的操作

1. 新建工作簿

启动 Excel 2010 后,系统将自动新建一个名为"工作簿1"的空白的工作簿。除此之外,还可以使用以下方法来创建工作簿。

(1)新建空白工作簿

单击"文件"→"新建"命令,在窗口中间的"可用模板"列表框中选择"空白工作簿"图标,即可建立一个新的空白工作簿,如图 4-4 所示。

图 4-4 新建空白工作簿

(2) 使用样本模板创建工作簿

单击"文件"→"新建"命令,在窗口中间的"可用模板"列表框中选择"样本模板"图标,在展开的列表框中选择所需的模板,如图 4-5 所示,然后单击"创建"按钮,即可创建一个基于该模板样式的工作簿。

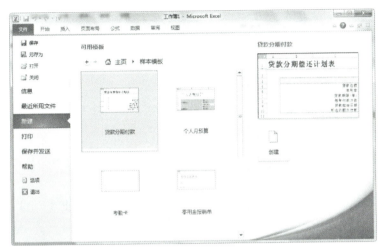

图 4-5　新建基于模板样式的工作簿

(3) 根据现有内容新建工作簿

单击"可用模板"列表框中的"根据现有内容新建"图标,在打开的"根据现有工作簿新建"对话框中选择已有的 Excel 文件来新建工作簿。

2. 保存工作簿

保存工作簿有 3 种方法:一是单击常用工具栏中的"保存"按钮;二是单击"文件"→"保存"或"文件"→"另存为"命令;三是使用快捷键【Ctrl+S】。

(1) 保存新建的工作簿

新创建的工作簿首次按上述方法保存时,都会弹出"另存为"对话框,在该对话框中选择保存路径并输入文件名,单击"保存"按钮即可。

(2) 保存已有的工作簿

单击快速访问工具栏中的"保存"按钮,或单击"文件"→"保存"命令,或使用【Ctrl+S】组合键即可将已有的工作簿进行保存。如果要对工作簿更名或备份,单击"文件"→"另存为"命令,在弹出的对话框中输入文件名或重新选择新的保存路径。

(3) 自动保存工作簿

单击"文件"→"选项"命令,在打开的"Excel 选项"的对话框中单击"保存"选项卡,在右侧选中"保存自动恢复信息时间间隔"复选框,在其后的数据框中输入相应的时间,单击"确定"按钮即可。

3. 打开工作簿

在 Excel 窗口中,单击"文件"→"打开"命令,在弹出的"打开"对话框中选择要打开的工作簿,然后单击"打开"按钮,即可一次打开一个或多个工作簿。

4. 关闭工作簿

当完成工作簿的编辑和保存后，可关闭工作簿。在 Excel 窗口中，单击"文件"→"关闭"命令。另外，退出 Excel 2010 也可关闭所有打开的工作簿。

4.1.6 工作表的操作

一个工作簿中可以包含若干张工作表。当前工作表只有一个，称为活动工作表。工作表的操作主要包括了复制、移动、插入、重命名、删除等。

1. 选择工作表

（1）选择单个工作表：单击需选择的工作表标签，如果看不到所需标签，可单击标签滚动按钮 ◄ ◄ ► ► 将其显示出来，然后单击该标签。

（2）选择相邻的工作表：单击第一个工作表标签，然后按住【Shift】键不放并单击需选择的最后一个工作表标签。

（3）选择不相邻的工作表：单击第一个工作表标签，然后按住【Ctrl】键不放并依次单击所需选定的工作表标签。

（4）选择工作簿中所有的工作表：在任意一个工作表标签上单击鼠标右键，在弹出的快捷菜单中选择"选定全部工作表"命令。

被选中的多个工作表形成工作表组，此时标题栏中的工作簿名称后会出现"工作组"字样，方便对组中的各工作表进行统一操作。

2. 插入工作表

有时一个工作簿中可能需要更多的工作表，这时就可以插入工作表来增加工作表的数量。插入工作表的方法有以下三种：

① 右击某工作表标签，在弹出的快捷菜单中，单击"插入"命令，打开"插入"对话框，如图 4-6 所示，在此对话框中选择"工作表"选项，即可在当前工作表的左侧插入新的空白工作表。

图 4-6 "插入"对话框

② 单击工作表标签右侧的"插入工作表"按钮，如图 4-7 所示，即可在所有工作表的右侧插入新的空白工作表。

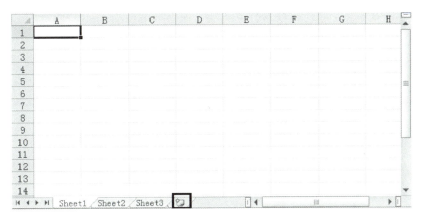

图 4-7 "插入工作表"按钮

③ 单击"开始"→"单元格"组中的"插入"命令，在弹出的下拉列表中选择"插入工作表"选项，如图 4-8 所示则在该工作表的左侧插入新的空白工作表。

图 4-8 选择"插入工作表"选项

3. 删除工作表

如果要删除某个工作表，可选择以下两种方法。

① 右击要删除的工作表标签，在弹出的快捷菜单中选择"删除"命令，即可完成该工作表的删除。

② 选择要删除的工作表标签，单击"开始"→"单元格"组中的"删除"命令，在弹出的下拉列表中选择"删除工作表"选项，即可完成该工作表的删除。

4. 移动或复制工作表

移动或复制工作表可以在同一工作簿中进行，也可以在不同工作簿之间进行。

(1) 在同一工作簿中移动或复制

用鼠标直接拖动工作表标签可以完成在一个工作簿内移动工作表的操作。按住 Ctrl 键的同时拖动工作表标签，并在目标处释放鼠标，即可复制工作表。

(2) 在不同工作簿之间移动或复制工作表

在不同工作簿之间移动或复制工作表，则必须同时打开这两个工作簿，然后在源工作簿中选择要移动或复制的工作表，单击"开始"→"单元格"组中的"格式"命令，在弹出的下拉列表中选择"移动或复制工作表"选项，如图4-9所示。打开"移动或复制工作表"对话框。在"工作簿"下拉列表框中选择目标工作簿，在"下列选定工作表之前"列表框中选择具体位置，若要复制工作表，则需选中"建立副本"复选框，完成后单击"确定"按钮，即可完成工作表的移动或复制操作。

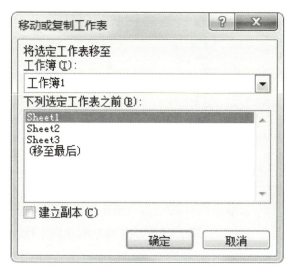

图 4-9 "移动或复制工作表"对话框

5. 重命名工作表

工作表的重命名，实质上是对工作表标签重命名。鼠标左键双击要重命名的工作表标签，此时该工作表标签将会以黑色突出显示，直接输入工作表标签名称后按【Enter】键即可。

4.1.7 单元格的操作

1. 选定单元格或区域

① 选定单个单元格：单击需选的单元格。

② 选定整行或整列：单击行号或列标。

③ 选定矩形区域：将光标移至需选区域的左上角单元格，按住鼠标拖动至右下角单元格。

④ 选择不连续的区域：按住【Ctrl】键的同时，单击需选的所有单元格。

⑤ 选择整个工作表：单击工作表左上角（行列号交叉处）的"全选"按钮。

⑥ 取消选择：在被选区域之外的任何位置单击鼠标。

2. 编辑单元格数据

在单元格中输入数据，只需单击选中单元格后再键入所需的数据即可。在单元格中还可以使用【Alt+Enter】组合键进行强制换行输入多行数据。若要修改数据，可双击单元格，此时单元格处于可编辑状态，就可以输入新的数据了。

3. 移动和复制单元格数据

（1）利用鼠标拖动复制或移动数据

选择需要移动的单元格，将光标移动到所选单元格的边框上，待其变成箭头形状时，按住鼠标左键拖动到目的位置后松开即可。复制单元格，只需在移动单元格的同时按住【Ctrl】键。

（2）使用选择性粘贴

在移动或复制数据时，执行"复制"操作后，"选择性粘贴"功能可以有选择地粘贴剪贴板中的数值、格式、公式、批注等内容，使复制和粘贴操作更灵活。"选择性粘贴"对话框主要提供了两大区域："粘贴"和"运算"区域，如图 4-10 所示。

"粘贴"区域提供了 11 种粘贴方式，用户只能选择其中一种；"运算"区域可将源数据与目标单元格中的内容直接完成所选择的运算；"转置"功能可将源数据区域的行与列进行互换，数据也随之互换；"粘贴链接"

图 4-10 "选择性粘贴"对话框

功能可将源数据的地址或单元格引用复制到目标单元格中。

4. 清除单元格数据

清除单元格、行或列，是指将选定的单元格中的数据从工作表中删除，单元格仍保留在工作表中。

单击要清除内容的单元格，单击"开始"→"编辑"组中的"清除"命令，在弹出的下拉列表中选择"清除内容"选项即可。

5. 插入行、列和单元格

（1）插入行、列。选中某行或某列，单击"开始"→"单元格"组中的"插入"命令，在弹出的下拉列表中选择"插入工作表行"或"插入工作表列"选项，新插入的行或列将分别位于当前选中行的上方和当前选中列的左侧。

（2）插入单元格。选中单元格，单击"开始"→"单元格"组中的"插入"命令，在弹出的下拉列表中选择"插入单元格"选项，打开如图 4-11 所示的"插入"对话框，在该对话框中选择所需的插入方式即可。

图 4-11 "插入"单元格对话框

6. 删除行、列和单元格

删除行、列或单元格，是指将选定的单元格从工作表中移走，并自动调整周围的单元格，填补删除后的空格。

删除行、列。选择要删除的行或列，单击"开始"→"单元格"组中的"删除"命令，在弹出的下拉列表中选择"删除工作表行"或"删除工作表列"选项，即可将当前选中的行或列删除。

删除单元格。选择要删除的单元格，单击"开始"→"单元格"组中的"删除"命令，在弹出的下拉列表中选择"删除单元格"选项，打开如图4-12所示的"删除"对话框，在该对话框中选择所需的删除方式即可。

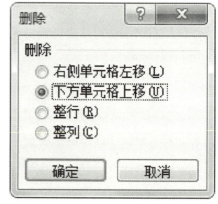

图 4-12 "删除"单元格对话框

4.1.8 普通数据的输入

Excel 中常见的数据类型包括数字、负数、分数、文本、日期时间等。默认情况下，一般数字输入后以右对齐排列，文本以左对齐排列。单元格中数据输入完毕后，可按回车键确认，也可单击其他单元格或编辑栏中的✓按钮确认。

1. 输入一般数字

单元格中可直接显示的最大数字为 11 位 "9"，超过该值时，Excel 会以科学计数法方式显示数据。科学计数法显示的结果随单元格的宽度自适应调整，宽度小至一定程度，单元格中以 "####" 显示。输入大于 15 位的数字时，超过部分自动转换为 0。

2. 输入文本

文本含汉字、英文、符号、数字等信息。若把数字型的数据转化成文本输入，则须以英文单引号 "'" 开始，如：身份证号、手机号、银行卡号等数据的输入。

3. 输入负数

在数字前加减号 "-" 输入，或者将输入的数字用英文状态下的 "（）" 括起。

4. 输入分数

输入分数的规则为 "0+空格+数字"，需注意的是，只能是一个空格。如输入 "0 4/5" 将得到真分数 "4/5"，输入 "0 5/4" 将得到假分数 "1 1/4"，编辑栏中则以小数形式分别显示实际的结果 "0.8" "1.25"。

5. 输入小数

小数位数过长时在单元格中将会被四舍五入，不完全显示。小数位数可通过单元格格式的设置加以设定，也可以通过 "开始" → "数字" 组中的 "增加小数位数" 和 "减少小数位数" 命令加以调整。

6. 输入日期时间

在单元格中输入日期数据时，应用斜杠 "/" 或连字符 "-" 将日期中的 "年、月、日"分隔开来。若要同时输入日期和时间，应用空格将日期和时间分隔开来。

> 小贴士：系统当前日期的输入用组合键【Ctrl+;】，当前时间的输入用组合键【Ctrl+Shift+;】快速实现。

4.1.9 数据填充

处理表格时常会遇到要求批量输入连续、有规律的数据的情况，为提高效率，可使用数据填充功能。当前单元格右下角的小方点称为填充柄，鼠标拖动填充柄即可实现数据的填充。鼠标左键拖动填充柄可轻松实现"递增、递减、等差、等比、月份、星期几"等规律的数据填充。右键拖动填充柄，释放鼠标后，在弹出的快捷菜单中，选择"序列…"命令，弹出"序列"对话框，如图4-13所示。

图4-13 "序列"对话框

针对连续而且有规律数据的输入，使用Excel的序列填充功能可极大地提高工作效率。如图4-14所示，在A3单元格中输入"C001"后，将鼠标指针移到A3单元格的填充柄处，当指针变成黑色"+"形状时，按住左键向下拖动鼠标，则鼠标经过的区域就会实现持续递增的数据填充。

A	B	C	D	E	F	G	H	I
未来电脑公司员工信息表								
员工编号	姓名	性别	身份证号	部门	组别	年龄	学历	职称
C001	周自横	男	110101199003076392	工程部	E1	28	硕士	工程师
C002	刘一守	男	320102199209115790	开发部	D1	26	本科	助工
C003	俞莲舟	女	310101198305130364	培训部	T1	35	本科	高工
C004	莫羡	男	340102198608101815	销售部	S1	32	硕士	工程师
C005	夏盈	女	220102198504193682	培训部	T2	33	本科	工程师
C006	陈涓涓	女	330102199501090821	工程部	E1	23	本科	助工
C007	杨柳肖	男	441702199207103213	工程部	E2	26	本科	工程师
C008	陈笑天	男	210102198708151394	开发部	D2	31	博士	工程师
C009	柳成荫	女	370102198106223762	销售部	S2	37	本科	高工
C010	郑大岷	男	350102198202097272	开发部	D3	36	硕士	工程师
C011	高源	男	110114197708183617	工程部	E3	41	本科	高工
C012	林冰	女	360102198303230708	工程部	E2	35	硕士	高工

图4-14 自动填充序列

对于无规律而又需常输入的数据，可通过"文件"→"选项"→"高级"→"编辑自定义列表…"设置自定义序列，从而达到填充的目的，如图4-15所示。

> 小贴士：若当前单元格的左侧列有内容，则无需拖动鼠标，双击填充柄即可将该列下方单元格填充，直至与左侧列对齐。

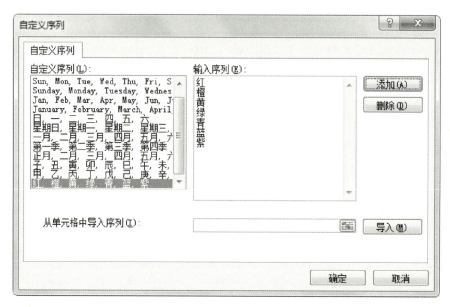

图 4-15 "自定义序列"对话框

4.1.10 设置单元格格式

Excel 电子表格不仅要体现数据内容的准确与翔实,而且允许用户对表格进行美化操作。用户可对单元格中数据的对齐方式、字体格式、颜色填充和边框样式等进行设置,使表格版面美观、数据清晰。单击"开始"→"字体"组或"对齐方式"组或"数字"组右侧的按钮 ,或右击单元格,在弹出的快捷菜单中选择"设置单元格格式(F)…",打开"设置单元格格式"对话框,如图 4-16 所示。各选项卡大致功能如下:

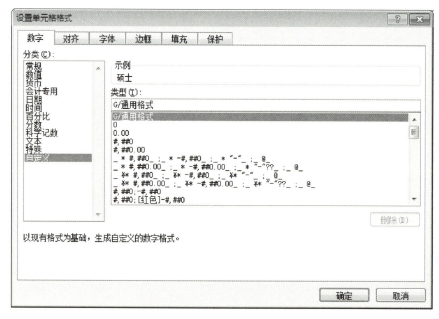

图 4-16 "设置单元格格式"对话框

①"数字"选项卡用来设置各种类型的数据显示格式,如文本、数值、货币、日期时间、会计专用、自定义等。

②"对齐"选项卡用来设置文本的水平和垂直对齐方式,以及合并单元格和单元格内的自动换行等操作。

③"字体"选项卡用来设置单元格中的字体格式。

④"边框"选项卡用来设置单元格内、外边框的颜色和样式。

⑤"填充"选项卡用来设置所选单元格区域的背景填充方案。

⑥"保护"选项卡用来设置所选单元格区域的锁定状态。

4.1.11 数据有效性

数据有效性是对单元格或单元格区域输入的数据从内容到数量上的限制。对于符合条件的数据,允许输入;对于不符合条件的数据,则禁止输入。这样就可以依靠系统检查数据的正确有效性,避免错误的数据录入。单击"数据"→"数据工具"组中的"数据有效性"命令,选择"数据有效性…",打开"数据有效性"对话框,如图4-17所示。

图 4-17 "数据有效性"对话框

1. 设置数据范围

用户可在选定待录入的数据区域后,在图4-17所示的对话框中指定有效性条件。如果是整数或小数,则可进一步设置允许输入的最大和最小值;如果是日期或时间,则可进一步设置开始和结束的日期或时间;顾名思义,文本长度用来设置单元格可录入的最多文字数,如图4-17所示,"输入信息"和"出错警告"选项卡的设置可使输入过程更加人性化。数据有效性的设置不能限制已输入的不符合条件的无效数据,但通过"圈释无效数据"功能可以对已录入的数据中不符合条件的数据做圈释标示。

2. 自定义下拉列表输入

Excel 2010 提供了便捷的方式以输入有规律的数据,然而对于一些没有规律却又需要经常输入的数据,如性别、部门、职称等,可以通过设置自定义序列实现下拉式列表选择输入。这样做不仅利于效率的提高,也有利于规范并约束数据。

以"员工信息表"中部门名称的输入为例:

选择"部门"列,单击"数据"→"数据工具"组中的"数据有效性"命令,打开"数据有效性"对话框,在"允许"下拉列表中选择"序列",在"来源"框中输入部门名称,各部门名称之间以半角英文逗号分隔,如输入"工程部,开发部,培训部,销售部,人事部",如图4-18所示。单击"确定"按钮,返回工作表,单击"部门"列中的单元格,在其右侧会显示一个下拉按钮,在下拉列表中即可实现选择输入。

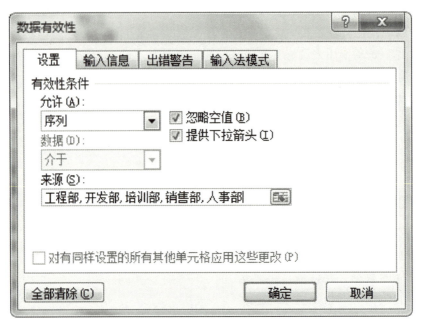

图 4-18 直接定义序列

3. 设定数据检验

除限定数据输入的范围外,"数据有效性"还能对区域数据设定功能强大的约束条件,确保输入数据的唯一性是常见操作之一。

以"员工信息表"中身份证号的输入为例:

身份证号码是唯一的,可利用"数据有效性"来完成检验,防止相同号码的重复输入。选择"身份证号"列中的区域 D3:D100,在图 4-18 所示的对话框中,设置"允许"下拉项为"自定义",在公式方框中输入公式"=COUNTIF(D:D, D3)=1"即可。

4.1.12 行列隐藏

用户在编辑数据时,为了节约工作表界面的空间,可将暂无需显示的行和列隐藏起来,待需要时再恢复显示。在行号或列标上拖动鼠标左键选择待隐藏的行与列,右击选择"隐藏",即可完成隐藏设置。反之,在行号或列标上选中待恢复显示行的上下行或待恢复显示列的两侧列,右击选择"取消隐藏"即可恢复显示。

4.1.13 条件格式

如果觉得 Excel 中预置的格式设置应用到表格中的效果不能满足需要,可利用条件格式功能快速实现设置单元格样式的目的。使用条件格式功能,可预置一种单元格格式或者单元格内的图形效果,并在满足指定的条件时自动应用到目标单元格中,不再需要时还可将其删除。

1. 应用预置规则格式

应用预置规则格式是指规定单元格中的数据在满足某类条件时,将单元格显示为相应条件的单元格样式。

① 以"员工信息表"中"年龄"列的格式设置为例,要求将30岁以上的年龄数据设置为"浅红填充色深红色文本":

选中目标数据区域"年龄"列,单击"开始"→"样式"组中的"条件格式"命令,在弹出的下拉列表中选择"突出显示单元格规则"→"大于"命令。打开"大于"对话框,设置指定条件及对应的格式,如图4-19所示。"项目选取规则"用来实现最大或最小前若干项的格式设置。

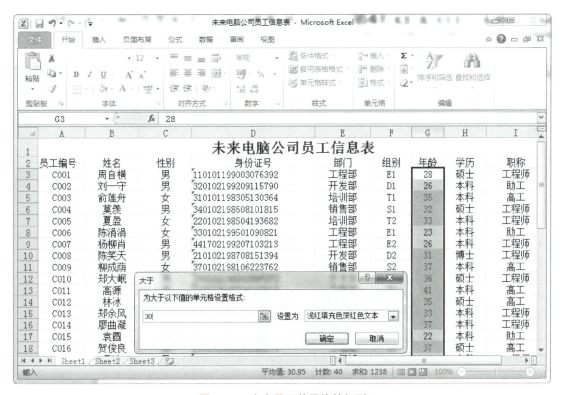

图4-19 突出显示单元格的规则

② 以"员工信息表"中"姓名"列的格式设置为例,要求将30岁以上的员工姓名设置为"倾斜、加粗"字体格式:

选中目标数据区域"姓名"列,单击"开始"→"样式"组中的"条件格式"命令,在弹出的下拉列表中选择"突出显示单元格规则"→"其他规则"选项。打开"新建格式规则"对话框,如图4-20所示,选择规则类型为"使用公式确定要设置格式的单元格",在"为符合此公式的值设置格式"一栏中输入公式"=G3>=30"后,单击"格式"按钮完成后续的字体格式设置即可。

2. 应用内置图形效果

条件格式功能中提供了"数据条""色阶"和"图标集"三种内置图形效果,可根据表格内容选择不同样式,使数据显示更加直观。

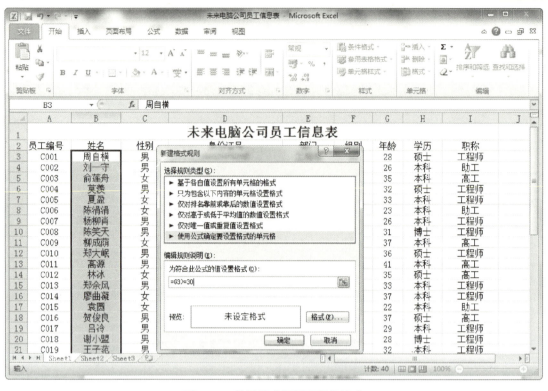

图 4-20 使用公式设置单元格格式

（1）数据条的应用

数据条采用颜色条的长短来形象地代表单元格数值在该区域内的相对大小。数据条有两种默认的设置类型，分别是"渐变填充"和"实心填充"，此外还可通过"其他规则"自定义设置渐变条的最终效果。对"应发工资"列的数据条渐变填充效果，如图 4-21 所示。

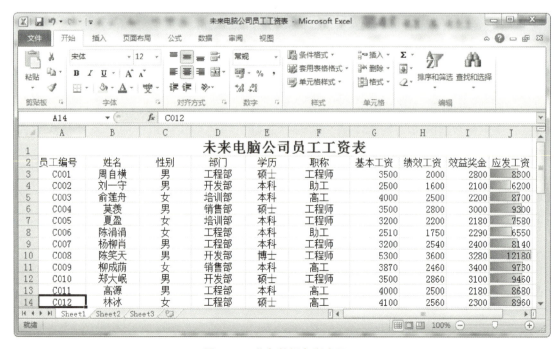

图 4-21 蓝色数据条渐变显示

(2) 色阶的应用

使用色阶样式主要通过颜色对比直观地显示数据，并帮助用户了解数据分布和变化，通常使用双色刻度来设置条件格式。它使用两种颜色的深浅程度来比较某个单元格区域内的数据，颜色的深浅表示值的高低。

(3) 图标集的应用

使用图标集可以对数据进行注释，并可以按大小将数据分为 3~5 个类别，每个图标代表一个数据范围。图标集中的"图标"是以不同的形状或颜色来表示数据的大小，用户可以根据数据进行选择。

3. 条件格式的复制与删除

如果要复制条件格式，为其他单元格设置应用相同的规则格式，可通过前述"选择性粘贴"对话框的"粘贴格式"功能实现。

删除已经设置的条件格式，单击"开始"→"样式"组中的"条件格式"命令，再根据需要选择"清除规则"中的"清除所选单元格的规则"或"清除整个工作表的规则"即可。

4.1.14 窗口拆分与冻结

1. 窗口拆分

在一个较为庞大的工作表中，用户若要查看或比较同一工作表不同位置的数据，可通过"拆分窗口"功能来实现。垂直滚动条的顶端和水平滚动条的右侧各有一个拆分块，拖动拆分块，可将工作表拆分为 4 个小窗口，每个小窗口有各自独立的滚动条，如图 4-22 所示。在拆分线上双击鼠标可以取消拆分。

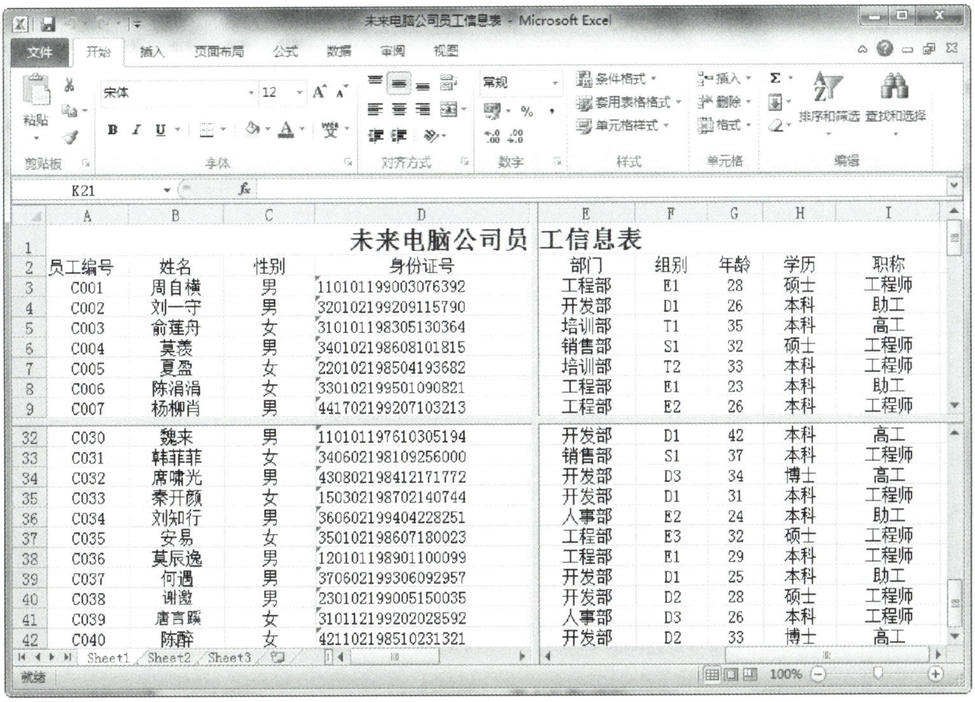

图 4-22 窗口拆分

2. 窗口冻结

在一个较为庞大的工作表中，当用户拖动垂直或水平滚动条时，标题行或标题列可能会被移出视线，导致用户在查阅或编辑数据时的不便。为确保标题行或标题列始终显示，不随滚动条所动，用户可通过窗口冻结操作将其固定。

单击"视图"→"窗口"组中的"冻结窗格"命令，它包含了三个功能：冻结首行、冻结首列以及冻结拆分窗格。冻结拆分窗格可以对应多行或多列，拆分到哪就冻结到哪。"冻结窗格"→"取消冻结窗格"命令可以取消已有的窗口冻结。

4.1.15 保护工作表

保护工作表是防止在未经授权的情况下对工作表中的数据进行编辑或修改。其方法是：选择需要设置保护的工作表，单击"审阅"→"更改"组中的"保护工作表"命令，在打开的对话框中选中"保护工作表及锁定的单元格内容"复选框，在"取消工作表保护时使用的密码"文本框中输入密码，在"允许此工作表的所有用户进行"列表框中设置允许用户对该工作表进行的操作，单击"确定"按钮。再次确认密码后，完成保护工作表的设置。

设置工作表保护后，执行"审阅"→"更改"组中的"撤销工作表保护"，验证密码后即可撤销工作表的保护。

4.1.16 页面设置与打印

在打印表格之前需先预览打印效果，若打印页面的布局和格式安排得不合理，会影响表格的美观。对表格内容设置满意后，开始打印。在 Excel 中根据打印内容的不同，分为两种情况：一是打印整个工作表，二是打印表格区域。

1. 页面设置

设置页面的布局方式主要包括打印纸张的方向、缩放比例、纸张大小、页眉/页脚、打印质量和起始页码等方面的内容，这些都可通过"页面设置"对话框进行设置。想让工作表打印输出后能更加符合表格内容，或不满意 Excel 2010 中内置的页眉和页脚样式，可以自定义页眉和页脚。"自定义页眉/页脚"相对比较灵活，用户可分别在"页眉""页脚"对话框中设置。

2. 打印表格区域

工作表中涉及的信息有时过多，如果只需要其中的部分数据时，打印整个工作表就会浪费不必要的资源，可通过设置打印区域，只打印需要的部分。设置打印表格区域可通过"页面设置"对话框和"设置打印区域"选项设置。

3. 标题行重复

当表格内容很多时，将被打印成多页，而在打印时 Excel 默认只在第 1 页显示表格的标题。如果需要每页都显示标题，可通过"页面设置"对话框进行设置，使每页表格都打印出来标题内容。以"员工信息表"为例，假设第 1、2 行为重复的标题行。打开"页面设置"对话框,选择"工作表"选项卡,单击"顶端标题行"文本框右侧的 按钮,在弹出的"页面设置-顶端标题行"对话框中选择标题内容即可,如图 4-23 所示。

【例题 4-1】在"未来电脑公司员工信息表"中完成以下操作:

① 将第 1、2 行行高设为 18,其他行列自动调整列宽和行高;

② 自定义序列,利用下拉按钮完成各员工性别的输入;

③ 隐藏"身份证号"列,冻结第 1、2 行;

④ "年龄"列设置"绿色数据条"渐变填充,开发部员工的姓名设置绿背景色填充。

图 4-23 标题行重复设置

【操作要点】

① 按住鼠标左键,在工作表左侧的行号 1、2 上拖动,选中第 1、2 行,单击"开始"→"单元格"组中的"格式"命令,选择"行高(H)…"设定行高值为 18。选择其余各行,执行"格式"命令中的"自动调整行高",列宽设置类似;

② 选择"性别"列,通过"数据有效性"对话框设置序列,序列来源为"男,女",注意使用英文状态下的",";

③ 右击"身份证号"列的列标,在弹出的快捷菜单中选择"隐藏"命令。拖动水平拆分块至第 2、3 行之间,将窗口一分为二,然后单击"视图"→"窗口"组中的"冻结窗格"命令,在弹出的下拉列表中选择"冻结拆分窗口"选项;

④ 渐变填充对应"条件格式"中的"数据条"操作;选中所有员工的姓名,如图 4-20 所示,"为符合此公式的值设置格式"一栏中输入公式"=E3="开发部""后,按"格式"按钮继续完成后续设置。

4.2 公式与函数

Excel 具备强大的数据分析与处理功能,其中公式的作用至关重要。公式是对工作表数据进行计算的等式,用户可运用公式对单元格中的数据进行计算和分析,当数据更新后无须再输入公式,由公式自动更新结果。

4.2.1 公式概述

公式是对数据计算的依据。在 Excel 中,输入公式时需要遵循特定的次序或语法:以

"="开头,然后才是计算表达式。公式中可以包含运算符、常量数值、单元格引用、单元格区域引用和函数等,如图 4-24 所示。

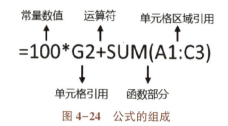

图 4-24 公式的组成

其中:

① 常量数值:是指不随其他函数或单元格位置变化的值。
② 运算符:是指公式中各元素参与的运算类型,如+、-、*、/、&、>、<等。
③ 单元格引用:是指需要引用数据的单元格所在的位置。
④ 单元格区域引用:是指需要引用数据的单元格区域所在的位置。
⑤ 函数:是指 Excel 中预定义的计算公式,通过使用一些称为参数的特定数值来按特定的顺序或结构执行计算。

4.2.2 运算符

使用公式就离不开运算符,它是 Excel 公式中的基本元素。因此了解不同运算符的含义与作用有助于用户更加灵活地运用公式对数据进行分析和处理。运算符分为四种不同类型,即算术运算符、比较运算符、文本运算符和引用运算符。

1. 算术运算符

算术运算符能完成基本的算术运算,包括加、减、乘、除和乘方,见表 4-1。

表 4-1 算术运算符

操作键	含义	示例
+	加号,执行加法运算	2+6
-	减号,执行减法运算	5-2 或-5
*	乘号,执行乘法运算	2*5
/	除号,执行除法运算	10/2
^	乘方	2^3

2. 比较运算符

比较运算符能够比较两个或多个数字、文本、单元格内容或函数结果的大小关系,当用这些运算符比较两个值时,结果为逻辑值,即 True 或 False,见表 4-2。

表 4-2 比较运算符

操作键	含义	示例
=	等于	2+3=5
>	大于号	5>6
<	小于号	5<6
>=	大于或等于	10>=1
<=	小于或等于	10<=1
<>	不等于	1<>2

3. 文本运算符

文本运算符即"&",用来将位于该运算符前后的两个不同文本连接成一个新的文本字符串。如输入="Microsoft"&"Excel",将得到"MicrosoftExcel"。

4. 引用运算符

引用运算符可以对单元格或单元格区域进行合并计算,见表4-3。

表 4-3 引用运算符

操作键	含义	示例
:	区域运算符,将连续的单元格区域引用	A1:B6
,	联合运算符,将不连续的多个区域引用	SUM(B5:B15,D5:D15)
空格	交叉运算符,对两个区域中共有区域的引用	Sum(A1:D2 C1:E3)
!	三维引用运算符,对其他工作表中单元格的引用	Sheet2!B2

4.2.3 单元格引用

使用公式和函数进行数据计算时,经常需要引用其他单元格的数据。引用的数据可以来自同一工作表中不同单元格,也可以来自同一工作簿中的不同工作表,还可以来自不同工作簿中的工作表。单元格引用分为相对引用、绝对引用和混合引用三种类型。

1. 相对引用

相对引用是指当前单元格与公式所在单元格的相对位置,表现形式如"A1""B2"。其特点是,复制与填充公式时,公式中的单元格地址会随着存放计算结果的单元格位置变化而变化。

2. 绝对引用

绝对引用是指被引用的单元格与公式所在的单元格的位置是绝对的。即不管公式被复制到什么新的目标位置,新位置的公式中所引用的仍是被复制的公式中原单元格的数据,其表现形式如"$A$1""$B$2"。在某些操作中,不希望调整引用位置,则可以使用绝对引用。

3. 混合引用

混合引用是指同时使用相对引用和绝对引用。即只在行号或列标前添加"$"符号,添加"＄"符号的行号或列标采用绝对引用，未添加"＄"符号的列标或行号采用相对引用，表现形式如"A＄1""＄A1"。

> 小贴士：相对引用、绝对引用和混合引用的状态切换可按【F4】键实现。

【例题4-2】结合混合引用，用公式完成整个乘法口诀表的填充，如图4-25所示。

	A	B	C	D	E	F	G	H	I	J
1		1	2	3	4	5	6	7	8	9
2	1	1*1=1								
3	2	1*2=2	2*2=4							
4	3	1*3=3	2*3=6	3*3=9						
5	4	1*4=4	2*4=8	3*4=12	4*4=16					
6	5	1*5=5	2*5=10	3*5=15	4*5=20	5*5=25				
7	6	1*6=6	2*6=12	3*6=18	4*6=24	5*6=30	6*6=36			
8	7	1*7=7	2*7=14	3*7=21	4*7=28	5*7=35	6*7=42	7*7=49		
9	8	1*8=8	2*8=16	3*8=24	4*8=32	5*8=40	6*8=48	7*8=56	8*8=64	
10	9	1*9=9	2*9=18	3*9=27	4*9=36	5*9=45	6*9=54	7*9=63	8*9=72	9*9=81

图4-25　九九乘法口诀表

【操作要点】

① 乘式形如"被乘数＊乘数=乘积"，各部分可通过文本运算符"&"连接而成；

② 观察发现，每个乘式中的被乘数都取自第1行，乘数都取自A列。所以第1行和A列采用绝对引用，为方便填充，其他的行与列则采用相对引用；

因此，B2单元格中公式为：=B＄1&"＊"&＄A2&"="&B＄1＊＄A2，然后通过填充柄将该公式填充到个单元格即可。

4.2.4　引用其他工作表和工作簿的单元格

计算表格数据时，有时需要在一张表格中引用同一工作簿中其他工作表的单元格或者其他工作簿中的单元格，可通过输入公式来引用。

引用其他工作表的单元格：一般格式为"工作表名称！单元格地址"。例如，在Sheet1工作表的B1单元格引用Sheet2中A1单元格的值，在编辑栏中输入"=Sheet2!A1"，表示在Sheet1工作表的B1单元格中引用Sheet2工作表中的A1单元格。

引用其他工作簿的单元格：一般格式为"='工作簿存储路径[工作簿名称]工作表名称'!单元格地址"。例如，"=SUM('D:\wu\[Book1.xlsx]Sheet1:Sheet3'!A1)"表示将对D盘wu文件夹下的Book1工作簿中Sheet1到Sheet3所有A1单元格中值求和。

4.2.5　定义单元格名称

默认情况下，单元格是以行号和列标定义单元格名称的，用户可以根据实际使用情况，对单元格名称进行重新定义，然后在公式或函数中使用，简化输入过程，并且让数据的计算更加直观。

1. 自定义单元格名称

定义单元格名称是指为单元格或单元格区域重新定义一个新名称，这样在定位或引用单元格及单元格区域时就可通过定义的名称来操作相应的单元格。

以“未来电脑公司办公用品领用登记表”中定义单元格区域名称操作为例。选择 C3：C15 单元格区域后，双击名称框，输入名称“物品名称”后按回车键确认。也可以在选择 C3：C15 单元格区域后右击鼠标，在弹出的快捷菜单中执行“定义名称…”命令项完成。如图 4-26 所示，鼠标选中的区域，在名称框中以“物品名称”显示。

物品名称　fx　签字笔

	A	B	C	D	E	F	G	H
1	未来电脑公司办公用品领用登记表							
2	领用日期	部门名称	物品名称	单价	数量	金额	经办人	备注
3	2018/6/4	销售部	签字笔	1	100		柳成荫	工作需要
4	2018/6/6	培训部	资料册	6	200		王子范	宣传需要
5	2018/6/7	培训部	订书机	20	3		俞莲舟	工作需要
6	2018/6/11	开发部	复印纸A4	50	4		袁圆	工作需要
7	2018/6/12	培训部	办公桌椅	270	2		夏盈	更新
8	2018/6/14	开发部	文件柜	200	4		梁成才	工作需要
9	2018/6/19	销售部	计算器	28	3		莫羡	工作需要
10	2018/6/20	工程部	传真纸	15	2		潘正	工作需要
11	2018/6/21	人事部	档案盒	10	10		刘知行	工作需要
12	2018/6/25	销售部	名片盒	12	8		韩菲菲	宣传需要
13	2018/6/26	开发部	碎纸机	580	1		何遇	更新
14	2018/6/28	人事部	指纹考勤机	320	1		唐言蹊	更新
15	2018/6/29	工程部	资料柜	25	6		安易	工作需要

图 4-26　单元格的名称

2. 使用定义的单元格

为单元格或单元格区域定义名称后，就可通过定义的名称方便、快捷地查找和引用该单元格或单元格区域，命名的单元格不仅可用于函数，还可用于公式中，同时降低错误引用单元格的几率。

如图 4-27 所示，分别将 D3：D15 区域、E3：E15 区域命名为“单价”“数量”后，在 F3：F15 中计算各项“金额”时，可通过公式“=单价＊数量”实现。

F3　fx　=单价*数量

	A	B	C	D	E	F	G	H
1	未来电脑公司办公用品领用登记表							
2	领用日期	部门名称	物品名称	单价	数量	金额	经办人	备注
3	2018/6/4	销售部	签字笔	1	100	100	柳成荫	工作需要
4	2018/6/6	培训部	资料册	6	200	1200	王子范	宣传需要
5	2018/6/7	培训部	订书机	20	3	60	俞莲舟	工作需要
6	2018/6/11	开发部	复印纸A4	50	4	200	袁圆	工作需要
7	2018/6/12	培训部	办公桌椅	270	2	540	夏盈	更新
8	2018/6/14	开发部	文件柜	200	4	800	梁成才	工作需要
9	2018/6/19	销售部	计算器	28	3	84	莫羡	工作需要
10	2018/6/20	工程部	传真纸	15	2	30	潘正	工作需要
11	2018/6/21	人事部	档案盒	10	10	100	刘知行	工作需要
12	2018/6/25	销售部	名片盒	12	8	96	韩菲菲	宣传需要
13	2018/6/26	开发部	碎纸机	580	1	580	何遇	更新
14	2018/6/28	人事部	指纹考勤机	320	1	320	唐言蹊	更新
15	2018/6/29	工程部	资料柜	25	6	150	安易	工作需要

图 4-27　使用定义的名称参与计算

4.2.6 函数

函数是一些由 Excel 预先定义好，在需要时可直接调用的表达式，通过使用参数的特定数值按特定的顺序或结构进行计算。利用函数能够很容易地完成各种复杂数据的处理工作，快速求出数据结果。每个函数都有特定的功能，对应唯一的函数名称且不区分大小写。很好地理解函数将对 Excel 中函数的应用起到事半功倍的效果。

函数的一般结构为：函数名（参数 1,[参数 2]，...）

不同的函数，其参数的多少也不相同，参数中的"[ ]"表示该参数不是必需的。函数的参数可以是数字、文本、表达式、引用、数组或其他函数。

根据不同的计算需要，Excel 中提供了各种应用分类的函数，分别适用于不同的场合。如：文本函数、逻辑函数、日期和时间函数、财务函数、统计函数、查找与引用函数、数据库函数等，如图 4-28 所示。

图 4-28 函数库

如图 4-28 所示，单击"插入函数"命令，打开"插入函数"对话框，如图 4-29 所示，在该对话框的"选择函数"列表中列出了当前所选函数简单的功能描述。若要深入了解当前函数的使用说明，可通过对话框左下角的超链接"有关该函数的帮助"，去访问更为详细的功能说明和举例。

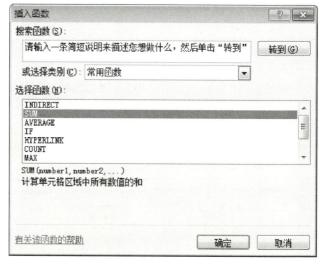

图 4-29 "插入函数"对话框

1. 数学函数

（1）求和函数 SUM

语法结构：SUM（number1，number2，...）

功能：返回某一单元格区域中所有数字之和。

若参数均为数值，则直接返回计算结果，如 SUM（10，20）返回 30；若参数为引用的单元格或单元格区域的地址，则只计算单元格或单元格区域中为数字的参数，其他如空白单元格、逻辑值或文本将被忽略。

（2）求平均值函数 AVERAGE

语法结构：AVERAGE（number1，number2，…）

功能：返回参数的算术平均值。

使用此函数时需注意的地方与 SUM 函数完全相同。

（3）求最大/最小值函数 MAX/MIN

语法结构：MAX（number1，number2，…）或 MIN（number1，number2，…）

功能：返回一组值中的最大值/最小值，忽略逻辑值及文本。

使用此函数时需注意的地方与 SUM 函数完全相同。

（4）取整函数 INT

语法结构：INT（number）

功能：将数值向下取整为最接近的整数。

参数 number 可以是正数或负数，也可以是单元格引用。如公式"=INT(8.9)"将 8.9 向下舍入到最接近的整数 8；公式"=INT(-8.9)"将-8.9 向下舍入到最接近的整数-9。

（5）取余函数 MOD

语法结构：MOD（number，divisor）

功能：返回两数相除的余数。参数 number 表示被除数，divisor 表示除数。

（6）求绝对值函数 ABS

语法结构：ABS（number）

功能：返回参数的绝对值。

（7）求乘积函数 PRODUCT

语法结构：PRODUCT（number1，[number2]，…）

功能：计算所有参数的乘积。

（8）按条件求和函数 SUMIF 和 SUMIFS

语法结构：SUMIF（range，criteria，[sum_range]）

功能：对区域中符合指定单个条件的值求和。

参数 range 表示用于条件判断的单元格区域，即条件字段对应的区域。

参数 criteria 用于确定对哪些单元格求和的条件，其形式可以为数字、表达式、单元格引用、文本或函数。条件可以表示为 60、">60"、B5、"60"、"男"或 TODAY（）等形式。

参数 sum_range 表示要求和的实际单元格（如果区域内的相关单元格符合条件）。如果省略 sum_range 参数，则当区域中的单元格符合条件时，它们既按条件计算，也执行相加。

例如，现要按职称计算未来电脑公司员工的应发工资总额，以工程师为例，由于只涉及"职称"一个条件，对应的公式如图 4-30 所示的 H3 单元格。

语法结构：SUMIFS(sum_range, criteria_range1, criteria1, [criteria_range2, criteria2], …)

	A	B	C	D	E	F	G	H
	H3			fx	=SUMIF(D3:D42,G3,E3:E42)			
1	未来电脑公司员工工资表							
2	员工编号	姓名	性别	职称	应发工资		职称	工资总额
3	C001	周自横	男	工程师	8300		工程师	201990
4	C002	刘一守	男	助工	6200			
5	C003	俞莲舟	女	高工	8700			
6	C004	莫羡	男	工程师	9300			
7	C005	夏盈	女	工程师	7580			
8	C006	陈涓涓	女	助工	6550			
9	C007	杨柳肖	男	工程师	8140			
10	C008	陈笑天	男	工程师	12180			
11	C009	柳成荫	女	高工	9730			
12	C010	郑大岷	男	工程师	9460			
13	C011	高源	男	高工	8680			
14	C012	林冰	女	高工	8960			
15	C013	郑余风	男	工程师	8060			
16	C014	廖曲凝	女	工程师	8220			

图 4-30 按职称求应发工资总额

功能：对区域中符合指定多个条件的值求和。

参数 sum_range 表示要求和的实际单元格，包括数字或包含数字的名称、区域或单元格引用。

参数 criteria_range1 表示关联第一个条件的区域。

参数 criteria1 表示第一个条件，其形式为数字、表达式、单元格引用或文本，可用来定义将对 criteria_range1 参数中的哪些单元格求和。条件可以表示为 60、">60"、B5、"60"、"男"或 TODAY（）等形式。

参数 criteria_range2，criteria2，…对应第二个条件关联的区域及具体条件。

例如，现要按职称计算未来电脑公司女性员工的应发工资总额，以工程师为例，由于涉及"职称"和"性别"两个条件，对应的公式如图 4-31 所示的 I3 单元格。

	A	B	C	D	E	F	G	H	I
	I3			fx	=SUMIFS(E3:E42,D3:D42,G3,C3:C42,H3)				
1	未来电脑公司员工工资表								
2	员工编号	姓名	性别	职称	应发工资		职称	性别	工资总额
3	C001	周自横	男	工程师	8300		工程师	女	67080
4	C002	刘一守	男	助工	6200				
5	C003	俞莲舟	女	高工	8700				
6	C004	莫羡	男	工程师	9300				
7	C005	夏盈	女	工程师	7580				
8	C006	陈涓涓	女	助工	6550				
9	C007	杨柳肖	男	工程师	8140				
10	C008	陈笑天	男	工程师	12180				
11	C009	柳成荫	女	高工	9730				
12	C010	郑大岷	男	工程师	9460				
13	C011	高源	男	高工	8680				
14	C012	林冰	女	高工	8960				
15	C013	郑余风	男	工程师	8060				

图 4-31 SUMIFS 函数示例

(9) 四舍五入函数 ROUND

语法结构：ROUND(number, num_digits)

功能：按指定的位数对数值进行四舍五入。

参数 number 表示需要进行四舍五入的数字；Num_digits 表示指定的位数，按此位数进行四舍五入。

2. 逻辑函数

(1) 条件函数 IF

语法结构：IF(logical_test, value_if_true, value_if_false)

功能：判断是否满足某个条件，如果满足返回一个值，如果不满足则返回另一个值。

参数 logical_test 表示 IF 函数判断条件。

参数 value_if_true 表示当逻辑表达式 logical_test 成立时作为 IF 函数的结果。

参数 value_if_false 表示当逻辑表达式 logical_test 不成立时作为 IF 函数的结果。

第二与第三参数可以省略，视情况而定。例如，当前单元格中输入公式"=if（A1>=60,"及格","不及格"）"，若 A1 大于或等于 60，则显示结果"及格"，否则显示"不及格"。

(2) 逻辑函数 AND

语法结构：AND(logical1, logical2, …)

功能：仅当所有参数的逻辑值为真时，返回 True；否则返回 False。

参数 logical1，logical2，…分别表示待检测的条件，它们的值为 True 或 False。如公式"=AND(2+2=4, 2+3=5)"的计算结果为 True。

(3) 逻辑函数 OR

语法结构：OR(logical1, logical2, …)

功能：只要有任意一个参数逻辑值为 Ture，函数就返回 True；只有当所有参数均为 False 时，函数才返回 False。

参数 logical1，logical2，…分别表示待检测的条件，它们的值为 True 或 False。如公式"=OR(1+1=1, 2+2=5)"计算结果为 False。

【例题 4-3】公历中的闰年年份包含普通年和世纪年两种，普通年指能被 4 整除而不能被 100 整除的年份；世纪年指能被 400 整除的年份。请用公式判断 E2 单元格中的年份是否为闰年，若是，F2 单元格中显示"闰年"，否则 F2 中显示"平年"。

【操作要点】

① 整除即两数相除余数为 0，可用取余函数 MOD 实现。

② 普通年的判断条件表示为"AND(MOD(E2,4)=0, MOD(E2,100)<>0)"；世纪年的判断条件表示为"MOD(E2,400)=0"。

③综上，IF 函数在本例中的表达形式可模拟为"=IF（OR（普通年，世纪年），"闰年","平年"）"。详细公式如图 4-32 所示。

```
=IF(OR(AND(MOD(E2,4)=0,MOD(E2,100)<>0),MOD(E2,400)=0),"闰年","平年")
```

年份	是否闰年
2000	闰年
2010	平年
2011	平年
2012	闰年
2013	平年

图 4-32 闰年判断

3. 文本函数

文本函数是对文本以公式的方式进行处理的函数。

（1）抽取字符串函数 LEFT、RIGHT 和 MID

语法结构: LEFT(text, num_chars)

功能：返回文本字符串左侧指定个数的字符。

语法结构：RIGHT(text, num_chars)

功能：返回文本字符串右侧指定个数的字符。

语法结构：MID(text, start_num, num_chars)

功能：返回文本字符串中从指定位置开始的特定数目的字符。

（2）文本函数 TEXT

语法结构：TEXT(value, format_text)

功能：将数值转化文本，并能通过使用特殊格式的字符串来指定字符串的显示格式。

参数 value 为数值、计算结果为数字的公式，或对包含数字的单元格的引用。

参数 format_text 是用双引号括起来作为文本字符串的数字格式。通过单击“设置单元格格式”对话框中的“数字”选项卡的“类别”框中的“数字”“日期”“时间”“货币”或“自定义”并查看显示的格式，可以查看不同的数字格式。例如，将“金额”列的数据设为“添加人民币符号且精确到小数点后两位”，如图 4-33 所示中 G 列所示。

```
G3    =TEXT(F3,"￥0.00")
```

	A	B	C	D	E	F	G
1	未来电脑公司办公用品领用登记表						
2	领用日期	部门名称	物品名称	单价	数量	金额	金额转换
3	2018/6/4	销售部	签字笔	1	100	100	¥100.00
4	2018/6/6	培训部	资料册	6	200	1200	¥1200.00
5	2018/6/7	培训部	订书机	20	3	60	¥60.00
6	2018/6/11	开发部	复印纸A4	50	4	200	¥200.00
7	2018/6/12	培训部	办公桌椅	270	2	540	¥540.00
8	2018/6/14	开发部	文件柜	200	4	800	¥800.00
9	2018/6/19	销售部	计算器	28	3	84	¥84.00
10	2018/6/20	工程部	传真纸	15	2	30	¥30.00
11	2018/6/21	人事部	档案盒	10	10	100	¥100.00
12	2018/6/25	销售部	名片盒	12	8	96	¥96.00
13	2018/6/26	开发部	碎纸机	580	1	580	¥580.00
14	2018/6/28	人事部	指纹考勤机	320	1	320	¥320.00
15	2018/6/29	工程部	资料框	25	6	150	¥150.00

图 4-33 转换指定格式的文本

4. 日期与时间函数

在使用 Excel 制作各种表格时，经常会插入日期和时间，或对涉及日期和时间的字段做一些计算。Excel 提供了大量处理日期和时间的函数。

（1）返回日期函数 DATE

语法结构：DATE(year, month, day)

功能：返回代表特定日期的序列号。

（2）返回年月日函数 YEAR、MONTH 和 DAY

语法结构：YEAR(serial_number)

功能：返回某日期对应的年份。

语法结构：MONTH(serial_number)

功能：返回某日期对应的月份。

语法结构：DAY(serial_number)

功能：返回某日期对应的天数，用整数 1 到 31 表示。

（3）显示当前日期函数 TODAY

语法结构：TODAY（）

功能：返回当前日期。

（4）显示当前日期和时间函数 NOW

语法结构：NOW（）

功能：返回当前日期和时间。

（5）返回小时数、分钟数、秒数函数 HOUR、MINUTE、SECOND

语法结构：HOUR(serial_number)

功能：返回时间值的小时数。

语法结构：MINUTE(serial_number)

功能：返回时间值中的分钟，为一个介于 0 到 59 之间的整数。

语法结构：SECOND(serial_number)

功能：返回时间值的秒数。返回的秒数为 0 到 59 之间的整数。

5. 统计函数

统计类函数在实际办公中使用较为频繁，该类函数可从不同角度去统计数据，捕捉统计数据的所有特征，可用于对单元格或单元格区域进行分析或统计。

（1）统计单元格数量函数 COUNT

语法结构：COUNT(value1, [value2], …)

功能：统计指定区域中包含数字单元格的个数。

参数中可以包含或引用各种类型的数据，但只有数字类型的数据才被计算在内。

（2）统计空白单元格数量函数 COUNTBLANK

语法结构：COUNTBLANK(range)

功能：统计指定区域中空白单元格的个数。例如，在工作中，我们可以用 COUNT-

BLANK 函数来统计员工的缺勤天数，如图 4-34 所示。

图 4-34　统计空白单元格数量

（3）非空单元格统计函数 COUNTA

语法结构：COUNTA(value1，[value2]，…)

功能：统计指定区域中非空单元格的数量。

（4）按单条件统计函数 COUNTIF

语法结构：COUNTIF(range，criteria)

功能：统计区域中满足单个指定条件的单元格数量。

参数 range 是一个或多个要计数的单元格，其中包括数字或名称、数组或包含数字的引用。空值和文本值将被忽略。

参数 criteria 是确定哪些单元格将被纳入统计的条件，其形式可以是数字、表达式、单元格引用或文本字符串。如条件可以表示为 60、">60"、B5、"男"等。

图 4-35　单个条件统计

例如，未来电脑公司要统计男员工的人数，给定的唯一条件是"男"。可在单元格 B19 中输入公式"=COUNTIF(C3：C18,"男")"，如图 4-35 所示。考虑到单元格 C3 中的内容为"男"，所以单元格 B19 中的公式也可以表示为"=COUNTIF(C3：C18,C3)"，条件采用了单元格引用的表达形式。

(5) 按多条件统计函数 COUNTIFS

语法结构：COUNTIFS(criteria_range1, criteria1, [criteria_range2, criteria2] …)

功能：用于统计区域中满足多个条件的单元格数量。

参数 criteria_range1 表示关联条件的第一个区域。

参数 criteria1 表示第一个条件，其形式可以为数字、表达式、单元格引用或文本。

参数 criteria_range2，criteria2，…为附加的区域及其关联条件。

例如，未来电脑公司要统计"工程部的男员工"的人数，给定的条件不再唯一，既是男性员工又属于工程部，属于多条件统计，如图 4-36 所示。

	B18		f_x	=COUNTIFS(C3:C17,"男",E3:E17,"工程部")	
	A	B	C	D	E
1	未来电脑公司员工信息表				
2	员工编号	姓名	性别	身份证号	部门
3	C001	周自横	男	110101199003076392	工程部
4	C002	刘一守	男	320102199209115790	开发部
5	C003	俞莲舟	女	310101198305130364	培训部
6	C004	莫羡	男	340102198608101815	销售部
7	C005	夏盈	女	220102198504193682	培训部
8	C006	陈涓涓	女	330102199501090821	工程部
9	C007	杨柳肖	男	441702199207103213	工程部
10	C008	陈笑天	男	210102198708151394	开发部
11	C009	柳成荫	女	370102198106223762	销售部
12	C010	郑大岷	男	350102198202097272	开发部
13	C011	高源	男	110114197708183617	工程部
14	C012	林冰	女	360102198303230708	工程部
15	C013	郑余风	男	340105198512101630	工程部
16	C014	廖曲凝	女	150102198110172469	销售部
17	C015	袁圆	女	520102199605145984	开发部
18	工程部男员工人数	4			

图 4-36 多条件统计

(6) 排名函数 RANK

语法结构：RANK(number, ref, [order])

功能：返回一个数字在数字列表中的排位。

参数 number 表示要查找其排位的数字。

参数 ref 表示数字列表数组或对数字列表的引用。

参数 order 取值 0 或缺省时表示降序排名，不为 0 时表示升序排名。

例如，现对未来电脑公司员工的应发工资进行排名，得到的结果如图 4-37 所示。

对于函数，用户需要理解其功能，熟悉每个参数的含义。公式与函数的使用是灵活多变的，在实践中多练习常用函数的使用，尽量采用合理、高效的方法解决问题。多函数的嵌套使用对复杂的数据计算、统计是大有裨益的。

F3			fx	=RANK(E3,$E$3:$E$42,0)	
	A	B	C	D	E	F

	A	B	C	D	E	F
1	未来电脑公司员工工资表					
2	员工编号	姓名	性别	职称	应发工资	工资排名
3	C001	周自横	男	工程师	8300	22
4	C002	刘一守	男	助工	6200	39
5	C003	俞莲舟	女	高工	8700	19
6	C004	莫羡	男	工程师	9300	10
7	C005	夏盈	女	工程师	7580	32
8	C006	陈涓涓	女	助工	6550	35
9	C007	杨柳肖	男	工程师	8140	25
10	C008	陈笑天	男	工程师	12180	4
11	C009	柳成荫	女	高工	9730	7
12	C010	郑大岷	男	工程师	9460	8
13	C011	高源	男	高工	8680	20
14	C012	林冰	女	高工	8960	15

图 4-37　RANK 函数示例

4.3　数据管理与分析

日常的办公中，需经常对电子表格中的数据进行统计、整理和分析，Excel 2010 为用户提供了强大的数据处理功能。使用 Excel 可以方便、高效、精确地从工作表中获取相关数据结果，并能随时掌握数据的变化规律，从而为使用数据提供决策依据。

4.3.1　数据排序

数据排序是数据管理中经常面临的操作，用以将表格中杂乱的数据按一定的条件进行排序。用户可以在排序后的表格中更加直观地查看、理解数据并快速查找需要的数据。

1. 自动排序

自动排序是数据排序管理中最基本的一种排序方式，选择该方式系统将自动对数据进行识别和排序。其操作方法为：在工作簿中选择要进行排序数据列中的任意单元格，在"数据"→"排序和筛选"组中单击"升序"按钮 ↓ 或"降序"按钮 ↓，选中单元格所在列将自动按照"升序"或"降序"方式进行排列。如图 4-38 所示为按应发工资由高到低降序排列数据。

2. 按关键字对列排序

按关键字的方式排序，可根据指定的关键字对某个字段或多个字段对数据进行排序，通常可将该方式分为按单个关键字排序与按多个关键字排序。

（1）按单个关键字对列排序

按单个关键字排序可以理解为某个字段进行排序，与自动排序方式相似，不同的是该方式可通过"排序"对话框指定排序的列单元格内容，然后进行升序或降序排列。其操作方法为：首先打开需进行排序的工作表，选择数据单元格区域的任意单元格，然后选择"数据"→

图 4-38 按"应发工资"降序排列

"排序和筛选"组,单击"排序"按钮,打开"排序"对话框,在"主要关键字"下拉列表框中选择字段列,这里选择"应发工资"列,"排序依据"与"次序"方式保持不变,确定后返回工作界面即可看到"应发工资"列数据按照升序进行了排序,如图 4-39 所示。

图 4-39 单关键字排序

(2) 按多个关键字对列排序

在一些数据较多的工作簿中，可以按多个条件排序功能实现排序，此时将按主要关键字、次要关键字、次要（第三）关键字……作为排序的依据针对多列内容进行数据排序。

例如，现对未来电脑公司员工以"应发工资"为主要关键字、"效益奖金"为次要关键字进行降序排列，操作如下：选择数据单元格区域内任意单元格，打开"排序"对话框，设置主要关键字为"应发工资"，单击对话框中 添加条件(A) 按钮，在自动添加的次要关键字下拉列表框中选择"效益奖金"选项，"次序"都设置为"降序"，确定后即可，如图4-40所示。

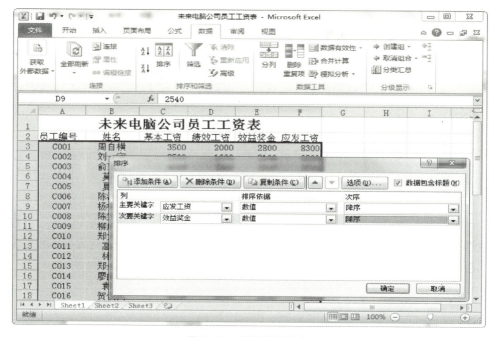

图 4-40 多关键字排序

3. 自定义排序

Excel 中的排序方式可满足多数需要，对于一些有特殊要求的排序可进行自定义设置，实现自定义排序。

例如，现对未来电脑公司员工按"博士、硕士、本科、大专、高中"的学历次序进行排序。操作如下：选择数据单元格区域内的任意单元格，打开"排序"对话框后，将"主要关键字"设置为"学历"，在"次序"下拉列表框选择"自定义序列"选项，如图4-41所示。

打开"自定义序列"对话框，在"自定义序列"选项卡的"输入序列"文本框中依次输入各项序列，单击"添加"按钮后输入的各项序列将作为一整条新的序列出现在对话框左侧的序列栏中，如图4-42所示。单击"确定"按钮返回"排序"对话框，此时在"次序"下拉列表中显示自定义序列的内容，再次确认后关闭"排序"对话框即完成本次排序操作。

图 4-41 自定义排序

图 4-42 "自定义序列"对话框

> 小贴士：Excel 中的汉字默认按"字母"顺序排列，首字母相同则比较第二字母，依此类推；如果要按照笔画顺序排列，可在"排序"对话框中单击 选项(O)... 按钮，再在打开的"排序选项"对话框中选择 ⊙ 笔划排序(R) 按钮，排序规则主要依据笔画多少，相同笔画则按启闭顺序排列（横、竖、撇、捺、折）。Excel 中的日期按照"早的日期小，晚的日期大"作为升、降序排列的依据。

4.3.2 数据筛选

使用筛选功能可以从庞杂的数据中挑选数据，只在工作表中显示需要的数据信息。筛选功能主要有自动筛选、自定义筛选和高级筛选三种方式。

1. 自动筛选

自动筛选是根据用户设定的筛选条件，自动将表格中符合条件的数据显示出来，而将表格中的其他数据隐藏。

例如，要筛选出未来电脑公司中具有博士学历的员工信息，操作如下：选择数据单元格区域的任意单元格，在"数据"→"排序和筛选"组中单击"筛选"按钮；工作表中每个字段名右侧将出现按钮，在需要筛选数据列的"学历"字段名右侧单击按钮，在打开的列表框中单选"博士"，确定后即得到筛选结果。筛选后相应字段右侧的按钮由变成，同时，筛选出来的记录行号呈现蓝色显示，如图4-43所示。

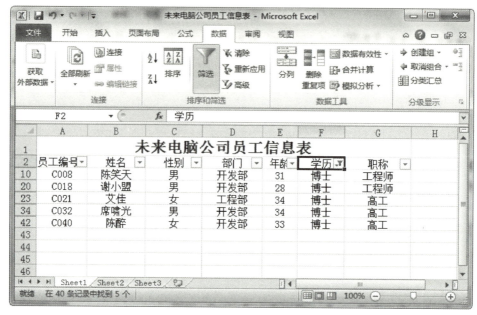

图 4-43 自动筛选

若要取消数据筛选，只需单击"数据"→"排序和筛选"组中的清除按钮后，再次单击筛选按钮即可还原。

2. 自定义筛选

与数据排序类似，如果自动筛选方式不能满足需要，此时可自定义筛选条件，根据用户的自定义设置筛选数据。

例如，要筛选出未来电脑公司中应发工资大于7000元且小于9000元的员工信息，操作如下：选择数据单元格区域的任意单元格，单击"数据"→"排序和筛选"组中的"筛

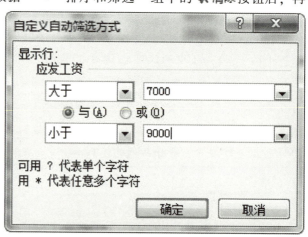

图 4-44 自定义筛选对话框

选"按钮，再单击应发工资右侧的按钮，在弹出的菜单项中选择"数字筛选"→"自定义筛选"，得到"自定义自动筛选方式"对话框，完成筛选条件的设置，如图4-44所示，确定后即得到自定义的筛选结果。

如图4-44所示的"与"表示要求两个条件同时成立，即"并且"，"或"表示两个条件满足一个即可，即"或者"。此外，用户还可合理使用通配符"＊"和"？"进行模糊条件的筛选。

3. 高级筛选

高级筛选功能可以筛选出同时满足两个或两个以上约束条件的记录，同时可将筛选出的结果输出到指定的位置。

例如，要筛选出未来电脑公司销售部本科学历的员工信息，操作如下：在原来的数据区域之外的空白处构造一个条件区域，分别在I2、J2单元格中输入"部门"和"学历"，I3、J3单元格中输入"销售部"和"本科"。选择数据单元格区域的任意单元格，然后选择"数据"→"排序和筛选"组，单击"高级筛选"按钮后，在弹出的"高级筛选"对话框中设置列表区域为原来默认的数据区域、条件区域设置为"＄I＄2：＄J＄3"，确定后即得到最终筛选结果，如图4-45所示。

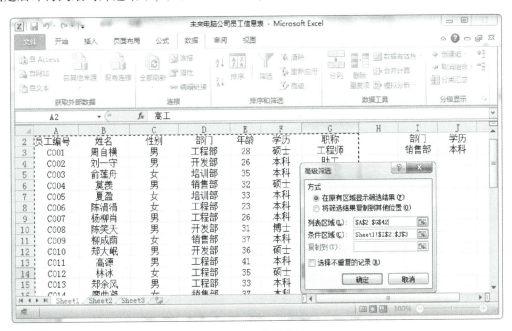

图 4-45　高级筛选

需要注意的是，构造出来的条件区域中，相关的字段名内容必须与原数据区域中的字段名内容完全一致。

> 小贴士：复制表格中的筛选结果数据时，只有显示的数据被复制；删除筛选结果时，只有显示的数据被删除，而隐藏的数据将不受影响。

4.3.3 分类汇总

利用 Excel 的数据分类汇总功能,可根据需要将性质相同的数据汇总到一块,以便使表格的结构更清晰,让用户能更好地掌握表格中的重要信息,大大提高工作效率。

1. 创建分类汇总

要创建分类汇总,首先要在工作表中对数据区域以指定的字段为关键字进行排序,达到分类的目的,再通过"分类汇总"对话框进行设置,可以得到汇总的结果。

例如,现要对未来电脑公司的员工按所属部门对"应发工资"汇总平均值。首先明确分类的依据是"部门",所以先以"部门"为关键字进行排序,让同属一个部门的所有员工排列在一起,达到分类的目的。然后单击"数据"→"分组显示"组中的"分类汇总"命令,打开"分类汇总"对话框,根据要求分别设置好"分类字段""汇总方式"和"选定汇总选项"三个下拉式列表选项,如图 4-46 所示。

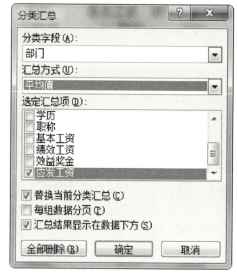

图 4-46 "分类汇总"对话框

单击"确定"按钮后,得到本次分类汇总的结果,如图 4-47 所示。数据区域左侧为分级显示栏,⊞表示可展开,⊟表示可折叠。

	A	B	C	D	E	F	G	H	I
1				未来电脑公司员工工资表					
2	员工编号	姓名	性别	部门	学历	基本工资	绩效工资	效益奖金	应发工资
15				工程部 平均值					8560
30				开发部 平均值					9219.286
31	C003	俞莲舟	女	培训部	本科	4000	2500	2200	8700
32	C005	夏盈	女	培训部	本科	3200	2200	2180	7580
33	C019	王子范	男	培训部	本科	3250	2230	2080	7560
34	C024	赵紫丹	女	培训部	硕士	3800	2660	3000	9460
35	C029	王瑜宁	男	培训部	硕士	3500	2800	3000	9300
36				培训部 平均值					8520
37	C034	刘知行	男	人事部	本科	2480	1650	2100	6230
38	C039	唐言蹊	女	人事部	本科	3180	2560	2370	8110
39				人事部 平均值					7170
47				销售部 平均值					8962.857
48				总计平均值					8786.75
49									

图 4-47 分类汇总结果

2. 多重分类汇总

默认创建分类汇总时,在表格中只显示一种汇总方式,用户可根据需要对数据表中的两列或两列以上的数据进行分类汇总。

例如，现要对未来电脑公司的各部门按学历对"应发工资"汇总平均值。首先明确分类的依据是"部门"和"学历"，所以以"部门"为主关键字、"学历"为次关键字进行排序，让同属一个部门并且具有相同学历的员工排列在一起，达到分类的目的。如图4-46所示，先汇总出各部门应发工资的平均值；然后再次进行分类汇总，将"分类字段"下拉式列表框设置为"学历"，同时去掉"替换当前分类汇总"选项之前的选中标记，其余设置保留不变，如图4-48所示。

单击"确定"按钮后得到多重分类汇总的结果，如图4-49所示。由于汇总条件增加了"学历"，所以数据区域左侧的分级显示由3栏增加到了4栏。

图4-48 "分类汇总"对话框

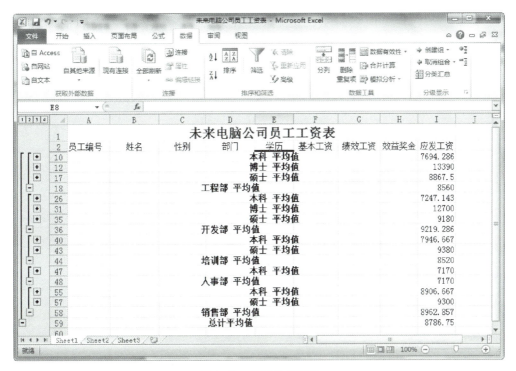

图4-49 多重分类汇总

3. 删除分类汇总

如果不需要分类汇总，则可将汇总删除，以还原到最原始的数据表。操作如下：选中汇总结果表中的任意数据单元格，单击"数据"→"分组显示"组中的"分类汇总"，在弹出的"分类汇总"对话框中单击"全部删除"按钮即可。

4.3.4 数据透视表

数据透视表是一种可以快速汇总大量数据的交互式报表。使用数据透视表可以汇总、分析、浏览和提供摘要数据,通过直观方式显示数据汇总结果,为 Excel 用户查询和分类数据提供方便。

1. 创建数据透视表

在创建数据透视表时,需要连接到一个数据源,并输入报表的位置。数据源中的每一列都会成为在数据透视表中使用的字段,字段汇总了数据源中的多行信息。因此数据源中工作表第一行上的各个列都应有名称,通常每一列标题将成为数据透视表中的字段名。

【例题 4-4】创建数据透视表,对未来电脑公司员工按所属部门及职称汇总"应发工资"的总额,要求行标签为"部门",列标签为"职称",求和项为"应发工资",置于 G2 单元格中。

【操作要点】

① 单击"插入"→"表格"组中的"数据透视表"命令,在"创建数据透视表"对话框的"表/区域"文本框中设置数据源,选择放置数据透视表的位置为现有工作表的 G2 单元格,如图 4-50 所示;

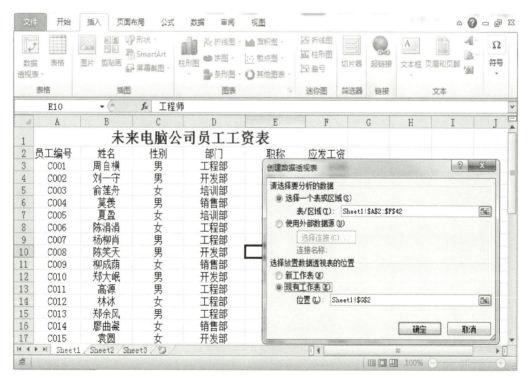

图 4-50 "创建数据透视表"对话框

② 单击"确定"按钮,在工作表右侧打开"数据透视表字段列表"窗格,根据题目要求,依次把"选择要添加到报表的字段"列表框中的"部门""职称"和"应发工资"

三个复选框拖放到右下方的"行标签""列标签"和"数值"列表框中。拖放的同时可以看到,创建得到数据透视表逐步出现在开始于 G2 单元格的工作表区域当中,如图 4-51 所示。

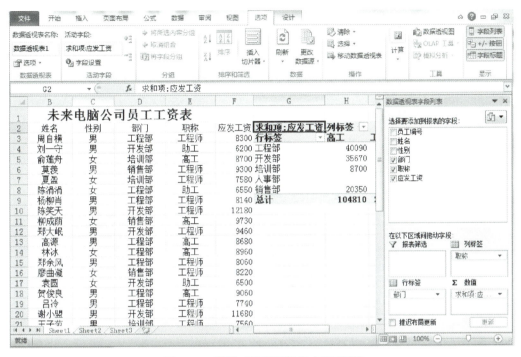

图 4-51 设置"数据透视表字段列表"

2. 设置数据透视表

为了更加方便用户在数据透视表中整理、汇总数据,可对数据透视表进行一些设置,以使其更好地满足用户需求。如:更改汇总依据、添加筛选条件查看数据、调整数据透视表字段等。

(1)更改汇总依据

数据透视表创建完成后,默认将对数据进行求和汇总,用户也可以修改汇总方式,如查询应发工资的最大值、最小值或平均值等。例如,要更改汇总依据为"平均值",只需右键单击数据透视表区域,在弹出的快捷菜单中选择"值汇总依据"菜单后的"平均值"命令项即可,如图 4-52 所示。

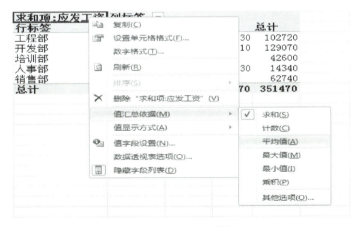

图 4-52 更改汇总依据

(2) 添加筛选条件查看数据

生成某个字段数据透视表后，如果需要查看的是该字段的子分类的数据，如在前述例子中进一步按照各部门不同职称的性别差异生成数据透视表，此时可以在【例题4-4】的基础上通过添加筛选条件来获得报表。

操作如下：

如图4-53所示，在右侧"数据透视表字段列表"窗格中右键单击"性别"复选框，在弹出的快捷菜单中选择"添加到报表筛选"命令项，得到添加筛选条件后的报表如图4-54所示。

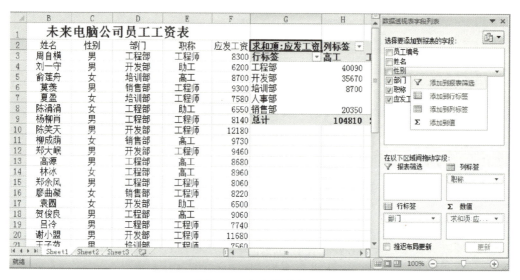

图4-53 添加筛选条件

性别	(全部)			
求和项:应发工资	列标签			
行标签	高工	工程师	助工	总计
工程部	40090	49500	13130	102720
开发部	35670	68090	25310	129070
培训部	8700	33900		42600
人事部		8110	6230	14340
销售部	20350	42390		62740
总计	104810	201990	44670	351470

图4-54 添加筛选条件后的报表

3. 删除数据透视表

当分析完表格数据后，如果不再需要数据透视表，可将其删除。其方法是：选择透视表中任意单元格，执行"选项"→"操作"组中的"选择"选项，在弹出的下拉列表中选择"整个数据透视表"选项，再按【Delete】键即可对透视表进行删除。

4. 数据透视图

数据透视图以图表的形式表示数据透视表中的数据。数据透视图不仅具有数据透视表的交互功能，还具有图表的图释功能，利用它可以更直观地查看工作表中的数据，更利于分析与对比数据。

数据透视图的创建与数据透视表相似，关键在于数据区域与字段的选择。在相关联的数据透视表中对字段布局和数据所做的更改，会立即反映在数据透视图中。

4.4 图表的创建与编辑

图表是 Excel 中重要的数据分析工具，它运用直观的形式来表现工作簿中抽象而枯燥的数据，具有良好的视觉效果，从而让数据更容易理解。图表中包含许多元素，默认情况下只显示部分元素，而其他元素则可根据需要添加。图表元素主要包括图表标题、图表区、图例、绘图区等。

① 图表区：是整个图表的背景区域，包括所有的数据信息以及图表辅助的说明信息。

② 图表标题：是对本图表内容的概括，说明本图表的中心内容是什么。

③ 图例：用一个色块表示图表中各种颜色所代表的含义。

④ 绘图区：图表中描绘图形的区域，其形状是根据表格数据形象化转换而来。绘图区包括数据系列、坐标和网格线。

⑤ 数据系列：数据系列是根据用户指定的图表类型以系列的方式显示在图表中的可视化数据，在分类轴上每一个分类都对应着一个或多个数据，并以此构成数据系列。

⑥ 坐标轴：分为横轴和纵轴。一般说来，横轴即 X 轴，是分类轴，它的作用是对项目进行分类；纵轴即 Y 轴，是数值轴，它的作用是对项目进行描述。

⑦ 网格线：配合数值轴对数据系列进行度量的线，网格线之间是等距离间隔，这个间隔根据需要可以调整设置。

如图 4-55 所示为一个"簇状柱形图"图表，各元素如图中箭头所指示。

4.4.1 图表的类型

为了更准确地表达工作簿中的数据，Excel 中提供了多种类别的图表供用户选择，如柱形图、折线图、饼图和条形图等。

柱形图：通常用于显示一段时间内的数据变化或对数据大小进行对比，包括二维柱形图、三维柱形图、圆柱图、圆锥图和棱锥图等。在柱形图中，通常沿水平轴组织类别，沿垂直轴组织数据，如图 4-55 所示。

折线图：通常用于显示随时间而变化的连续数据，尤其适用于显示在相等时间间隔下数据的趋势，可直观地显示数据的走势情况。折线图包括二维折线图和三维折线图两种形式。在折线图中，类别数据沿水平轴均匀分布，所有值数据沿垂直轴均匀分布，如图 4-56 所示。

饼图：仅排在表格第一行或第一列中的数据能绘制到饼图中。饼图通常用于显示一个数据系列中各项数据的大小与各项总和的比例,包括二维饼图和三维饼图两种形式,其中的数据点显示为整个饼图的百分比,如图 4-57 所示。

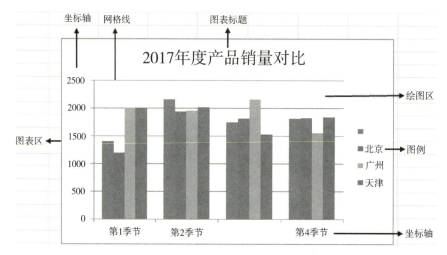

图 4-55　图表的元素

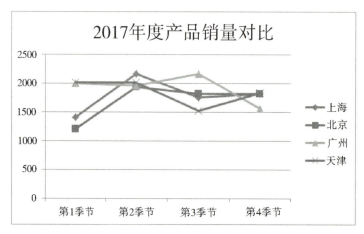

图 4-56　折线图

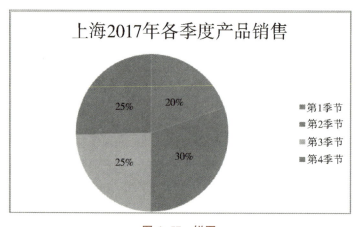

图 4-57　饼图

条形图：通常用于显示各个项目之间的比较情况，排列在工作簿的列或行中的数据都可以绘制到条形图中。条形图包括二维条形图、三维条形图、圆柱图、圆锥图和棱锥图等，当轴标签过长，或者显示的数值为持续型时，都可以使用条形图，如图4-58所示。

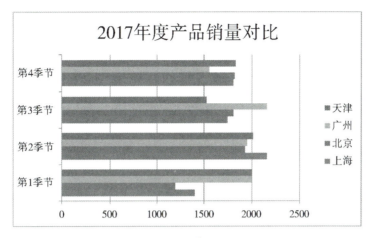

图 4-58　条形图

4.4.2　创建基本图表

认识图表的结构和应用后，就可尝试为不同的表格创建合适的图表。在 Excel 2010 中，可通过"插入"→"图表"组中的相关图表类型来创建基本图表。

例如，现根据未来电脑公司员工基本信息创建若干员工的工资柱形图表。首先选择在图表中展现的数据区域，单击"插入"→"图表"组中的"柱形图"命令，在下拉列表中选择"二维柱形图"中的"簇状柱形图"选项，如图 4-59 所示。

图 4-59　插入图表

选择具体的图表类型后，将针对原始数据在表格中插入所选类型的图表，效果如图 4-60 所示。图表创建后，可根据需要进一步对图表的位置、尺寸、标题、图例等元素作个性化的编辑和设置。

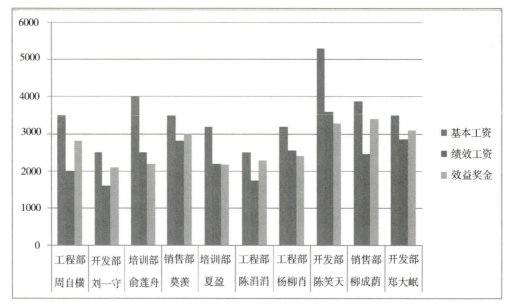

图 4-60　插入图表的效果

4.4.3　编辑图表

图表创建后，图表的位置往往覆盖了表格中的数据区域，此时就需要对图表的大小和位置进行调整，同时也可对图表中的数据或者类型进行编辑修改，通过编辑修改使图表符合用户的要求，达到满意的效果。

1. 添加图表标签

图表标签主要用于说明图表上的数据信息，使图表更易于理解，包括图表标题、坐标轴标题、数据标签和图例等，它们的添加方法相同。

用户在工作表中选中所创建的图表后，Excel 的功能区中将显示新增的【图表工具】组，内含"设计""布局"和"格式"三个选项卡。选择"布局"→"标签"组中的"图表标题"，在弹出的下拉列表中选择"图表上方"选项，此时在图表上端将显示"图表标题"文本框，在其中输入具体标题，完成输入后单击其他图表区域以退出编辑状态，如图 4-61 所示。

坐标轴标题、图例以及数据标签的添加与此类似。上述操作也可以通过鼠标右键单击图表中的相应位置后，在快捷菜单中选择相应的命令完成。

2. 添加图表数据列

利用表格中的数据创建图表后，图表中的数据与表格中的数据是动态联系的，即修改表格中数据的同时，图表中相应数据系列会随之发生变化；而在修改图表中的数据源时，

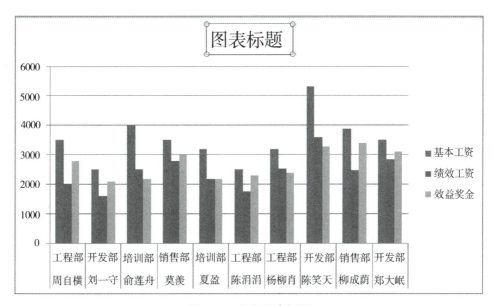

图 4-61 添加图表标题

表格中所选的单元格区域也会发生改变。

例如，未来电脑公司工资表中"应发工资"字段添加到创建好的图表当中。选中图表，单击"设计"→"数据"组中的"选择数据"，打开"选择数据源"对话框，如图 4-62 所示。

图 4-62 添加数据源

由于新增的"应发工资"字段对应 F 列，只需在对话框的"图表数据区域"文本框中将原有数据区域"=Sheet1！＄A＄2：＄E＄12"改为"=Sheet1！＄A＄2：＄F＄12"，再单击"确定"按钮，即可得到添加"应发工资"字段后的新图表，如图 4-63 所示。

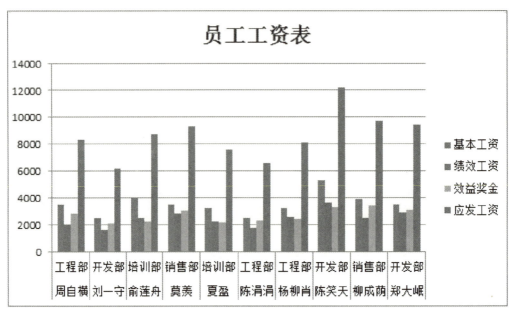

图 4-63 添加数据源后的图表

3. 更改图表类型

Excel 中包含了多种不同的图表类型,如果觉得创建的图表无法清晰地表达出数据的含义,则可以更改图表的类型。

更改图表类型操作如下:选中已建好的图表,单击"设计"→"类型"组中的"更改图表类型"命令,打开"更改图表类型"对话框,如图 4-64 所示。在对话框中选定新的图表类型,单击"确定"按钮即可。

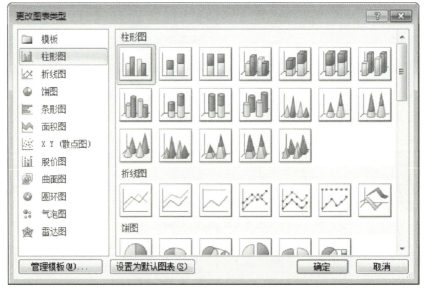

图 4-64 "更改图表类型"对话框

4. 调整图表的组成元素

在工作中，除了对图表本身进行编辑外，有时也需要对图表中的各个元素进行调整，通过对组成部分的设置，使图表内容主次分明、重点明确。调整图表元素包括移动图表中元素的位置、填充颜色和设置各元素的大小等操作。

例如，若要更改图例的位置，选中图表中的图例，单击鼠标右键，在弹出的快捷菜单中选择"设置图例格式"命令，打开"设置图例格式"对话框，如图4-65所示。在对话框中可以完成图例位置、图例填充、图例边框等效果的设置。

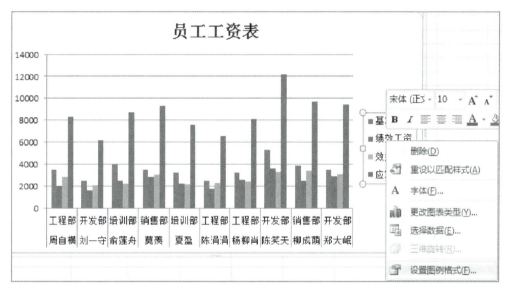

图4-65 设置图例

与图例类型，通过对图表的标题、数据列以及网格线等各项组成元素的格式进行设置，如设置字体、填充效果等，可以使图表更加美观。

5. 添加趋势线

趋势线是以图形的方式表示数据系列的变化趋势并对以后的数据进行预测，如果在实际工作中需要利用图表进行回归分析时，就可以在图表中添加趋势线。

例如，现要对图4-56中的数据系列"北京"添加趋势线，操作如下：选中创建好的图表，单击"布局"→"分析"组中的"趋势线"命令，在弹出的下拉列表中选择"线性趋势线"选项，打开"添加趋势线"对话框，并选择"北京"数据系列，如图4-66所示。单击刚添加的趋势线，单击"格式"→"形状样式"组中的相关命令，可继续进行趋势线格式和外观的设置。

添加误差线的方法与添加趋势线的方法大同小异，并且添加后的误差线也可以进行类似的格式设置。

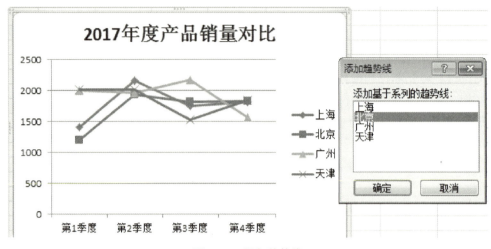

图 4-66 添加趋势线

4.4.4 图表的应用

1. 组合图表

组合图表是指在一个图表中表示两个或两个以上的数据系列，不同的数据系列用不同的图表类型表示。它的创建方法也比较简单：右键单击某一数据系列，从弹出的快捷菜单中选择"更改系列图表类型"命令项，就可为该数据系列设置新的图表类型。

【例题 4-5】如图 4-55 所示的四座城市产品销量对比的图表类型均为柱形图，现将"上海"数据系列的图表类型改为"折线图"，其余不变。

【操作要点】

① 在绘图区上右击"上海"数据系列，在弹出的快捷菜单中选择"更改系列图表类型"命令，打开"更改图表类型"对话框，选择"带数据标记的折线图"；

② 选中新生成的折线图并右击鼠标，在弹出的快捷菜单中选择"添加数据标签"命令项即可，效果如图 4-67 所示。

图 4-67 组合图表

2. 双坐标轴图表

有时为了便于对比分析某些数据，需要在同一图表中表达几种具有一定相关性的数据。但由于数据的衡量单位不同，因此很难用同一个坐标系清晰地表达图表的意图，此时使用双轴坐标图便是一种很好的解决方法。如图 4-68 所示，数据系列"产值"的单位是金额"亿元"，而数据系列"环比增长"则是一个百分比，不同度量单位的两个数据系列共存于一个坐标系中，无法体现图表的效果。

图 4-68　不同度量单位的多个数据系列

【例题 4-6】针对图 4-68 数据表中的数据创建双坐标轴图表，要求使用柱形图来表现产值数据，用折线图来表现环比增长。

【操作要点】

① 选中数据，创建图表，类型为"簇状柱形图"；

② 右击"环比增长"数据系列，在快捷菜单中选择"更改系列图表类型"命令，在打开的"更改图表类型"对话框中选择"带数据标记的折线图"命令；

③ 再次右击"环比增长"数据系列，在快捷菜单中选择"设置数据系列格式"命令，在打开的对话框中选择"次坐标轴"，关闭对话框；

④ 选中图表，单击"布局"→"标签"组中的"坐标轴标题"，分别添加主、次坐标轴的标题文字，创建的图表效果如图 4-69 所示。

图 4-69　双坐标轴图表

图表是 Excel 中常用的对象，是工作表数据的图形表示方法。图表与表格相比，能更形象地反映出数据的对比关系，通过图表可以使数据更加形象化，而且当数据发生变化时，图表也会随之调整。

4.5 习题

一、单选题

1. Excel 2010 工作表的默认名是_____。
   A. Book3　　　　B. File5　　　　C. Sheet4　　　　D. Table1
2. Excel 2010 工作表中，非数字字符的输入_____。
   A. 必须用双引号　　　　B. 必须用单引号开始
   C. 用等号开始　　　　　D. 可直接输入
3. Excel 2010 中，使用_____键，选定不连续区域。
   A. Shift　　　　B. Ctrl　　　　C. Alt　　　　D. Space
4. 在 Excel 2010 的表示中，相对地址的引用是_____。
   A. $S$7　　　　B. D$2　　　　C. C4　　　　D. $F$6
5. 在 Excel 2010 中，若某一单元格数据输入结束，并按回车，则当前单元格为_____。
   A. 原单元格　　　B. 下方单元格　　　C. 右边单元格　　　D. 随机确定
6. 在 Excel 2010 中，字符型数据的默认对齐形式为_____。
   A. 左对齐　　　B. 居中对齐　　　C. 右对齐　　　D. 不定
7. 引用 Excel 2010 同一工作簿中其他工作表上的单元格，只要在引用单元格地址前加上_____。
   A. 工作表名　　B. !　　C. 工作表名和"!"　　D. =
8. Excel 2010 中_____是根据某一（或几）列的数据的大小按一定规律排列记录。
   A. 排序　　　　B. 筛选　　　　C. 公式　　　　D. 函数
9. 在 Excel 编辑栏中输入数据时，编辑栏中的"√"按钮用于_____。
   A. 输入校对　　B. 输入公式　　C. 输入确认　　D. 取消输入
10. 在 Excel 工作表的某单元格内输入字符型数字"356"，正确的输入方式是_____。
    A. 356　　　　B. '356　　　　C. =356　　　　D. "356"

二、多选题

1. 在 Excel 中，可以用"常用"工具栏中的"撤销"按钮来恢复的操作有_____。
   A. 插入的工作表　　　　B. 删除的工作表
   C. 删除的单元格　　　　D. 插入的单元格
2. 在 Excel 电子表格中，可对_____进行计算。
   A. 数值　　　　B. 文本　　　　C. 时间　　　　D. 日期
3. 向 Excel 工作表的任一单元格输入内容后，都必须确认后才认可。确认的方法有单击：_____。

　　A. Esc 键　　　B. 回车键　　　C. 另一单元格　　　D. BackSpace 键

4. 在表格的单元格中可以填充_____。

　　A. 文字和数字　　B. 图形　　　C. 运算公式　　　D. 另一个单元格

5. Excel 中正确的单元格名字有_____。

　　A. AB　　　B. BA-123　　　C. D360　　　D. 134B

6. 在 Excel 中，复制单元格格式可采用_____。

　　A. 粘贴为超级链接　　　　　B. 复制+粘贴

　　C. 复制+选择性粘贴　　　　D. "格式刷"工具

7. 在 Excel 中，要选定 B2：E6 单元格区域，可以先选择 B2 单元格，然后_____。

　　A. 按住鼠标左键拖动到 E6 单元格

　　B. 按住 Shift 键并按向下向右光标键，直到 E6 单元格

　　C. 按住鼠标右键拖动到 E6 单元格

　　D. 按住 Ctrl 键并按向下向右光标键，直到 E6 单元格

8. 在 Excel 中，如果没有预先设定整个工作表的对齐方式，则字符型数据和数值型数据自动以_____和_____方式对齐。

　　A. 左对齐　　　B. 右对齐　　　C. 中间对齐　　　D. 视情况而定

9. 在 Excel 中，利用填充功能可以方便地实现_____的填充。

　　A. 等差数列　　B. 等比数列　　C. 多项式　　　D. 方程组

10. 粘贴单元格的所有内容包括_____。

　　A. 值　　　B. 格式　　　C. 公式　　　D. 批注

第5章 PowerPoint演示文稿设计

PowerPoint 是微软公司推出的 Office 系列产品之一,是一种制作和演示幻灯片的软件,其编辑后保存的文件称为演示文稿。

PowerPoint 可以制作出图文并茂、外观绚丽、动感十足的演示文稿。广泛用于项目报告、教育培训、企业宣传、工作汇报、产品演示等工作场合。

【知识目标】
1. 演示文稿的编辑
2. 幻灯片中文字的处理
3. 幻灯片中图形图片的处理
4. 超级链接与动作按钮
5. 动画设计
6. 演示管理

本章扩展资源

5.1 演示文稿的编辑

5.1.1 演示文稿的编辑界面

PowerPoint 2010 整体界面给人一种"中间简易,周围复杂"的感觉。学习软件最好的方式就是用鼠标单击其中的按钮,仔细观察弹出的对应项目加强对该软件功能的记忆。

1. PowerPoint 2010 操作环境

启动 PowerPoint 2010 的方法和启动 Word 2010、Excel 2010 的方法类似,在此不再叙述,启动后的窗口如图 5-1 所示。

(1) 文件菜单

文件菜单用于"新建""打开""保存""发布"等常用操作。

(2) 选项卡

选项卡是 PowerPoint 操作的主要功能区域,其中包括"开始""插入""设计""动画""幻灯片放映""审阅""视图""加载项"和"格式"选项卡。其中"格式"选项卡需要选中形状或文字后才会出现。各选项卡的功能如下:

① "开始"选项卡用于制作幻灯片的一些基本操作。

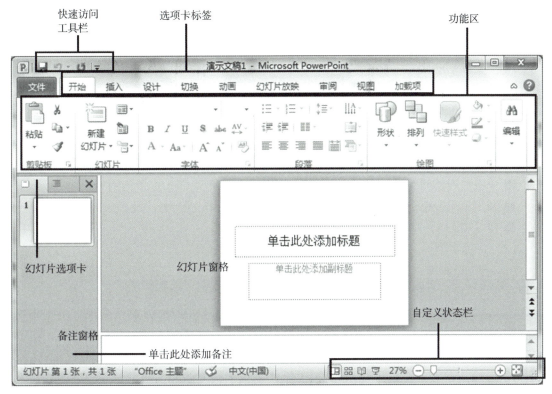

图 5-1　PowerPoint 2010 工作窗口

② "插入"选项卡用于插入图形、图片、表格等外部对象。

③ "设计"选项卡用于选择模板和页面设置。

④ "切换"选项卡用于设置幻灯片间的切换效果。

⑤ "动画"选项卡用于设置幻灯片上对象的动画效果。

⑥ "幻灯片放映"选项卡用于幻灯片放映的设置。

⑦ "格式"选项卡分为"绘图工具格式"和"图片工具格式"选项,根据选中的内容自动显示相应的选项。

(3) 功能区

功能区用于显示各选项卡对应的内容,通常以组的形式显示。

(4) 快速访问工具栏

该工具栏包括"保存""撤销""重复"等命令,单击最右边的"自定义快速访问工具栏",还可以添加其他命令到快速访问工具栏上。

(5) 幻灯片选项卡

单击幻灯片选项卡后,会出现幻灯片缩略图,可以新建、复制和选择幻灯片。

(6) 幻灯片窗格

用于显示和编辑幻灯片,是整个演示文稿的核心,所有幻灯片的编辑和制作都是在该窗格中完成。

(7) 备注窗格

备注窗格是添加备注的区域，可以对该幻灯片添加一些说明性文字，在幻灯片放映时不直接显示。

(8) 自定义状态栏

自定义状态栏中的按钮从左至右依次为"普通视图""浏览视图""放映"和"显示比例调整"。

2. 保存演示文稿

(1) 保存

■ 单击快速访问工具栏上的"保存"按钮。

■ 利用菜单，单击"文件"→"保存"或"另存为"。

■ 按【Ctrl+S】组合键。

(2) 保存类型

PowerPoint 2010 演示文稿默认的保存类型为"*.pptx"，它还提供了多种保存类型，在保存时可以进行选择。常见保存类型有：

PowerPoint 97-2003 演示文稿：保存为低版本。PowerPoint2010 默认的保存类型不能够在 PowerPoint 2003 上打开，要使在 PowerPoint 2010 中编辑的演示文稿能够在低版本上打开，如图 5-2 所示，选择 PowerPoint 97-2003 演示文稿类型，保存类型为"*.ppt"。

PowerPoint 模板：模板类型（.potx），系统提供了很多演示文稿的模板，修改模板上的元素，可以用来制作新的演示文稿。

PowerPoint 放映：演示文稿的放映类型（.ppsx），双击打开后，以放映的方式播放演示文稿。

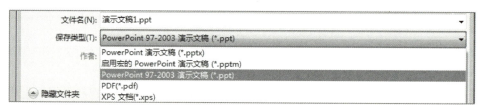

图 5-2 修改保存类型

3. PowerPoint 2010 的视图

视图是文档的一种显示方式，以满足用户不同的操作需求。PowerPoint 提供了多种视图。编辑和放映幻灯片时最常用的视图有三种：普通视图、幻灯片浏览视图和幻灯片放映视图，通过自定义状态栏上的 按钮即可进入到相应视图。

(1) 普通视图

普通视图是启动 PowerPoint 2010 后默认的视图，它是编辑幻灯片的主要视图，在该视图中，用户可以插入、编辑、美化和设置幻灯片上的各种元素，由幻灯片/大纲选项卡、幻灯片窗格和备注窗格组成，如图 5-1 所示。

幻灯片/大纲选项卡：显示幻灯片的数量、位置和结构。包括"幻灯片"和"大纲"两个选项卡，其中幻灯片选项卡以缩略图的形式显示演示文稿中的幻灯片，易于展现演示文稿的总体效果；大纲选项卡主要显示幻灯片中各级占位符的文本内容，通过它可以清晰了解演示文稿的文本结构，还可以对各级文本进行修改。

（2）幻灯片浏览视图

在幻灯片浏览视图中，演示文稿中所有的幻灯片将以缩略图的形式显示，可以较为方便地浏览演示文稿中各张幻灯片的整体效果，以及调整幻灯片之间的顺序，插入、复制和删除幻灯片等操作，但不能编辑幻灯片中具体内容。

（3）幻灯片放映视图

在该视图下可以查看当前幻灯片的放映效果。用户在幻灯片中设置的动画和切换效果将在放映状态下播放出来，如果不满意，按【Esc】键退出放映状态进行修改。

4. 创建演示文稿

在创建演示文稿之前，先说明几个概念：PPT、演示文稿和幻灯片。在演示文稿制作中，经常涉及这几个名词。

PPT：PowerPoint 的简称。

演示文稿：使用 PowerPoint 创建的文档，称为演示文稿。

幻灯片：演示文稿中的每一张页面称为幻灯片，一个演示文稿由若干张幻灯片组成。

演示文稿由一系列幻灯片组成，幻灯片中可以包含醒目的标题、说明性文字、生动的图片以及多媒体等元素。PowerPoint 提供了多种创建演示文稿的方法，下面分别说明。

（1）创建空白演示文稿

启动 PowerPoint 2010 后，默认会新建一个空演示文稿，只包含一张幻灯片，不包含其他任何内容，以便用户进行操作。

除此之外，用户在 PowerPoint 2010 窗口中，也可以创建空白演示文稿。创建方法：单击"文件"→"新建"命令，如图 5-3 所示，在右侧的"可用的模板和主题"上选择"空白演示文稿"，单击"创建"按钮，将创建一张空白的幻灯片。

图 5-3　新建演示文稿

（2）根据模板创建

模板是指设计好的幻灯片样式，包括幻灯片的背景、文字格式和色彩配置等内容。使用模板可以快速建立风格各异的演示文稿。PowerPoint 2010 中内置了样本模板，也可以通过 Office.com 网站下载所需的模板。

通过样本模板创建幻灯片的方法：如图 5-3 所示，在"可用的模板和主题"上选择"样本模板"，在展开的样本模板中选择一种模板，单击"创建"按钮。

通过 Office.com 网站下载模板创建幻灯片的方法：如图 5-3 所示，在 Office.com 模板中选择要创建的幻灯片类型，从中选择一种模板，然后单击"下载"命令。

（3）根据"主题"创建

使用 PowerPoint 2010 创建演示文稿的时候，可以通过使用主题功能来快速美化和统一每一张幻灯片的风格。

如图 5-3 所示，在"可用的模板和主题"上选择"主题"，打开主题库，在主题库当中选择某一个主题，单击"创建"按钮。

（4）使用现有演示文稿

根据现有演示文稿创建，本质上是在一个设计好的演示文稿基础上修改具体内容，把它修改成所需的演示文稿过程。

创建方法：如图 5-3 所示，在"可用的模板和主题"上选择"根据现有内容创建"，在打开的对话框中选择演示文稿，单击"创建"按钮。

5. 幻灯片的管理

一般来说，一个演示文稿中包含了多张幻灯片，对这些幻灯片进行管理，是编辑演示文稿的重要工作，如选择、插入、移动、复制和删除幻灯片等。这些操作均可在幻灯片/大纲选项卡或幻灯片浏览视图中进行。

（1）选择幻灯片

要对幻灯片进行操作，首先必须选择幻灯片。

■ 单张幻灯片的选择

在幻灯片/大纲选项卡或幻灯片浏览视图中直接单击任一幻灯片，即可选中该幻灯片。被选中的幻灯片背景呈黄色，表示被选中，此时可以对其进行其他操作。

■ 多张幻灯片的选择

连续多张幻灯片：在幻灯片/大纲选项卡或幻灯片浏览视图中，先单击某一张幻灯片，然后按【Shift】键，再单击另一张幻灯片，则两张幻灯片之间的所有幻灯片均被选中。

不连续的多张：在幻灯片/大纲选项卡或幻灯片浏览视图中，先单击某一张幻灯片，然后按【Ctrl】键，依次单击需要选定的幻灯片，被单击的所有幻灯片均被选中。

全选：在幻灯片/大纲选项卡或幻灯片浏览视图中，按【Ctrl+A】组合键。

（2）插入幻灯片

向演示文稿中插入空白幻灯片的方法为：在幻灯片/大纲选项卡或幻灯片浏览视图中，首先确定插入的位置，如在第三张幻灯片后要插入一张新的幻灯片，鼠标右击第三张张幻灯片，在弹出的快捷菜单上选择"新建幻灯片"，则在第三张幻灯片后插入一空白幻灯片。

(3) 删除幻灯片

在幻灯片/大纲选项卡或幻灯片浏览视图中，选择需要删除的幻灯片，按【Delete】键，即可将选定的幻灯片删除。

(4) 复制幻灯片

在制作演示文稿的过程中，若有几张幻灯片的版式或背景都相同，只是其中文字不同，这时可以复制幻灯片，对复制后的幻灯片进行修改即可。在幻灯片/大纲选项卡或幻灯片浏览视图中，鼠标右击要复制的幻灯片，在弹出的快捷菜单上选择"复制幻灯片"，则在当前被选定的幻灯片后复制该幻灯片。

> 小贴士：若采取"复制"→"粘贴"命令的方法复制幻灯片，粘贴后得到的幻灯片将采用演示文稿默认的主题方案。

(5) 移动幻灯片

调整演示文稿中幻灯片之间的顺序，在幻灯片/大纲选项卡或幻灯片浏览视图中，选择需要移动的幻灯片，按住鼠标左键，拖动到合适的位置，释放鼠标。使用"剪切"→"粘贴"命令的方法也可以移动幻灯片。

5.1.2 页面大小

默认的幻灯片大小宽为 25.4 厘米，高为 19.05 厘米，宽高之比为 4∶3，现在流行宽屏 16∶9 的幻灯片，设置方法如下：

① 单击"设计"→"页面设置"组中的"页面设置"命令，打开"页面设置"对话框；

② 在"页面设置"对话框中，保持宽度 25.4 厘米不变，将高度值设置为 14.29 厘米，则幻灯片的宽高比为 16∶9，即宽屏展示。

5.1.3 母板设计

母版是一种特殊形式的幻灯片，用于统一演示文稿中幻灯片的外观、控制幻灯片的格式。

当演示文稿中的所有幻灯片都包含相同的对象时（如徽标），只需在母版中设置即可，从而使得所有幻灯片中都具有相同的对象。打开幻灯片母版的方法为，单击"视图"→"母版视图"，选择"幻灯片母版"，进入母版设计状态。如图 5-4 所示，在幻灯片母版上进行编辑时，该母版中的所有幻灯片将包含这些更改。

1. 创建幻灯片母版及样式

在幻灯片母版视图中，在"编辑母版"组中单击"插入幻灯片母版"按钮，即可插入一个空白母版。

在"编辑母版"组中单击"插入版式"按钮，即可为当前选择的母版创建一个新的版式。在新建的版式母版中，用户可以自定义设计版式的内容和样式。单击"插入占位符"按钮的下拉按钮，在其下拉菜单中有包括内容、文本、图片、图表、表格、媒体等

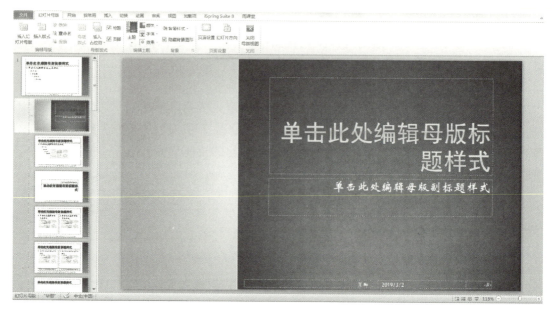

图 5-4　幻灯片母版视图

10 种占位符可以选择，可根据需要选择合适的选项，当鼠标指针形状变成十字形时，在幻灯片中的适当位置绘制对应的占位符即可。

2. 改幻灯片母版及版式

修改幻灯片母版的方式与修改普通幻灯片类似，用户可以方便地选中各种元素，设置元素的样式。通常母版中包含有 5 种占位符，分别是标题占位符、文本占位符、日期占位符、页脚占位符和幻灯片编号占位符。

在修改母版后，所有母版的修改属性都将自动应用到各版式中。

5.1.4　主题

主题是一组预定义的颜色、字体和外观效果，通过幻灯片母版定义。在 PowerPoint 中使用主题颜色、字体和效果，可以让演示文稿看起来更有条理和视觉化。

在"设计"→"主题"组中，内置了一系列主题库，如图 5-5 所示。在主题库中，鼠标移动到某一个主题上，就可以实时预览到相应的效果，单击某一个主题，就可以将该主题快速应用到当前演示文稿当中。

图 5-5　主题

5.2 文字

文字是演示文稿中最基本也是最重要的元素之一，在演示文稿中使用文字应简单明了，尽量避免出现大篇幅文字，不要把演示文稿当成 Word 文档来做。

5.2.1 文字的输入途径

PowerPoint 中文字的输入途径主要有两种：占位符和文本框。占位符一般在新建幻灯片时会自动出现，不同的版式会出现不同的占位符，如标题版式包括标题框和内容框；文本框一般通过"插入"→"文本"组中的"文本框"命令插入，占位符和文本效果如图 5-6 所示。

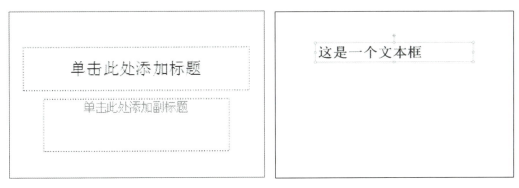

图 5-6 占位符和文本框

1. 占位符和文本框

（1）占位符

占位符由幻灯片版式确定，用户不能插入新的占位符。演示文稿中所有的占位符可以在母版视图中进行统一编辑，方便修改，文字如果很多，字号会自动调整，以适应占位符的大小，在大纲窗格里能够清晰地看到每张幻灯片上占位符中文字内容。

如果设计纯文本型的幻灯片，使用占位符非常适合，制作效率高，但如果进行图表、图片和动画设计就会很麻烦，文本缺乏个性，效果单一。

当演示文稿更换设计模板时，占位符中的文本会根据更换后的设计模板默认的格式发生相应的改变。对于已经设计好的演示文稿，在更换演示文稿的设计模板时，可能会带来一些麻烦，需求重新设置占位符中的文本格式。

（2）文本框

文本框有水平文本框和垂直文本框两种，可以任意插入到幻灯片中。文本框中输入的文字便于设计，和图表、图片以及动画等配合使用，设计方便。

当更换演示文稿的设计模板时文本框中的文本效果保持不变，便于修改。若想制作精美专业的演示文稿，推荐使用文本框。

2. 占位符和文本框的操作

（1）大小调整

单击占位符或文本框时，在占位符或文本框的边框上将出现 8 个空心控点，如图 5-6 右图所示，鼠标指向其中的任一控点时，鼠标指针变成双向箭头，按住鼠标左键进行拖动，可以改变占位符或文本框的大小。

（2）位置调整

鼠标指针指向占位符或文本框的边框时，鼠标指针变成十字箭头，按住鼠标左键进行拖动，即可调整位置。

（3）格式设置

通过设置占位符或文本框的形状格式，可以为占位符或文本框添加各种效果，以修饰和美化占位符或文本框。选中需要设置的占位符或文本框，鼠标右击，在快捷菜单中选择"设置形状格式"命令进行具体设置。

5.2.2 文字的格式

文字的格式设置是指文字的外观属性设置，包括字体、大小、颜色和效果以及文本组成的段落格式等，演示文稿文字格式的设置与 Word 中操作方法相似，选择对象以后在"开始"→"字体"组、"开始"→"段落"组进行设置，如图 5-7 所示。

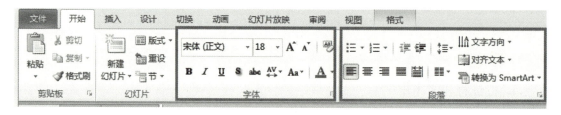

图 5-7 字体组与段落组

1. 系统默认字体

系统默认的字体中，宋体、黑体、楷体和隶书是制作演示文稿时最常用的一些字体，这些字体各有优缺点：

宋体：较为严谨，适合演示文稿中的正文使用，从计算机显示角度来看，该字体显示最为清晰。

黑体：较为庄重，适用于幻灯片中的标题和需要强调的文本内容。

隶书和楷体：有一定的艺术特征，但辨认性较弱，不太适合投影。

用户可以根据演示文稿使用的不同场合，选择不同字体，亦可从网上下载所需的字体，字体文件的扩展名一般为 ttf 或 otf，将字体文件复制到计算机系统盘（一般为 C 盘）上的 Windows 文件夹中的 Fonts 文件夹里，则该字体就安装到计算机中。

2. 演示文稿中常见搭配字体

（1）标题：方正综艺简体；正文：微软雅黑

适合于课件、报告和学术研讨之类的正式场合，这两种字体的组合让页面显得庄重和严谨，效果如图 5-8 左图所示。

（2）标题：方正粗倩简体；正文：微软雅黑

适合于宣传、产品展示等豪华场合，方正粗倩简体显示时既有分量又有洒脱之感，二者组合使页面显得鲜活，如图 5-8 右图所示。

方正综艺简体（标题）　　　方正粗倩简体（标题）

微软雅黑（正文）　　　　　微软雅黑（正文）

图 5-8　字体效果 1

（3）标题：方正粗宋简体；正文：微软雅黑

适合于政府机关或政治会议之类的严肃场合，粗宋字体几乎是政府机关的专用字体，字体铿锵有力，显示了一种威严与规矩，如图 5-9 左图所示。

（4）标题：方正胖娃简体+正文：方正卡通简体

适合于卡通、动漫、娱乐等轻松场合，这两种字体组合，给人轻松娱乐之感，如图 5-9 右图所示。

方正粗宋简体（标题）　　　方正胖娃简体（标题）

微软雅黑（正文）　　　　　方正卡通简体（正文）

图 5-9　字体效果 2

3. 替换字体

当需要批量更改演示文稿中的某种字体时，单击"开始"→"编辑"组中的"替换"命令右侧的下拉箭头，选择"替换字体"，打开"替换字体"对话框，如图 5-10 所示，单击"替换"按钮，演示文稿中凡是"宋体"的字体全部替换成"方正大黑简体"字体。

图 5-10　替换字体对话框

4. 字体的大小

演示文稿中字体的大小没有固定的标准，由于演示文稿是放映给观众看的，应坚持一个原则：让最远的观众也能看清最小的字，同时幻灯片中字体大小要体现层次性，各级标题之间、标题和正文之间文字的大小应有明显的区分。

> 小贴士：字号的快速调整：选中需要调整字体大小的文本，同时按【Ctr+［】组合键，字号缩小 1 级，按【Ctrl+］】组合键字号增大 1 级。

5. 字体的间距与行距

调整字体间距的方法：将占位符或文本框的宽度拉长，单击格式工具栏上"分散对齐"按钮，文字会根据占位符或文本框的宽度自动调整间距。

调整段落行距的方法：选择占位符或文本框中的文字，鼠标右击，在快捷菜单中选择"段落"命令，在"段落"对话框中设置行距。

5.2.3 文字的艺术效果

能够制作精美的艺术字效果，这是 PowerPoint 2010 最大的变化之一，在 PowerPoint 2010 中可以对任何字体添加各种形式的艺术效果。

PowerPoint 2010 中对文字添加艺术效果的方式有三种：插入艺术字、艺术字样式、自定义艺术字。

1. 插入艺术字

单击"插入"→"文本"组中的"艺术字"命令，展开各种艺术字效果，共 30 种，如图 5-11 所示。在制作演示文稿时，从中选择一种效果，输入文字即可。

图 5-11　艺术字效果

2. 艺术字样式

使用"艺术字样式"可以为已有的文本框添加艺术效果。选择需要设置艺术效果的文本框，在"格式"→"艺术字样式"组中的"艺术字样式"列表中选择一种样式，即可将该效果应用到选定的文字上。在艺术字样式中，也提供了 30 种艺术效果，这些效果和插入艺术字效果完全相同。

3. 自定义艺术字

制作自定义的艺术字都是通过"格式"→"艺术字样式"组中的"文本填充""文本轮廓"和"文本效果"等命令完成。通过这些命令，可以制作出各种艺术效果。有关这些命令的功能和作用在图形效果中详细介绍，在此通过一个实例简单介绍自定义艺术字的设置。

【例题 5-1】艺术字设计：设计如图 5-12 所示的三维字体。

从文字显示的效果来看，该文字具有立体、阴影、颜色渐变和旋转等特点。

【操作要点】

①在幻灯片中插入文本框，输入"信息素养"，字体为方正综艺简体，参考大小为 66 号，并适当调整字符间距；

② 选中文字，单击"绘图工具 \ 格式"→"艺术字样式"组中的"文本填充"命令，选择"渐变"，在展开的列表中，单击"其他渐变"，打开"设置文字效果格式"对话框，进入"文本填充"设置，如图 5-13 所示。

③ 选择"文本填充"，单击"渐变填充"，选择预设颜色中的"彩虹出岫Ⅱ"；

④ 切换到"阴影"选项，在"预设"中选择"透视"中的第三个阴影样式，其余参数默认；

⑤ 切换到"三维格式"选项，在"深度"中设置"颜色"和"深度"，如图 5-14 设置"三维格式"所示；

⑥ 切换到"三维旋转"选项，在"预设"中选择"平行"样式中的"等长顶部朝上"，单击"关闭"按钮。

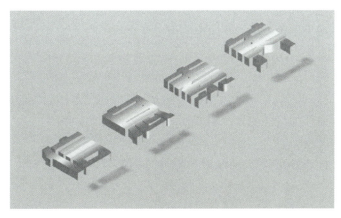

图 5-12　自定义艺术字的设置

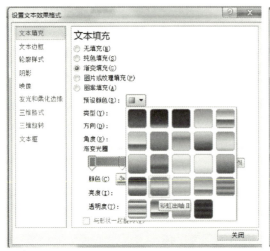
图 5-13 设置"文本填充"

图 5-14 设置"三维格式"

5.3 图形与图片

在幻灯片中添加图片、形状、SmartArt 图形或图表等对象来修饰或表达抽象的文字和枯燥的数据,能使文字内容更加形象,数据展示更加直观。合理运用图形来表达数据和文字,能使演示文稿充满生机,使展示更富视觉表现力。

5.3.1 图形的绘制

幻灯片上插入图形的方法跟 Word 中的操作方法相似,单击"开始"→"插图"组中的"形状"命令,展开形状列表,共 9 大类 173 种形状,基本涵盖了多数作图软件常用的形状。熟练使用这些形状,就能自由绘制丰富多彩的图形。

1. 使用 Shift 键

在绘图时经常会遇到这样的问题:线画不直、角对不准、拉伸变形等,使用【Shift】键可以解决这些问题,它能帮助用户绘制出标准形状:直线、正方形、正圆、正图形等,还可以等比例拉伸图形图像,以防止图形图像变形。

(1)绘制直线

绘制直线时,按【Shift】键,能画出 3 种直线:水平线、垂直线和偏移为 45°的斜线。

操作方法:选择"直线"形状后,按【Shift】键进行绘制;若绘制的直线不够长,按住【Shift】键,同时拉伸线条的另一端控点,可以延伸直线。

(2)绘制正图形

在绘制圆形、四边形等基本形状时,按【Shift】键,将会得到正图形,如图 5-15 所示。

在拉伸图形时按住【Shift】键,可保持图形同比例拉伸,不会使图形扭曲变形。

图 5-15　正图形的绘制

2. 使用 Ctrl 键

（1）拉伸图形时，保持图形的位置不变

无论是否使用【Shift】键，在拉伸时总是向一个方向移动，会对图形在幻灯片上的位置造成影响，拉伸后需要调整图形位置。如果在拉伸图形时，按住【Ctrl】键，图形的中心总能保持不变。

（2）快速复制图形

复制图形是演示文稿绘图中最常用的一个操作，通常都是"复制"→"粘贴"的方法进行复制作，这里介绍 3 种快捷方法，不仅用于图形，也可以用在图片、文字等对象上。

方法一：按【Ctrl+D】组合键：选中对象，直接按【Ctrl+D】进行复制。这是一种最快的复制方法，但并不方便使用，因为复制的图形，位置还要重新调整。

方法二：【Ctrl+拖动对象】：选中对象后，按【Ctrl】键，拖动图形到任意位置，即可将其复制到该位置。这种方法可以在复制的同时确定图形的位置。

方法三：【Ctrl+Shift+拖动对象】：这是一种对齐复制法，此时鼠标只能与对象平行移动或垂直移动。采用这种方法，在复制对象的同时也对齐了对象。

3. 编辑图形

有时需要修改图形的形状，如将直角三角形变成等腰三角形，将箭头的头部放大等，可以通过以下方法实现。

（1）形状调节

选中某些图形后，在图形的周围会出现黄色的菱形控点，拖动该控点就可调整图形的形状。有些图形控点的数量可能不止一个，并且每个控点分别可调节图形的某一细节。如图 5-16 所示，选中箭头形状之后，出现两个黄色控点，其中一个在箭头的头部位置，另一个在尾部，这两个控点分别用于调整箭头头部大小和尾部长短。

（2）顶点编辑

PowerPoint 2010 中还可以将图形的形状进行二次编辑与变形，如图 5-17 所示，将左侧的矩形更改成右侧的形状。

操作方法：选中图形，右击鼠标，在弹出的快捷菜单中选择"编辑顶点"命令，将显示所选图形的可编辑顶点，如图 5-18 中第二个图形所示，矩形四个角上的黑点即为编辑顶点，选中其中一个顶点进行拖动，就可改变图形的形状，如图 5-18 中第三个图形所示，释放鼠标以后得到最终形状，如图 5-18 第四个图形所示。

选中图形的一个顶点后，顶点旁会出现两个白色的小正方形控点，它们也是操作点，

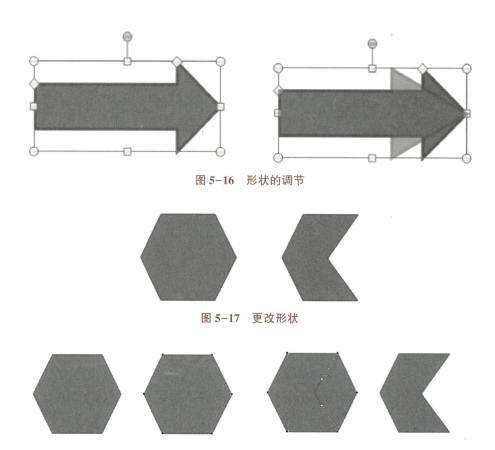

图 5-16 形状的调节

图 5-17 更改形状

图 5-18 编辑顶点

用鼠标拖动该控点，能将对应顶点处的线条变为曲线。

4. 图形的位置与组合

（1）层

所有的图形在幻灯片上都有一个上下、左右、前后的分布，上下、左右分布能够直接看出，但前后分布需要借助于层来实现。所有的图形都占据了独立的一层，其余的图形要么在该层的下面，要么在该层的上面。用户可以把某个层上移或下调，位于顶层，遮盖其他所有图形；置于底层，被其他所有层覆盖。层的概念，不仅仅限于图形，图片、文字、视频等对象都有该属性。修改对象所在的层，通过 4 个命令来完成：置于顶层、置于底层、上移一层和下移一层。

如图 5-19 所示的左图中，文本框位于形状菱形的下方，遮住了文本框的部分区域，

图 5-19 对象的层

鼠标右键单击文本框,在弹出的快捷菜单中,选择"置于顶层",文本框将放置在顶层,如图 5-19 右图所示。

（2）选择窗格

当幻灯片上对象很多,上层的对象完全遮挡住了下层的对象,即对象重叠在一起时,若要对下层对象进行操作,一般都是将上层对象移开,然后对下层对象进行操作,操作完成后,又将上层对象移回原来位置,这种操作方法费时费力,尤其在设置复杂动画过程中,当幻灯片版面上对象很多时,操作可能无法顺利进行。

在 PowerPoint 2010 中,通过选择窗格可以快速选定需要选择的对象。

单击"开始"→"编辑"组中的"选择"命令,选择"选择窗格"打开选择窗格,如图 5-20 所示。选择窗格上列出了幻灯片上所有对象的名称,如图 5-21 所示,图形在该窗格中的排列顺序就代表着它们在幻灯片版面上的叠放顺序,即在窗格最上方的对象就在幻灯片的顶层,在窗格最下方的对象就在幻灯片的最底层。单击选择窗格下方的上下箭头按钮可以改变图形的叠放顺序。当最上层的图形完全挡住了下方的图形时,要对下方的图形进行操作,不再需要将上方的图形移开,只需在选择窗格中单击上层图形对象名称右侧的眼睛图标,就可将上层图形隐藏,再次单击,被隐藏的图形将显示出来。

图 5-20 选择命令

（3）对齐图形

在排版时手动移动图形无法快速精确对齐时,可以使用对齐命令来对齐对象。单击"格式"→"排列"组中的"对齐"命令,选择相应的对齐命令,可以实现各种方式的对齐。

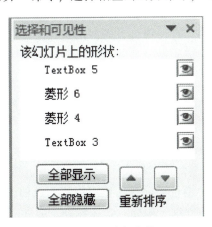

图 5-21 选择窗格

当选中一个对象进行对齐时,对齐参考的对象是幻灯片,如图 5-22 左图所示,执行

"左右居中"命令后，形状在幻灯片水平方向的中间位置，如图 5-22 右图所示。

 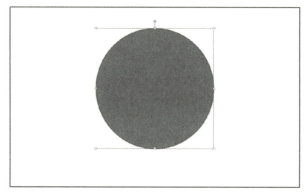

图 5-22　单个对象的对齐

当选中多个图形时，对齐设置可以使图形之间相互对齐。如图 5-23 左图所示，执行底端对齐后，效果如图 5-23 右图所示。

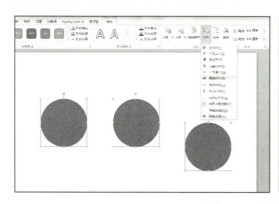 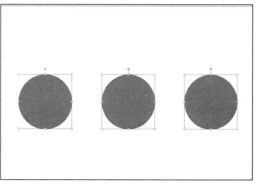

图 5-23　多个对象的对齐

对齐的原则：底端对齐，以底端位置最低的图形为参照，进行底端对齐；顶端对齐，以顶端位置最高的图形为参照，进行顶端对齐；左对齐，以最左端的图形为参照，进行左对齐；右对齐，以最右端的图形为参照，进行右对齐。

(4) 图形的组合

组合是指把组成一个复杂图形的所有对象（图形、图片和文本等）捆绑在一起，使它们成为一个整体。组合后的图形作为一个对象，更加便捷用户的操作。当不需要组合效果时，可以将组合的对象取消组合。

按【Shift】键或【Ctrl】键，依次单击选中所有图形，然后在任意一个图形上单击鼠标右键，在快捷菜单中选择"组合"命令，就可以将所选的图形组合起来。图形进行组合后，对图形的整体编辑就方便许多，例如，整体移动、改变大小等。还可以对组合图形内的某个局部图形进行编辑和调整，只要选中组合图形，再单击其中需要调整的图形，就可以选中组合图形中的图形，从而进行调整。

若要取消图形组合，只需在组合图形上单击鼠标右键，在快捷菜单中选择"取消组合"命令即可。

5.3.2 图形的填充

文字的填充效果是通过艺术字样式中的"文本填充""文本轮廓"和"文本效果"等命令来设置；图形的外观格式与效果通过"绘图"→"格式"→"形状样式"命令组的"形状填充""形状轮廓""形状效果"来设置，使用方法中 Word 中设置形状格式的方法相似，也可以使用"设置形状格式"对话框进行综合设置。

选择需要填充的图形，鼠标右击，在快捷菜单中选择"设置形状格式"命令，打开"设置形状格式"对话框，在该对话框中选择"填充"选项，如图 5-24 所示，对图形可以进行各种方式的填充。

1. 无填充

单击"无填充"选项，图形内部将变为无填充样式，鼠标无法单击该图形内部进行选取图形的操作。

2. 纯色填充

选择"纯色填充"后，显示"颜色"下拉按钮和"透明度"滑块。当透明度设置为 0 时，图形不透明，当透明度为 100%时，图形内部将变为全部透明，看上去是空的，但是用鼠标单击图形内部却能选中图形，这与"无填充"有区别。

图 5-24 图形的填充

3. 渐变填充

颜色渐变有两种：同色渐变和异色渐变。同色渐变是指图形本身只有一种颜色，但这种颜色由浅入深或由深到浅发生渐变，类似光线在不同角度的照射产生的效果；异色渐变是指图形填充两种及以上不同颜色的变化，如七色彩虹。

4. 图片或纹理填充

选择"图片或纹理填充"，可以将纹理或图片填充到图形中。单击"纹理"右侧的下拉箭头，可插入内置的纹理图案，单击"文件"按钮，可插入计算机上的图片。

5.3.3 阴影和发光效果

PowerPoint 2010 自带的形状或文本效果有发光、阴影、立体、透视、映像和柔化边缘。正是由于这些效果，将 PowerPoint 图形设计推向了一个全新的高度。

在 PowerPoint 中，阴影和发光效果是一体的，因为阴影效果能够设置成发光效果。在设计中，阴影效果是凸显图形质感的必要效果，发光效果能够增强图形的模糊度，从而增加画面的复杂度。

1. 阴影设置

选中图形后，单击"绘图工具/格式"→"形状样式"组中的"形状效果"命令，选择"阴影"，在弹出的下拉列表中可以选择内置的图形阴影效果。

PowerPoint 内置的阴影效果有：无阴影、外部阴影、内部阴影和透视阴影。外部阴影效果通常用于制作图形的凸出感，内部阴影用于制作图形的内凹感，透视阴影能够制作图形的直立感，如图 5-25 所示。

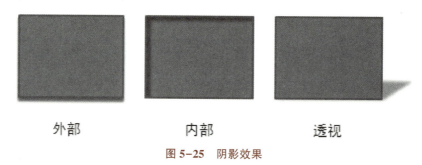

图 5-25 阴影效果

2. 阴影中的内、外发光效果

在图形上右击鼠标，从快捷菜单中选择"设置形状格式"，在弹出的对话框中选择"阴影"选项，可以将阴影设置成发光效果。如图 5-26 左图所示，在"预设"中选择"外部"阴影样式中的"居中偏移"，将"角度""距离"和"透明度"滑块拖到最左端，"大小"滑块拖到 123% 位置，阴影颜色设置为如图所示的"黄色"，"虚化"设置为 32 磅，则图形呈现外发光效果，如图 5-26 右图所示。

若要设置图形的内发光效果，在"预设"中选择"内部"阴影样式中的任一个，修改阴影的颜色、角度、距离和虚化参数。

图 5-26　阴影外发光效果

3. 发光设置

通过阴影的设置，可以使图形呈现内、外发光的效果，还可以使用 PowerPoint 自带的发光效果来设置图形的发光。

选中图形后，单击"绘图工具/格式"→"形状样式"组中的"形状效果"命令，选择"发光"，从中选择一种发光样式即可，如图 5-27 左图所示。通过"发光"命令设置图形的发光效果，整体上不如用阴影设置的发光效果好，发光的图形具有强烈的边缘。

在图形上单击鼠标右键，从弹出的快捷菜单中选择"设置形状格式"，在弹出的对话框中选择"发光和柔化边缘"选项，可以设置发光的细节，如发光的颜色、大小、透明度和对图形的边缘进行柔化处理等，如图 5-27 右图所示。

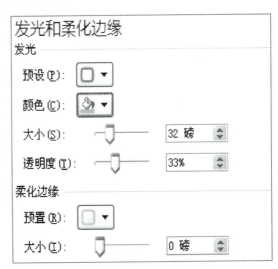

图 5-27　图形发光的设置

4. 映像和柔化边缘效果

映像效果极大地增强了图形的设计感和空间感，当图形在画面中存在映像效果时，整个画面会呈现出一个三维的空间。柔化边缘效果能够将图形的边缘模糊或减少，使得图形没有了突出的边缘，与背景的融合性变得更强，一般都能与任何背景和谐搭配。

（1）映像

选中图形，右击鼠标，在快捷菜单中选择"设置形状格式"，打开"设置形状格式"对话框，选择"映像"选项，如图5-28左图所示。

单击"预设"下拉按钮，展开"映像变体"效果，PowerPoint提供了9种映像，按图形离地面的高度分为紧贴地面、稍微悬空和悬空三种类型，每种类型有三种映像程度：稍微映像、一般映像和较多映像，如图5-28右图所示。

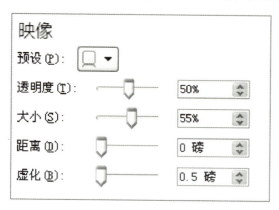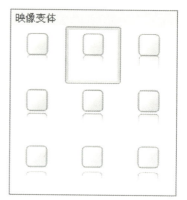

图5-28　映像的设置

（2）柔化边缘

柔化边缘在PhotoShop中称为羽化，它能将图形的边缘变得柔和与融洽。在"形状效果"中选择"柔化边缘"命令，可以对图形的边缘进行柔化设置。PowerPoint提供了几种不同程度的柔化边缘效果，即轻度、中度和重度柔化，每种程度都有相应的设计用途，轻度柔化可以使外来图片与背景融合，因为一般的图片都有锋利的边缘，很难与背景融合；中度和重度柔化效果可用于图形的变异。如图5-29所示的柔化对比效果。

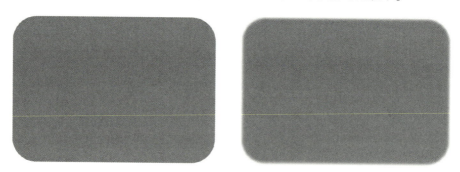

图5-29　柔化效果

5.3.4　3D效果

3D效果极大地丰富了图形的质感，增强大脑对图形的印象。在PowerPoint中，通过棱台效果、三维格式和三维旋转等命令，可以制作出任何3D立体效果。

1. 三维格式

通过设置顶端棱台、底端棱台、深度、轮廓线及表面材料等，为平面图形增加一个纵深效果，从而实现平面图形的立体化，这是实现三维效果的核心。

在"设置形状格式"对话框中选择"三维格式"选项，可以对图形的三维效果的细节进行设置，如图5-30所示。

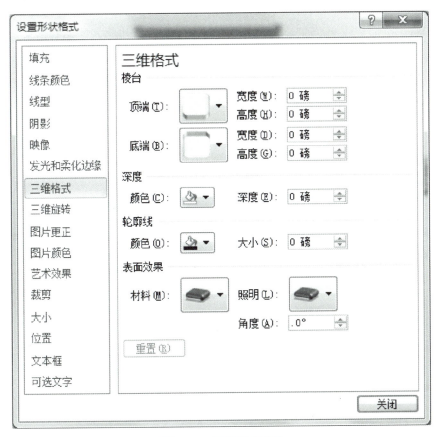

图5-30　三维格式设置

（1）棱台

在图形的三维格式设置中，提供了2个可供调整的棱台：顶端棱台和底端棱台，每个棱台有12种预设效果可供选择，并通过宽度和高度2个参数进行设置。

棱台的深度是指棱台的厚度，注意它与棱台的高度有所区别，即除去底端棱台和顶端棱台后图形的高度，它有两个设置：颜色和深度。

（2）轮廓线

轮廓线与图形的轮廓线类似，用来设置棱台轮廓的颜色，它一般会根据图形的三维旋转和照明效果自动将所有的棱角变形，当然可以自行设置轮廓线的颜色和粗细。

（3）表面材料和照明

表面材料共有11种预设效果，每种效果给人的感觉不同，可以根据实际需要选用。

照明选项中共提供了 15 种预设的照明效果，根据光线的色调和强弱，共分为 4 类：中性、暖调、冷调和特殊格式，一般制作时，主要考虑色调问题。在冷色调的演示文稿中采用冷色调的照明；暖色调的演示文稿中采用暖色调的照明。

2. 三维旋转

三维旋转主要是通过调整图形或观察者的位置，从不同角度去审视图形时，得到不同的立体效果。

三维旋转，顾名思义，共有三个维度旋转，如图 5-31 所示：平行旋转（X 轴）、垂直旋转（Y 轴）、圆周旋转（Z 轴），三维旋转的本质在于让三维格式能够看出来。

图 5-31　图形的三维设置

5.3.5　组合形状

1. 组合形状

在使用形状时，选择两个以上的形状可以组合成一个新的形状，组合后的形状将成为一个整体，但内部的单个形状不受影响。同时选择要组合的多个形状后，在选中的区域上右击鼠标，在弹出的快捷菜单中选择"组合"命令，完成形状的组合，如图 5-32 所示。组合后的形状要取消组合，操作方法与组合形状相似，选中要取消组合的形状，在弹出的快捷菜单中选择"取消组合"命令即可。

图 5-32 组合形状

2. 形状合并

使用形状组合、形状联合、形状交点、形状剪除等命令可以对图形进行二次创造，产生新的形状，制作出丰富的图形效果。默认情况下形状组合、形状联合、形状交点、形状剪除这四个命令并没有直接显示出来，需要自行添加，单击快速访问工具栏上的向下箭头按钮▼，在弹出的下拉菜单中选择"其他命令"，打开"PowerPoint 选项"对话框，如图 5-33 所示。将"从下拉位置选择命令"设置为"所有命令"，从列表中找到"形状组合""形状联合""形状交点""形状剪除"等命令，一一添加到快速访问栏上。

图 5-33 "PowerPoint 选项"对话框

添加到快速访问工具栏上的"形状组合"各命令按钮如图 5-34 所示，其功能如下：

① 形状组合：把两个以上的图形组合成一个图形，如果图形间有相交部分，则会减去相交部分，这是跟前面组合形状不同的地方。

② 形状联合：不减去相交部分，组合成新的整体。

③ 形状交点：保留形状相交部分，其他部分一律删除。

④ 形状剪除：把所有叠放于第一个形状上的其他形状删除，保留第一个形状上的未相交部分。

图 5-34 "形状组合"命令

如图 5-35 所示的两个圆，首先选中第一个圆，再选中第二个圆后，进行各"形状组合"命令之后得到的图形效果，从左到右依次为：形状组合、形状联合、形状交点、形状剪除。

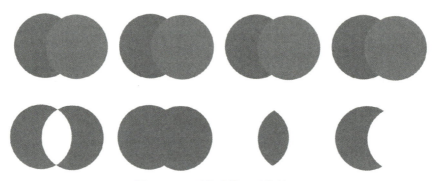

图 5-35 "形状合并"后的效果

5.3.6 SmartArt 图形

SmartArt 图形是微软推出的一种信息和观点的视觉表达形式，用户可以选择不同的布局，来创建图形，从而快速、轻松、有效地传达信息。

单击"插入"→"插入"组中的"SmartArt"命令，打开"选择 SmartArt 图形"对话框，如图 5-36 所示，在该对话框中，提供了 8 大类 SmartArt 图形，每类又提供了不同的风格样式，用户根据幻灯片上信息内容的结构层次和逻辑性，从中选择一种 SmartArt 图形，就能轻松的转换为图形效果。

幻灯片上的文本可直接转换成 SmartArt 图形。文字转换为 SmartArt 最关键的是要区分文字信息的层次与级别。

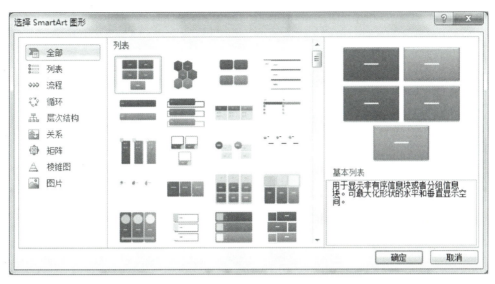

图 5-36 "选择 SmartArt 图形"

【例题 5-2】文字转换为 SmartArt：如图 5-37 所示，将该页幻灯片上的文字转换为相应的 SmartArt 图形效果。

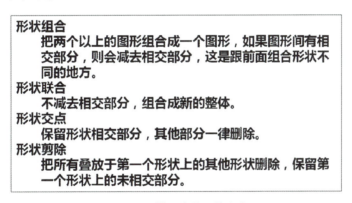

图 5-37 带层次关系的文字

由于幻灯片上的文字属于并列关系，四个标题又有相应的内容文字，在应用 SmartArt 图形时首先必须调整标题文字与内容文字的层级关系。

【操作要点】

① 选中所有的文字，右击，在弹出的快捷菜单中选择"转换为 SmartArt（M）"命令，单击"其他 SmartArt 图形"，打开"选择 SmartArt 图形"对话框，如图 5-36 所示，切换到"列表"，选择"垂直框列表"；

② 则选中的文字转换为垂直框列表图形效果，调整文字的大小、图形的填充颜色、大小和线条，效果如图 5-38 所示。

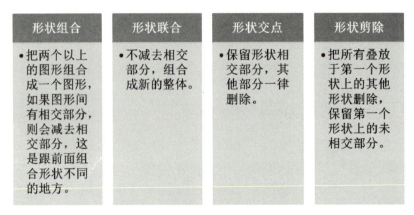

图 5-38 文字转换为 SmartArt 图形效果

5.3.7 图片

图片是幻灯片视觉化表达的最重要对象，更能彰显所要表达的含义，具有视觉冲击力。为了增强文稿的可视性，向演示文稿中添加图片是一项常用的操作。

1. 插入图片

插入计算机中的图片，操作步骤如下：

① 单击"插入"→"图像"组中的"图片"命令，选择"来自文件"，打开"插入图片"对话框；

② 定位到需要插入图片所在的文件夹，选中相应的图片文件，然后单击"插入"按钮，将图片插入到幻灯片中；

③ 选择插入的图片，用拖拉图片四个角的控点可以保持图片纵横比不变来调整图片的大小，并将其定位在幻灯片的合适位置上即可。

> 小贴士：调整图片位置时，按【Ctrl】键，再按键盘上的方向键，可以实现图片的微量移动，达到精确定位图片的目的。

2. 裁剪图片

当插入的图片大小不能满足需要时，可对图片进行裁剪，裁剪步骤如下：

① 单击要裁剪的图片，出现"图片工具"上下文选项卡；

② 单击"图片工具"→"格式"→"大小"组中的"裁剪"命令，图片进入裁剪状态；

③ 执行下列操作之一：

若要裁剪某一侧，将该侧的中心裁剪控点向里拖动；

若要同时裁剪相邻两边，向内拖动裁剪角手柄。

图片还可以裁剪为特定的现状，如图 5-39 所示，将左边的图片裁剪为右边的圆形效果，步骤如下：

图 5-39 裁剪为形状

① 选择左边的图片,单击"图片工具"→"格式"→"大小"组中的"裁剪"命令,选择"纵横比"→"方形"中的 1∶1,即将图片裁剪为正方形;

② 再次单击"裁剪"命令,选择"裁剪为形状",在打开的图形列表中,选择"椭圆"形状,图片即可裁剪为正圆形。

3. 删除图片的背景

在 PowerPoint 中,对图片的处理功能十分强大,其中之一可删除图片背景,以突出图片的主体。

【例题 5-3】删除背景:如图 5-40 所示,删除花朵周围的背景。

图 5-40 删除背景示例　　　　　图 5-41 删除背景图

【操作要点】

① 选择图片,单击"图片工具"→"格式"→"调整"组中的"删除背景"命令,图片进入删除背景状态,如图 5-41 所示;

② 删除的部分为紫红色状态,调整控点,使矩形框扩大,覆盖完整的花朵;

③ 完成后,在图片之外单击鼠标即可,裁剪的效果如图 5-42 所示。

图 5-42 删除背景的效果

4. 创建相册

在 PowerPoint 中可以很方便地快速生成图片相册。单击"插入"→"图像"组中的"相册"命令，选择"新建相册"，打开"相册"对话框，在该对话框中，选择"文件/磁盘"，一一选择需要的图片后单击"插入"按钮。在相册对话框中还可对相册版式及照片的格式位置做出相应的调整。单击"创建"，即可创建一个新的相册演示文稿。

5.4 超级链接与动作按钮

在 PowerPoint 中，超链接是从一个幻灯片到另一个幻灯片、网页、电子邮件或文件等的连接，超链接本身可能是文本或如图片、图形、形状或艺术字这样的对象。动作按钮是指可以添加到演示文稿中的位于形状库中的内置按钮形状，可为其定义超链接，从而在鼠标单击或鼠标移过时执行相应的动作。

5.4.1 超级链接

如果链接指向另一个幻灯片，目标幻灯片将显示在 PowerPoint 演示文稿中。如果它指向某个网页、网络位置或不同类型文件，则会在适当的应用程序或 Web 浏览器中显示目标页或目标文件。超链接必须在放映演示文稿时才能被激活。

在 PowerPoint 中创建插入超链接的方式有：
① 创建指向自定义放映或当前演示文稿中某个位置的超链接；
② 创建指向其他演示文稿中特定幻灯片的超链接；
③ 创建电子邮件的超链接；
④ 创建指向文件或网页的超链接；
⑤ 创建指向新文件的超链接。

具体创建超级链接的步骤如下：
① 选择用于代表超链接的文本或对象；
② 在"插入"→"链接"组中，单击"超链接"，打开如图 5-43 所示的"插入超链接"对话框；

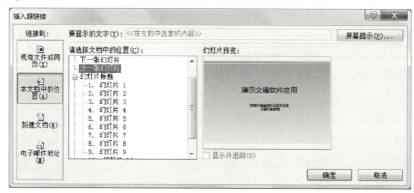

图 5-43 "插入超链接对"话框

③ 在"插入超链接"对话框左边的"链接到"列表项中，选择期望创建的超链接类型并选择或输入链接对象，单击"确定"按钮。

5.4.2 动作按钮

提供动作按钮是为了在演示文稿放映时，可以通过鼠标单击或移过动作按钮来执行以下操作：

① 转到下一幻灯片、上一幻灯片、第一张幻灯片、最后一张幻灯片、最近观看的幻灯片、特定幻灯片编号、其他 Microsoft Office PowerPoint 演示文稿或网页；

② 运行程序；

③ 运行宏；

④ 播放音频剪辑。

插入动作按钮并为其分配动作的操作如下：

① 在"插入"→"插图"组中，单击"形状"，然后在"动作按钮"下，如图 5-44 所示，单击要添加的按钮形状。

图 5-44　动作按钮

② 单击幻灯片上的一个位置，然后通过拖动为该按钮绘制形状。

③ 在弹出的"动作设置"对话框中，如图 5-45 所示，根据不同的情况做以下选择：

图 5-45　"动作设置"对话框

若要选择在幻灯片放映视图中单击动作按钮时该按钮的行为，则单击"单击鼠标"选项卡；

若要选择在幻灯片放映视图中指针移过动作按钮时该按钮的行为，则单击"鼠标移过"选项卡。

④ 选择单击或鼠标移过动作按钮时要执行的动作：

若只是在幻灯片上显示该形状按钮，不指定相应动作，则单击"无"；

若要创建超链接，则单击"超链接到"，然后选择超链接动作的目标对象（例如，下一张幻灯片、上一张幻灯片、最后一张幻灯片或另一个 PowerPoint 演示文稿）；

若要运行某个程序，则单击"运行程序"，单击"浏览"，然后找到要运行的程序；

若要运行宏，则单击"运行宏"，然后选择要运行的宏，不过仅当演示文稿包含宏时，"运行宏"设置才可用；

若要播放声音，则选中"播放声音"复选框，然后选择要播放的声音。

5.5 动画

给幻灯片上的文本、图形、图片等对象添加动画和音效，使演示文稿具有交互性，增加演示的趣味性，能给观众留下更深刻的印象。

PowerPoint 动画主要有两大类：幻灯片对象动画和幻灯片切换动画。在当前演示文稿中选中对应幻灯片后通过"切换"选项卡设置幻灯片切换效果，在当前幻灯片上选中要设置动画的对象，通过"动画"选项卡可以设置对象动画效果。

5.5.1 幻灯片对象动画

利用 PowerPoint"动画"选项卡功能，可以根据实际需要来实现一系列、连贯、协调和创意的动画过程。

幻灯片对象动画包括了四种动画类型：进入动画、强调动画、退出动画、动作路径动画。这四种动画类型各自都有很多种不同动画效果，这些动画可以组合在一起形成组合动画，通过时间上的控制实现炫丽的动画效果。

1. 进入动画

进入动画是最基本的动画，对象若设置了进入动画，在幻灯片播放时该对象将会从无到有，出现在幻灯片上。

下面以一个实例介绍进入动画的操作方法。

如图 5-46 所示，选中主标题文字，单击"动画"选项卡，在"动画"列表中，选择

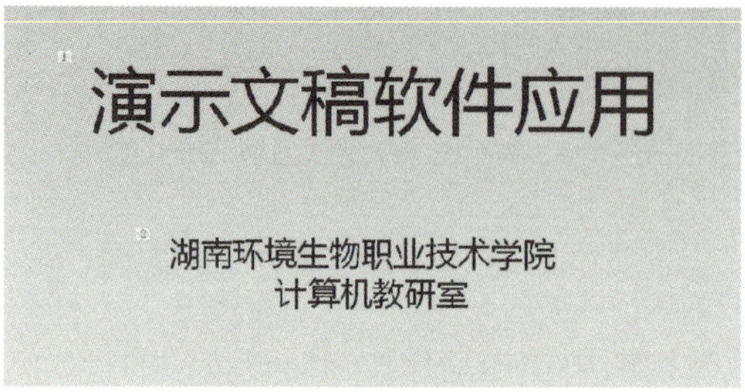

演示文稿软件应用

湖南环境生物职业技术学院
计算机教研室

图 5-46 进入动画设置

进入动画中的"浮入"效果。

选择合适动画效果后，有些动画效果在"动画"组右侧出现"效果选项"命令，可对动画的一些细节进行设置。如给文字设置了"浮入"动画后，可在"效果选项"里设置上浮或下浮效果，这里给文字设置下浮效果。使用相同的方法设置副标题的进入动画为"浮入"中的上浮效果。

（1）动画窗格

动画设置完成后，单击"高级动画"组中的"动画窗格"命令，打开动画窗格，显示对象动画效果相关的信息，如图 5-47 所示，主要包含了以下内容：

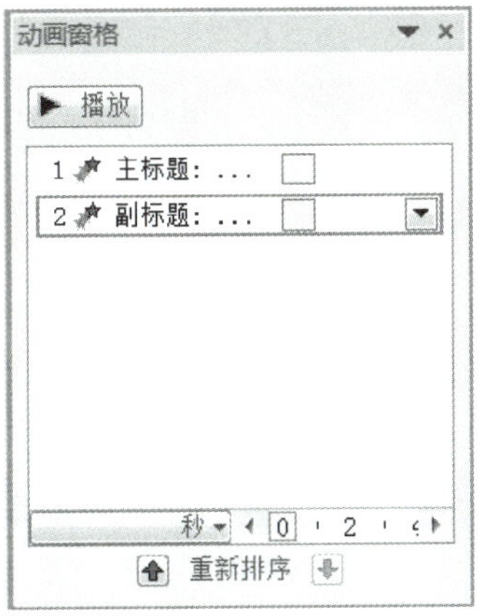

数字编号：表示动画播放的顺序，并且幻灯片上相应对象也会显示这些数字。例如，动画窗格中的"1"和"2"，表示先播放主标题文字内容，再播放文字副标题文字内容。通过单击"动画窗格"下方的"重新排序"处的上、下箭头按钮可以调整对象动画播放的先后顺序。

星型标记：表示该对象的动画效果，当鼠标停留在该标记上时，会显示动画效果的名称。

黄色矩形块：表示时间轴。在"动画窗格"中右击鼠标，在快捷菜单中选择"显示高级日程表"打开时间轴，选择"隐藏高级日程表"，隐藏时间轴。向前或向后拖动时间轴，动画会提前或延迟；拉动时间轴的起点或终点，会延长或缩短动画播放的时间。

图 5-47 动画窗格

（2）动画的触发方式

如图 5-48 所示，"计时"组的命令可完成对动画时间上的控制。单击"计时"组中的"开始"命令右侧下拉箭头，可以选择动画在放映时的触发方式，有三种：单击时、与上一动画同时和上一动画之后。

单击时：表示该动画由鼠标单击开始播放。

与上一动画同时：表示该动画与上一个动画同时开始播放。

图 5-48 动画触发方式

上一动画之后：表示该动画在上一个动画播放完毕后开始播放。

（3）持续时间

表示动画从开始到结束所用的时间，一般情况下，根据动画的节奏自行设置，大多数情况下设置为快速（1秒）或非常快（0.5秒）。

（4）延迟

延迟在设置动画的连贯性上比较重要。在衔接动画的连贯性上，仅靠"与上一动画同时"或"上一动画之后"无法满足特定的要求，这时就可以使用延迟来设置。

【例题 5-4】动画设计：通过进入动画实现图片展示时由灰度到彩色过渡的全过程，效果如图 5-49 所示。

图 5-49　图片动画的展示

电视上经常看到一个场景由灰色逐渐过渡到彩色或由模糊逐渐过渡到清晰的过程，这种效果使用幻灯片对象动画也能轻松实现。

【操作要点】

① 在幻灯片上插入所需图片，选择图片，按【Ctrl】键，拖动鼠标，该图片复制一份；

② 选择复制前的图片，在"图片工具/格式"→"调整"组中的"颜色"命令，选择"重新着色"中的"灰度"，将图片设置为灰色；

③ 选中灰色图片，在"动画"列表中选择进入中的"淡出"动画，开始设置为"上一动画之后"，持续时间设置为 2 秒；

④ 同样设置彩色图片的进入动画效果为"淡出"，开始为"上一动画之后"，持续时间为 2 秒；

⑤ 按【Ctrl】键，选中两幅图片，单击"图片工具/格式"→"排列"组中的"对齐"命令选择"左右居中"和"上下居中"，将两幅图片重叠在一起，注意彩色图片在上层，灰色图片在下层；

⑥ 单击"幻灯片放映"按钮，即可看到图片由灰度向彩色逐渐渐变的过程。

2. 强调动画

强调动画是在放映过程中引起观众注意起强调效果的一类动画，对象播放时不是从无到有，而是一开始就存在，进行动画演示时对象的形状或颜色发生变化，吸引观众的注意力。

经常使用的强调动画有：放大/缩小、闪烁、陀螺旋等。

（1）放大/缩小动画

放大/缩小动画用来设置对象在放映时的外观大小，单击"动画"组中的"效果选项"，可以对放大/缩小进行设置，如图 5-50 所示。在"数量"下可以设置微小、较小、较大和巨大 4 个预设量，在"方向"下可以设置变化的方向：水平、垂直和两者，默认为两者，即等比例向 4 个方向变化，如果为水平和垂直就会朝 2 个方向不规则缩放，利用这个功能可以做出一些创意动画，如星光闪烁等。

还可以自定义放大或缩小的比例，在动画窗格中，右击"放大/

图 5-50　放大与缩小动画效果选项

缩小"动画，选择"效果选项"，打开"放大/缩小"动画效果对话框，如图 5-51 所示，在尺寸中可以设置放大或缩小的具体比例。

图 5-51　放大/缩小动画效果对话框

在动画的效果对话框中有三个选项在设计动画时经常用到，说明如下：

平滑开始、平滑结束：用于设置动画启动后，速度较慢，但会逐渐加速运动；动画结束前，速度会降低，缓慢停止。如果它们后面的时间设置为 0 秒时，表示速度匀速进行。

自动翻转：即逆动画，在动画结束后，自动按照相反的方向运动，直至回到对象的初始状态。

（2）陀螺旋

让对象保持图形中心不变，按顺时针或逆时针方向在平面上旋转的效果。它是很多圆形对象旋转必不可少的动画类型，如风车、车轮、转盘、饼图等。但要注意，它主要适用于圆形、正方形等对称图形中。

3. 退出动画

退出动画是进入动画的逆过程，即对象从有到无、陆续消失的一个过程。用户很少设置对象的退出动画，但它却是实现画面之间连贯过渡必不可少的选项。

设置退出动画时应考虑两个因素：

① 注意与该对象的进入动画保持呼应，一般对象是怎么进入的，就会按照相反的顺序退出。

② 要注意与下一个对象的动画过渡，即能够与接下来的动画保持协调和连贯，这是 PowerPoint 动画创意设计的关键点。

4. 动作路径动画

动作路径是指让对象按照绘制的路径运动的动画效果。相对前面三类动画，动作路径动画是一种比较复杂的动画效果，能够实现演示文稿画面的千变万化，炫彩夺目。PowerPoint 中提供了较为丰富的路径供用户选择。

5. 组合动画

在学会设置进入动画、强调动画、退出动画以及动作路径动画四种基本动画类型的基础上，可以根据需要将不同的动画效果进行组合，构成组合动画。例如，当一个对象由近到远路径运动时，该对象也应该由大变小，因此可以加上一个缩放的强调效果。

5.5.2 幻灯片切换

幻灯片切换动画是指上一张幻灯片放映结束，本张幻灯片进入时的动画效果，使演示文稿在放映过程中幻灯片之间的过渡衔接更为自然。

单击"切换"选项卡，从内置的切换动画中选择一种切换效果，可以应用到幻灯片上。PowerPoint 2010 内置的切换动画分为三大类：细微型、华丽型和动态内容，细微型中的淡出、推进和溶解等切换动画，效果自然、简洁，最常应用。

单击"切换"→"计时"组中的相关命令可以设置换片方式，如图 5-52 所示，它与自定义动画有着一定的关系。

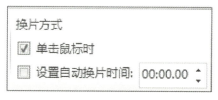

图 5-52　换片方式

换片方式是针对本页切换到下一页幻灯片的方式，有两种设置：

① 单击鼠标时：即手动切换，在放映时，只有单击鼠标或按键盘上的上、下箭头、PgUp、PgDn 键时，幻灯片才会切换。

② 设置自动换片时间：限定本页幻灯片播放停留的时间，单位为秒。例如，设置为 5 秒，是指该页幻灯片在放映过程中停留 5 秒钟。注意：如果该页幻灯片上所有对象的自定义动画播放时间小于 5 秒，则该页幻灯片停留 5 秒钟后切换到下一页；如果该页幻灯片上所有对象自定义动画播放时间超过 5 秒，则这个限定失效，在该页幻灯片上所有的自定义动画全部播放完成后才切换到下一页。

在换片方式里设置每张幻灯片停留的时间，相当于对每张幻灯片进行排练计时，在放映时，能够按照设置的时间自动播放各张幻灯片。

合理使用幻灯片切换动画，能够实现不同幻灯片之间的无缝连接，使得放映时动画衔接自然流畅。

5.5.3 音频和视频

在演示文稿中插入音频和视频，配合动画演示能够给观众以视觉冲击和听觉震撼，需要注意的是音频、视频素材的选择要根据演示文稿主题和内容来定。

1. 音频

演示文稿中的音频按作用来划分主要有两种：背景音乐和动作音效。

背景音乐主要用于营造气氛，音乐的选择必须符合主题表达的意境。单击"插入"→"媒体"组中的"音频"命令，选择"文件中的音频"，就可以在计算机中选择音乐文件。PowerPoint 兼容的音频格式有：.wav、.wma、.midi、.mp3、.au、.aif 等。

音乐文件插入到幻灯片后，在幻灯片上显示声音图标，如图 5-53 左图所示，同时在动画窗格中出现声音项目，如图 5-53 右图所示。选择声音图标以后，通过音频工具中的"格式"和"播放"选项卡对音频进行更多细节设置。

图 5-53 插入音乐

（1）播放时隐藏声音图标

声音图标默认显示在幻灯片上，隐藏声音图标最简单的方法就是将声音图标拖到幻灯片页面之外。

（2）裁剪音乐

如果只希望使用音乐中的某一段，可以对音乐文件进行裁剪。在幻灯片中右击声音图标，从快捷菜单中选择"裁剪音频"，打开"裁剪音频"对话框，如图 5-54 所示，拖动绿色的开始滑块和红色的结束滑块来设置开始时间和结束时间，也可以直接在开始时间上的文本框和结束时间上的文本框中输入指定时间点。

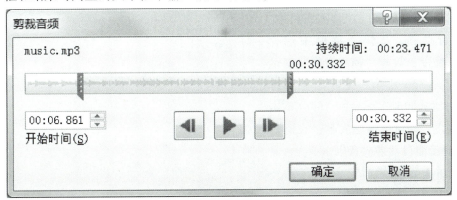

图 5-54 音乐裁剪

(3) 音乐跨页播放

在某张幻灯片上插入音乐，只能在该页幻灯片上播放，切换到下一页幻灯片时，音乐会停止。若要将音乐作为整个演示文稿中所有幻灯片的背景音乐，设置方法为：在动画窗格中右击音乐动画，选择"效果选项"，打开"播放音频"对话框，如图 5-55 所示，在"停止播放"下的第三个选项中输入相应的数字即可。例如，"在 10 张幻灯片之后"表示该音乐作为 10 张幻灯片的背景音乐。

图 5-55 音频设置

(4) 幻灯片放映时自动播放音乐

插入音乐到幻灯片中，默认的是触发器状态，如图 5-53 右图所示，即在放映时需要单击声音图标才能播放，要想在幻灯片放映就能自动播放音乐，需要取消触发器状态。在动画窗格中，右击声音动画，从快捷菜单中选择"计时"命令，打开"播放音频"对话框，如图 5-56 所示，在开始中选择"与上一动画同时"，选中"部分单击序列动画"，即可取消触发器，在幻灯片放映时就能自动播放音乐。

2. 动作音效

动作音效指的是动画发生时的声音特效。在 PowerPoint 中有两种：一

图 5-56 播放音频对话框

种是幻灯片切换时的音效；另一种是幻灯片对象动画的音效。

（1）页面切换音效的设置

在切换动画功能区中可以设置页面切换音效，如图 5-57 所示，单击"声音"右侧的下拉箭头，从中可以选择一种预设声音，通过预设声音最底端的"其他声音"命令可以打开插入音频对话框，选择自定义音效。

（2）幻灯片对象动画的音效

幻灯片对象动画的音效是动画附属的特性，即在动作过程中发出的音效。在动画窗格中右击动画，选择"效果选项"，在对话框中设置音效，如图 5-58 所示，也可以从计算机中选择自定义音效。

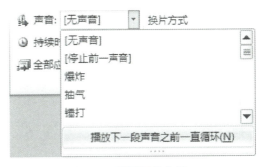

图 5-57　页面切换音效

小贴士：自定义音效，目前只支持 .wav 格式的音频文件。

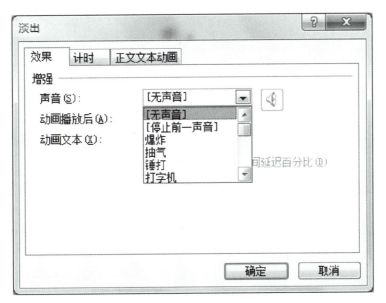

图 5-58　动画音效的设置

通常，动画音效的设置不采用上面的方法，因为这样会干扰后续动画的进行，当某一个动画需要插入音效时，直接在该动画后像插入背景音乐一样插入音效文件，开始设置为"与上一动画同时"即可。

3. 视频

视频的操作方法和设置方法与音频类似。PowerPoint 兼容的视频格式有：.avi、.wmv、.mpeg、.asf、.mov、.3gp、.swf、.mp4 等。在幻灯片中插入视频的方式有多种。

① 单击"插入"→"媒体"组中的"视频"按钮的下拉按钮，在其下拉菜单中可以选择插入视频的方式以及要插入的视频文件，具体方法与插入音频的方法类似。

② 单击占位符中的"插入媒体剪辑"按钮，打开视频文件选择框，可以在占位符所在位置插入视频文件。

③ 设置视频属性。

对于插入到幻灯片的视频，不仅可以调整它们的位置、大小、亮度、对比度、旋转等属性，还可以进行剪裁、设置透明色、重新着色和设置边框线条等操作，这些操作都与图片的操作方法相同。

5.6 演示管理

5.6.1 放映设置

1. 放映幻灯片

演示文稿的放映，一般是在 PowerPoint 程序中打开演示文稿后进行放映，也可以在不打开演示文稿的情况下直接放映。

（1）在 PowerPoint 程序中对打开的演示文稿进行放映

① 按【F5】键。

② 单击"状态栏"中的幻灯片放映按钮 。

（2）不启动 PowerPoint，对制作好的演示文稿直接放映

① 在计算机中找到要放映的演示文稿文件，单击鼠标右键，在弹出的快捷菜单中选择"显示"。

② 将演示文稿保存为放映文件类型（*.ppsx），打开时将会自动放映。

> 小贴士：结束演示文稿的放映，可以直接按【Esc】键或右击放映的演示文稿，在快捷菜单中选择"结束放映"。

2. 控制幻灯片的放映

放映幻灯片有三种方式：从头开始放映、从当前幻灯片开始放映或从某张幻灯片开始放映。

① 从头开始放映：单击【F5】键或单击"幻灯片放映"→"开始放映幻灯片"组中的"从头开始"命令。

② 从当前页开始放映：按【Shift+F5】键或单击"自定义状态栏"中的幻灯片放映按钮 ，即可从选中的幻灯片处开始放映。

③ 从某张幻灯片开始放映：单击"幻灯片放映"→"开始放映幻灯片"组中的"设置幻灯片放映"命令，打开"设置放映方式"对话框，如图 5-59 所示，在"放映幻灯片"栏中进行设置。例如，设置"从 2 到 8"，表示放映时，演示文稿从第 2 页开始播放，到第 8 页止。

3. 幻灯片放映类型

PowerPoint 提供了 3 种适应不同场合需求的放映类型，需要在放映前进行设置。设置方法也是在"设置放映方式"对话框中进行，如图 5-59 所示。

① 演讲者放映

这是最常用的一种放映方式，即在观众面前全屏显示幻灯片，演讲者对演示过程有完全的控制权，是一种非常灵活的放映方式。

② 观众自行浏览

让观众在带有导航菜单的标准窗口中，通过滚动条或方向键自行浏览演示内容，还可以打开其他演示文稿，这种放映方式又称为交互式放映。

③ 在展台浏览

通过事先设置的排练计时来自动切换幻灯片，观众不能对演示文稿做任何修改，该方式也称为自动放映方式。

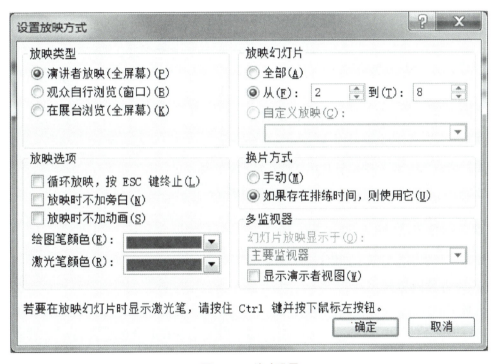

图 5-59 放映设置

4. 隐藏幻灯片

放映幻灯片时，系统将依次放映每张幻灯片。有时并不需要放映演示文稿中所有的幻灯片，可以将不需要放映的幻灯片隐藏起来，需要放映时再显示。

显示或隐藏幻灯片：

①在演示文稿中选择需要隐藏的幻灯片。

②单击"幻灯片放映"→"开始放映幻灯片"组中的"隐藏幻灯片"命令，该幻灯片在播放时就不显示或直接在"幻灯片/大纲窗格"中右击幻灯片，在快捷菜单中选择

"隐藏幻灯片"。

③选中被隐藏的幻灯片，再次单击"隐藏幻灯片"命令，即可取消隐藏。

5. 排练计时

控制演示文稿中每张幻灯片的切换时间有两种方式：手动设置和排练计时。手动设置每张幻灯片的切换时间是在"切换"选项卡中设置，也可以通过排列计时来设置。排练计时是指预先放映最终效果的演示文稿，记录下每张幻灯片切换的时间，从而让幻灯片按照事先计划好的时间进行自动放映。

排练计时设置方法：

单击"幻灯片放映"选项卡"设置"组中的"排练计时"按钮，激活排练方式，演示文稿进入放映状态，屏幕左上角出现"录制"工具栏，如图5-60所示。

图5-60 预演工具栏

"录制"工具栏各按钮的含义：

下一项按钮 ➡：单击该按钮切换到下一张幻灯片。

暂停按钮 ⏸：暂停排练，再次单击继续排练。

 0:00:04 ：显示当前幻灯片放映已进行的时间。

重复按钮 ↻：对当前幻灯片从0秒开始重新排练。

 0:00:10 ：前面所有幻灯片放映排练的总时间。

5.6.2 对演示文稿添加保护

如果不希望别人对演示文稿进行修改，可以通过以下三种方法来进行。

1. 改为放映模式

这种保护方法，可靠性低，容易修改，但对于新手来说，能够起到一定的保护作用。

通常情况下，用PowerPoint 2010制作的演示文稿，保存的格式为". pptx"，这是一种编辑模式，打开后即可进行编辑，将其保存为放映模式，格式为". ppsx"，打开后只能放映而不能编辑。

方法为：单击"文件"→"另存为"，在"另存为"对话框中，设置"保存类型"为"PowerPoint放映（*.ppsx）"即可。

这种保护方法，很容易破解，只需先打开PowerPoint 2010，在"文件"→"打开"菜单中打开放映模式的文件，打开后就可进行编辑。

2. 添加打开和修改密码

打开密码是指打开演示文稿时必须输入正确密码，否则无法打开文档；修改密码是指用户只有输入了正确密码，才能修改演示文稿，如果密码不正确，用户只能浏览文稿，但不能复制、编辑演示文稿内容。

设置打开与修改密码的方法：单击"文件"→"另存为"，在"另存为"对话框中，单击下方的"工具"按钮，在弹出的选项中，选择"常规选项"，打开"常规选项"对话框，如图 5-61 所示，输入相应密码，单击"确定"按钮后，再次输入确认密码。

这种方法是 PowerPoint 提供的一种安全设置，但并不绝对安全，可以从网上下载破解 Office 文档的相关软件就可轻松破解，如 Advanced Office Password Recovery。

图 5-61　常规选项对话框

3. 把演示文稿转换成 PDF 或视频

（1）转换成 PDF

PowerPoint 2010 能够直接将文档内容保存为 PDF 文档，单击"文件"→"保存并发送"，在"文件类型"中选择"创建 PDF/XPS 文档"。

演示文稿转换为 PDF 后，除了动画消失外，其余效果基本保持不变，所以这种方法只适用于非动画的演示文稿。

（2）转换成视频

若将演示文稿转换成视频，就可以在电视中进行播放了。将演示文稿转换成视频方法为：单击"文件"→"保存并发送"，在"文件类型"中选择"创建视频"即可。

5.6.3　演示技巧

演示文稿制作出来就是要进行放映演示的，掌握一些演示技巧，从而提升放映过程中的演示质量与效率。

1. 快速放映

（1）F5 快捷键

快捷键总是快于鼠标单击，在放映幻灯片时常用到两个快捷键：【F5】和【Shift+F5】组合键。

【F5】键：无论在哪一张幻灯片上，按下此键，都会直接从头放映。

【Shift+F5】组合键：按下此组合键，直接从当前所选定的幻灯片开始放映。

（2）数字+【Enter】键

在放映中，要定位到某一张幻灯片时，需要使用上下翻页键或鼠标滚轴上下滚动来定位需要放映的幻灯片。其实，只需要按数字+【Enter】组合键就可以直接放映所希望的页面,速度大大加快。

另外,首页和末页只需直接按【Home】键和【End】键即可。

2. 白屏、黑屏和暂停放映

在放映过程中,有几个控制放映节奏的方法,让屏幕变白、变黑或暂停放映。

(1) 白屏和黑屏

在放映时,直接按【B】键,画面将变黑,再按则恢复;按下【W】键画面会变白,再按会恢复。这两个键主要是让观众脱离放映画面,从而与演示者进行交流与讨论,或休息使用。

(2) 画面暂停

对于自动播放的演示文稿,在播放时希望某页或某页上的某个对象时停止下来,进行讲解时,可以按【S】键,所有的动画全部暂停,再按则继续,在截图时也经常使用。

3. 显示或隐藏鼠标指针

在放映过程中,如果鼠标指针一直停留在屏幕上,让人看起来很不舒服,可以设置将鼠标指针隐藏。

在演示文稿放映的屏幕上,右击鼠标,弹出快捷菜单,单击"指针选项",选择"箭头选项",如图 5-62 所示。

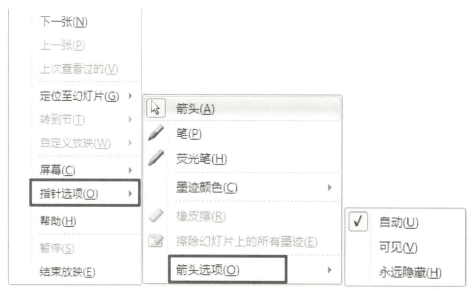

图 5-62 箭头设置选项

在"箭头选项"中共提供了 3 种模式:自动、可见和永远隐藏。其中自动是指鼠标停止移动 3 秒后自动隐藏指针,直到再次移动鼠标时才会出现。

4. 添加画笔

在演示文稿放映的过程中,演示者在着重强调某些问题时,可以使用 PowerPoint 提供的"绘图笔"功能在屏幕上添加信息。

在演示文稿放映的过程中，单击鼠标右键，选择"指针选项"，从中选择一种绘图笔，如图 5-62 所示，这时可以在放映的幻灯片上按住鼠标左键，利用绘图笔进行书写。

书写的内容，按【E】键即可清除。

5. 放映时修改

在放映时，若发现动画设置不合理或对象设置不好，需要进行修改，往往是在编辑状态和放映状态不停切换，很不方便。

对此，可以按【Ctrl】键，单击"幻灯片放映"按钮，此时幻灯片将放映窗口缩小显示在屏幕的左上角。修改幻灯片时，放映窗口会最小化，修改完成后再切换到放映窗口即可看到相应的效果。

5.7 习题

一、判断题

1. 不可以将多个主题同时应用于一个演示文稿。
2. 在 PowerPoint 2010 中，只有在"普通"视图中才能插入新幻灯片。
3. 在 PowerPoint 2010 中，模板和主题之间没有本质区别。
4. PowerPoint 2010 演示文稿默认的文件扩展名为 ".pptx"。
5. PowerPoint 演示文稿中每张幻灯片的版式必须设置为一样。
6. 在幻灯片中，文本、图片和 SmartArt 图形都可以作为添加动画效果的对象。
7. 使用幻灯片母版可以为幻灯片设置统一风格的外观样式。
8. 在 PowerPoint 中，通过设置可使音频剪辑循环播放。
9. 在 PowerPoint 中，不能改变动画对象出现的先后次序。
10. 在 PowerPoint 中，可以用"幻灯片浏览"视图修改幻灯片里文本内容。

二、单选题

1. PowerPoint 的主要功能是_____。
   A. 文字处理　　　　B. 电子表格处理
   C. 数据库处理　　　D. 演示文稿处理
2. 扩展名为_____的演示文稿文件，不必直接启动 PowerPoint 2010 即可放映浏览。
   A. .ppsx　　　　　B. .potx
   C. .pptx　　　　　D. .pptm
3. 在 PowerPoint 中建立的文档文件，不能用 Windows 中的记事本打开，这是因为_____。
   A. 文件以 .docx 为扩展名　　B. 文件中含有特殊控制符
   C. 文件中含有汉字　　　　　D. 文件中的西文有"全角"和"半角"之分
4. 下面_____功能是 PowerPoint 以前的版本没有而 2010 版才有的功能。
   A. 排练计时　　　　B. SmartArt 图形
   C. 动画刷　　　　　D. 动作路径

5. 如果要将 PowerPoint 演示文稿用 IE 浏览器直接打开，则文件的保存类型应为_____。

　　A. PowerPoint 模板　　　　　　B. XPS 文档
　　C. 启用宏的 PowerPoint 演示文稿　D. PowerPoint 放映

6. 在"普通"视图编辑演示文稿时，若要在幻灯片中插入表格、自选图形或图片，则应在_____中进行。

　　A. 工作区的备注窗格　　　　　　B. 幻灯片/大纲窗格的"大纲"选项卡
　　C. 工作区的幻灯片窗格　　　　　D. 幻灯片/大纲窗格的"幻灯片"选项卡

7. 在 PowerPoint 中，"视图"这个名词表示_____。

　　A. 一种图形　　　　　　　　　　B. 显示幻灯片的方式
　　C. 编辑演示文稿的方式　　　　　D. 一张正在修改的幻灯片

8. 在幻灯片放映时，用户可以利用绘图笔在幻灯片上写字或画画，这些内容_____。

　　A. 自动保存在演示文稿中　　　　B. 不可以保存在演示文稿中
　　C. 在本次演示中不可擦除　　　　D. 在本次演示中可以擦除

9. 以下_____文件类型属于视频文件格式且被 PowerPoint 所支持。

　　A. avi　　　　　　　　　　　　　B. wav
　　C. wma　　　　　　　　　　　　　D. gif

10. PowerPoint 2010 演示文稿不可以保存为_____文件。

　　A. Windows Media 视频　　　　　B. PDF
　　C. 大纲/ RTF　　　　　　　　　　D. mht 网页

三、多选题

1. 在 PowerPoint 2010 的状态栏上有一组视图按钮，用于切换到演示文稿最常用的几个视图，下列_____在此其中。

　　A. 幻灯片浏览视图　　　　　　　B. 阅读视图
　　C. 幻灯片放映视图　　　　　　　D. 备注页视图

2. 下列关于 PowerPoint 2010 中一些概念的描述正确的有_____。

　　A. "版式"指的是幻灯片内容在幻灯片上的排列方式
　　B. "主题"指的是一种定义演示文稿中所有幻灯片或页面格式的幻灯片视图
　　C. "模板"指的是保存为 .potx 文件的一个或一组幻灯片的模式或设计图，可以包含版式、主题、背景样式和文本内容
　　D. "占位符"指的是一种带有虚线或阴影线边缘的框，在这些框内可以放置标题及正文，但不能放置图表、表格、图片和 SmartArt 图形等对象

3. 下列关于 PowerPoint 2010 中"打包成 CD"功能的描述正确的有_____。

　　A. 不可以将多个演示文稿文件同时打包在一起
　　B. PowerPoint Viewer 会与演示文稿自动打包在一起

C. 如果其他计算机未安装 PowerPoint 程序，则它必须有 PowerPoint Viewer 才可以运行此打包的演示文稿

D. 可使用"打包成 CD"功能将演示文稿复制到计算机上的文件夹中

4. 已经为幻灯片中的某个对象添加了动画效果，若要设置该动画的开始时间，则下列_____操作是正确的。

A. 若要以单击幻灯片的方式启动动画，则单击"单击时"

B. 如果要在启动列表中前一动画的同时启动动画，则单击"上一动画之后"

C. 若要在播放完列表中前一动画之后立即启动动画，则单击"与上一动画同时"

D. 如果要使某对象的动画效果在前一动画结束一定时间后才开始，则应在此动画效果选项的"延迟"框中输入相应秒数

5. 下列关于 PowerPoint 2010 中幻灯片切换的描述错误的有_____。

A. 幻灯片的切换方式除了"单击鼠标时"，还可以设置每隔若干秒使其自动切换

B. 不可以将一种切换效果同时应用给所有的幻灯片

C. 幻灯片的切换速度有：非常慢、慢速、中速、快速、非常快

D. 在幻灯片切换的同时可以为其添加声音效果

第6章 计算机网络与信息安全

计算机网络是计算机技术和通信技术紧密结合的产物,它使得分散异地的多个计算机系统能够连接起来,整合所有计算机系统的硬件、软件和数据资源,实现跨越地理限制的信息交互。计算机网络的应用和普及是信息时代最重要的标志之一。同时,当今的信息化社会,学会在网络环境下使用计算机,通过网络进行交流,获取信息及保护信息安全都是新时代学生必须掌握的一种技能。

【知识目标】
1. 计算机网络的概念和发展历程
2. 计算机网络的功能分类及组成
3. Internet 基础知识
4. 计算机信息安全知识

本章扩展资源

6.1 计算机网络概述

6.1.1 计算机网络的概念

目前对计算机网络尚没有一个精准定义。一般认为,只要将两台计算机用一条线路连接起来进行通信,就可以构成一个最简单的网络。这样一个网络的构成必须符合两个前提条件,其一为两台计算机均能独立自主地工作,它们之间是平等的地位,不存在主从控制关系;另一个条件是两台计算机能够通过通信线路进行信息交换,称为互连。因此最简单的定义是:计算机网络为自治的计算机的互连集合。

更为全面的定义则是:计算机网络是指通过各种通信设备和线路将地理上分散的、并具有独立功能的多个计算机连接起来,用网络软件实现资源共享和信息传输的系统。这个定义概括了网络的基本构成、特征和功能,被人们普遍接受。

6.1.2 计算机网络的发展历程

计算机网络技术出现于上个世纪中期,源于计算机技术和通信技术的结合,从早期的联机终端网络,发展到覆盖全球范围内亿万计算机的因特网;传输速率从无线电频道每秒数千比特,提高到光纤通信的每秒几十吉比特,到现在计算机网络的发展已经经历了四个阶段。

1. 第一阶段：以单个计算机为中心的远程终端联机阶段

20世纪60年代中期以前属于计算机网络发展第一个阶段，由于当时主机多采用小型机、中型机，价格昂贵，而通信成本相对便宜，许多系统采用联机终端网络的系统结构形式，通过通信线路将地理上分散的多个终端连接到一台中心计算机上，以共享主机资源和进行信息的采集及综合处理。1951年，美国空军开始设计的半自动化地面防空系统SAGE就是它的典型代表。民用方面，早期代表是美国航空公司与IBM联合研究的飞机订票系统SABRE-1，该系统由一台中央计算机和全美范围内2000多个终端组成，该系统于50年初开始设计，60年代后期正式投入运行。

以单机为中心的联机终端网络由于采用中心计算机进行集中控制，存在中心计算机负荷重、通信线路利用率低的缺点，而且一旦中心计算机出现故障，将造成整个系统的崩溃，如何提高系统可靠性是不可回避的问题。

2. 第二阶段：以多处理机为中心的多计算机网络阶段

如果能将处理任务分散到不同的计算机上，单处理机联机终端网络所面临的过于依赖中心计算机的问题将迎刃而解，因此出现了以多处理机为中心的多计算机网络，这是计算机网络发展的第二阶段。多计算机网络是以通信线路将多个主机连接起来，为用户服务。1969年美国国防部高级研究计划署开始建设的ARPANET网是多计算机网络的开端，也是今天因特网的前身。ARPANET的构建来源于军事考虑，美国军方担心集中的军事指挥中心一旦摧毁，全国的军事指挥将处于瘫痪状态，因此要求搭建一个分散的指挥系统。最初ARPANET只连接了4台主机，分属不同军事及研究中心。随着网络规模的不断扩大，到70年代后期，有超过50余家大学和科研机构，100多台计算机与ARPANET连接，覆盖范围跨越了整个美洲大陆。ARPANET网络构成日益复杂，除了存在多个承担数据处理的主机外，还发展出了一种通信控制处理机，独立完成数据通信的工作任务；不仅支持单一主机连接，而且开始研究多种类型网络的互连，这直接催生了因特网。ARPANET具备了现代计算机网络的典型特征，即资源共享、分散控制、采用专门的通信控制处理机和分层的网络协议，为现代计算机网络理论奠定了基础。

3. 第三阶段：具有统一的网络体系结构并遵循国际标准的开放性和标准化的网络互联阶段

20世纪70年代中期，网络设备市场的逐步兴起，使得网络产品的研发工作也成为各大计算机公司的工作重点，不少公司制定了自己的网络技术标准，以便于自己的网络通信产品易于互连。这种各自为政的现象造成了网络设备市场的混乱，对于网络的开放性和标准化的需求变得尤为迫切。

1977年国际标准化组织ISO开始制定"开放系统互连基本参考模型"（简称OSI）的国际标准。开放指非独家垄断，只要遵循该模型，一个系统就可以在世界范围内任何地方与其它遵循该标准的系统完成互连。1983年OSI标准被正式颁布，主要内容是提出了7层协议的体系结构，被认为是法律上的国际标准。不过，计算机厂商们的产品采用的却不是

OSI 标准。原因在于同时期出现了在 ARPANET 商业化进程中演变而来的因特网，因特网的迅速普及，使得它成长为世界上最大的计算机网络，而它所遵循的 TCP/IP 标准也成为事实上的国际标准。而因特网也被公认为计算机网络第三阶段的典型代表。

4. 第四阶段：国际互联网与信息高速公路阶段

计算机网络从 20 世纪 80 年代末开始，开始了更为飞速的发展阶段，此时，光纤通信技术日益成熟，高速网络技术出现，多媒体技术、智能网络、综合业务数字网络（ISDN）等新技术迅速发展，使得建立起高速度、大容量、多媒体的信息高速公路成为可能，全球网络进入了高速化、信息多元化、智能化的新时代。

6.1.3 计算机网络的功能

1. 数据通信

数据通信即计算机与终端、计算机与计算机之间进行数据的传输。计算机网络中传送的数据不仅是文字，还包含声音、图像、视频等多媒体信息。通过使用连接网络的计算机、手机、便携计算机等终端设备，相隔千里的人们可以随时随地进行视频交互，不必关心对方的地理位置，感觉如同近距离交流一样，这是网络为人们的生活提供的便利。

2. 资源共享

网络的另一个好处是人们只需将一台计算机连接至网络，就能够享受整个网络中的各种资源。资源是指计算机网络中所有的软件、硬件和信息资源。比如公司职员通过办公自动化网可以共享连接的打印机、扫描仪等硬件设备，也可以查询到公告、通知和新闻等公共信息。独立计算机可利用的资源有限，但是将多台计算机连接成网络后，每台计算机可共享网络中部分或全部资源，资源覆盖范围大规模扩大，同时每种资源的利用率也大幅提高。举例来说，在校学生参与慕课，即大规模在线开放课程，只需连通因特网，就可以自由选择全国乃至全世界名校推出的精品课程进行学习，充分体现了网络资源的丰富性，也最大程度地发挥这些课程的传教效能。

3. 分布式处理

分布式处理指计算机网络中各计算机互相协调工作以解决复杂问题。具体方式是将复杂问题通过一定的算法进行任务分解，分解后的若干子任务分别交给网络上不同的计算机，然后以并行计算的方式来实现。与需要配置高性能计算机才能实现的集中控制方式比较，分布式处理所需成本低，性能更易于扩展，并且当网络中某个计算机发生故障时不会影响到整个系统的运作，因此在网络环境下采用分布式处理已经成为信息与控制系统的主流方式。

网络技术的发展非常迅速，计算机网络提供的服务功能也在日益完善和不断扩展，但这些功能都是建立在计算机网络能够向用户提供数据通信和资源共享的基础之上，这两个功能是计算机网络最重要的功能。

6.1.4 计算机网络的分类

1. 按覆盖的地理范围分类

① 广域网（Wide Area Network，WAN）：广域网覆盖的地理范围通常为几十到几千公里，可以跨越不同的城市甚至不同的国家，也称为远程网。其特点是传输速率较低、误码率高；建设费用很高；网络拓扑结构复杂。因特网可以看作世界上最大的广域网。

② 城域网（Metropolitan Area Network，MAN）：城域网覆盖的地理范围为 5～50km，可遍及整个城市。一般为一个或几个单位所拥有。

③ 局域网（Local Area Network，LAN）：局域网覆盖范围较小，例如，一幢大楼或一个建筑群，一般限制在几公里以内。局域网具有数据传输速度快、误码率低；建设费用低、容易管理和维护等优点，技术已经非常成熟，因而被广泛地使用。

④ 个人区域网（Personal Area Network，PAN）：个人区域网覆盖范围很小，这个网络范围大约在10m左右，一般限制在一个房间之内，用于将连接个人使用的电子设备，如便携式电脑、手机、打印机等，一般采用无线技术。随着无线便携设备的普及，个人区域网也成为新兴的组网形式。

2. 按使用目的分类

① 公用网：由电信公司出资组建的大型网络，任何单位和个人只要缴纳费用都可以使用这种网络。公用网一般用于广域网的搭建，如我国的电信网、有线电视网、移动网等。

② 专用网：由某部门根据自身业务需要自行组建的网络，仅限于单位内部使用，不向单位之外的其他用户和部门提供服务。例如，铁路、军队、电力等系统均有专用网。

6.1.5 计算机网络的组成

通常在每种计算机网络中都存在大量的硬件、软件，名称和作用各不相同，但是在每一个网络中必然存在以下三个组成部分：一是网络中至少存在两台以上计算机，它们之间有需要共享的资源或者传递的信息，这些计算机可以是为普通用户所使用的工作站，也可能是提供资源服务的服务器；二是网络中必须存在计算机之间进行信息传递的通道，通道中既包含连接结点的传输线路，也包含对信息数据进行处理和转发的网络互连设备；三是支持和管理计算机网络的网络软件。网络软件包括网络操作系统、网络协议软件和网络应用软件。

1. 计算机

计算机网络中的计算机包括工作站和服务器。工作站是普通用户接入网络的设备，外形如图 6-1 所示，用于使用网络提供的各种服务，功能简单，个人电脑即可胜任。而服务器是网络中实施各种管理的中心，集中了大部分的共享资源，为工作站提供服务。服务器在稳定性、安全性和可靠性上都有高要求，因此硬件配置比较高，外形如图 6-2 所示。常见的服务器有 WEB 服务器、文件服务器、邮件服务器、域名服务器和数据库服务器等。

图 6-1　工作站

图 6-2　服务器

2. 传输介质

传输介质也称为传输媒体或传输媒介，是传输信息的载体。它分为有线传输介质和无线传输介质两种。

常见的有线传输介质有双绞线、同轴电缆和光缆，其外形如图 6-3 所示。

（a）双绞线　　　　　　　（b）同轴电缆　　　　　　（c）光缆

图 6-3　各种有线传输介质

（1）双绞线

双绞线由两条相互绝缘的导线按照一定的规格绞和而成，这种方式可以减少电磁干扰。由于具有成本低、安装和维护方便等优点，双绞线成为局域网中运用最广泛的一种传输介质，目前应用比较多的是 5 类线和超 5 类线，适用于高速局域网的衰减低、传输带宽大的高性能双绞线也已经问世。

（2）同轴电缆

同轴电缆分为四层结构，由中心到外层依次是铜芯线，绝缘层、网状金属屏蔽层和塑料保护层。由于屏蔽层能有效地防止电磁辐射，同轴电缆的抗干扰性很好。同轴电缆曾广泛用于局域网及电话系统的远距离传输，但现在局域网中的同轴电缆几乎已被双绞线完全取代，长距离电话网的同轴电缆几乎已被光纤取代，目前同轴电缆主要用于有线电视网，影音器材中也有所使用。

（3）光缆

光缆是由一组光导纤维组成，通过传播光信号来进行通信。光导纤维简称光纤，材质为玻璃或塑料纤维，由纤芯和包层构成。最内层为极细的纤芯，直径仅为 $2\sim125\mu m$；纤芯外的包层折射率低于纤芯，使得光线在光纤里传导时不断发生全发射，始终保持在纤芯内传输。相其他传输介质，光缆具有不可比拟的优势，比如体积小、重量轻、衰耗小、传输速率高、传输距离远和抗干扰能力强，不过对安装和维护的要求较高。目前光缆已广泛用于广域网传输中，局域网中的应用也呈现上升趋势。

无线传输介质即无线电波，由于无线电波在空气中传播时不沿着固有方向，因此又被称为非导向传输媒体。根据频率的不同，无线传输介质可以分为短波、微波、红外线、激光等，用于广播、无线移动通信、卫星通信、微波接力通信等方式。使用无线电波连接的通信设备之间无需使用任何有线媒体，地球上的大气层为大部分无线传输提供了物理通道，因此建设无线网络的成本要比有线网络低。无线通信能实现运动中连接网络并进行数据传送，也是移动上网的唯一方式。近些年来移动终端被广泛普及，使得人们对于无线上网的需求大大增加，无线局域网络也成为当前网络建设的热点。

3. 网络互连设备

将网络连接起来要使用一些中间设备，以下是在组网过程中经常要用到的网络互连设备。

（1）网络适配器

网络适配器（Network Interface Card，NIC）俗称网卡，如图 6-4 所示。它是计算机与网络之间最基本也是必不可少的网络设备。网卡负责发送和接收网络数据，计算机要连接到网络，就必须在计算机中安装网卡。每一块网卡都有一个唯一的 48 位编号，此编号称为 MAC（Media Access Control）地址，MAC 地址被固化在网卡的 ROM 中，不能被轻易修改，又被称为硬件地址。

根据网卡的工作速度可以分为 10Mb/s、100Mb/s、10/100Mb/s 自适应和 1000Mb/s 几种，目前 10Mb/s 网卡基本上已经被淘汰，个人计算机一般使用 10/100Mb/s 网卡，服务器一般使用 1000Mb/s 网卡。网卡提供的网络接口主要有 RJ-45 接口、BNC 接口和 AUI 接口等。此外还有提供无线接口的网卡等。

图 6-4　网络适配器示意图

在 Windows 7 中，可以查看网络适配器类型，并对其进行设置。具体步骤如下：

从"开始"菜单中选择"控制面板"命令，打开"控制面板"窗口，在该窗口中单击"网络和 Internet"链接。

进入"网络和 Internet"窗口，单击"网络和共享中心"链接。

打开"网络和共享中心"窗口，在窗口中单击左侧的"更改适配器设置"链接，打开"网络连接"窗口。计算机可能具有多个网络适配器。每个适配器都列在使用该适配器的网络连接的名称旁边。

右键单击网络适配器，在弹出快捷菜单中单击"属性"，会出现网络适配器属性窗口，如图 6-5 所示。网络选项卡显示了配置网卡所需的基本参数，第一个文本框表示网络适配器的类型，图中表示 Atheros AR9285（型号）的无线网络适配器。当把鼠标箭头移动到网络适配器文本框时，会出现 MAC 地址。

当网络连接发生问题时，通过禁用网络适配器，可以断开计算机与网络的连接，并且通过禁用再重新启用该适配器有时可以解决连接问题。操作过程为：打开"网络连接"窗口，选择右键单击网络适配器，在弹出快捷菜单中单击"禁用"，如图 6-6 所示，之后该适配器对应连接图标变成灰色，状态提示"已禁用"，表示执行成功。如果禁用适配器，则必须再次启用该适配器才能连接到网络。网络适配器启动的过程与上述过程基本相同，只是在最后一个步骤中，单击弹出快捷菜单中"启动"命令即可，如图 6-7 所示。

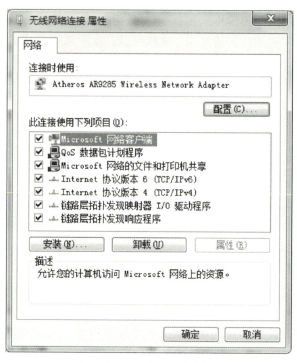

图 6-5　网络适配器设置

图 6-6　网络适配器禁用

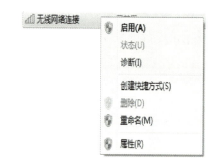

图 6-7　网络适配器启动

（2）中继器

中继器（Repeater）的作用是放大信号和再生信号以支持远距离的通信。在规划网络时，若网络传输距离超出规定的最大距离时，就要使用中继器来延伸。中继器在物理层进行连接，一般只提供一对端口。

（3）集线器

集线器（Hub）相当于多端口的中继器，如图 6-8 所示。它与中继器的区别在于集线器提供多个端口，这些端口的内部线路连接到一个中心连接点，一个端口接收到的信息会直接发送到各个端口。集线器可用来组建星型结构的局域网，也可用于扩展网络覆盖范围。使用集线器组建局域网布线方便，故障定位和排除简单，但是集线器的每个端口会分割带宽，接入用户越多，每个用户所分配带宽越小。随着性能更佳的交换机价格的下滑，现在集线器已经被交换机所淘汰。

图 6-8　集线器示意图

（4）交换机

交换机（Switch）与集线器的外形类似，但工作原理与集线器完全不同，它工作在数据链路层，能够主动收集同一网络中的数据构建和维护转发表，转发数据时，能根据数据中包含的 MAC 地址查找转发表进行寻址，将数据包从源地址送到目的端口。交换机每个端口共享带宽，用户数量的增加不影响每个用户能享受的带宽。近几年，又出现了工作在网络层的三层交换机，可以连接不同类型的网络，代替传统路由器执行路由选择的功能。

（5）路由器

路由器（Router）是一种负责寻找网络路径的网络设备，用于连接多个逻辑上分开的网络，属于网络层设备。路由器中有一张路由表，这张表就是一张包含网络地址以及各地址之间距离的清单。利用这张清单，路由器负责将数据从当前位置正确地传送到目的地址，如果某一条网络路径发生了故障或堵塞，路由器还可以选择另一条路径，以保证信息的正常传输。此外，路由器还可以进行地址格式的转换，因而成为不同协议网络之间网络互连的必要设备。可以看出，路由器与交换机的原理和功能完全不同，交换机只能转发同一网络中的数据包，如果想把一个网络的数据转发到另一个网络，交换机是无能为力的，只能选择丢弃。而路由器则正好把这个工作接了过来，根据其路由表，顺利将数据交给下一个中转站。但现在很多多层交换机具有路由功能，也就是一台设备既当交换机又当路由器，这样的设备在局域网中被广泛使用。

4. 软件系统

计算机网络软件包括网络操作系统、网络协议软件和网络应用软件。

① 网络操作系统（Network Operate System，NOS）负责对整个网络进行管理，主流网络操作系统有多种，如 Microsoft 公司的 Windows NT、Windows 2000、Windows 2003，Novell 公司的 Netware 网，以及开源的 Unix 和 Linux 等。Windows 系列是目前使用较多的网络操作系统。UNIX 和 Linux 因其免费、开放源代码以及稳定的运行也很具优势，是互联网上服务器使用最多的操作系统。

② 在计算机网络中常见的协议有 TCP/IP、IPX/SPX、NetBIOS 和 NetBEUI。TCP/IP 是目前最流行的互联网连接协议。

③ 网络应用软件有很多，它的作用是为网络用户提供访问网络的手段及网络服务、资源共享和信息的传输等各种业务。随着计算机网络技术的发展和普及，网络应用软件也越来越丰富，如浏览软件、传输软件、电子邮件管理软件、游戏软件、聊天软件等。

6.2 Internet 基础知识

6.2.1 Internet 与 TCP/IP

1. Internet

跟因特网有关的概念有互联网（Internet）、万维网（WWW，全称 World Wide Web）。即使仅有两台机器，不论用何种技术，只要能彼此通信的设备组成的网络就叫互联网（Internet）。因特网是目前全球最大的一个电子计算机互联网，是由美国的 ARPA 网发展而来的。万维网（WWW）是指在因特网上以超文本为基础形成的全球信息网，用户通过它的图形化界面，轻松驾驭查阅互联网上的信息资源，它是通过互联网获取信息的一种应用，用户浏览的网站就是万维网的具体表现形式，但其本身并不是互联网，只是互联网的组成部分之一。

2. TCP/IP（传输控制协议和网际协议）

（1）OSI（开放系统互联参考模型）

计算机互联的国际标准是国际标准化组织 ISO 制定的实现全球范围网络互联的开放系统互联参考模型 OSI。按照这个模型，数据从一个站点到另一个站点，经过七层（对应七个任务），分别为物理层（数据传输媒介）、数据链路层（走通每个节点）、网络层（选择走哪条路）、传输层（找到对方主机）、会话层（指出对方实体是谁）、表示层（用什么语言交流）、应用层（指出做什么事）。

（2）TCP/IP

TCP/IP 模型是对 OSI 模型的简化并改进，采用四层模型，分别为网络接口层、网际层、传输层和应用层。TCP/IP 是目前互联网通信的标准，它是一种分层协议，由很多协议组成，包含大约 100 个非专有协议：传输控制协议（TCP）、网际协议（IP）、文件传输协议（FTP）、远程登录协议（TELNET）、邮件传输协议（SMTP）、域名服务（DNS）等，TCP/IP 中不同类型的协议又被放在不同的层，其中位于应用层的协议就有很多，比如 FTP、SMTP 和 HTTP。

6.2.2 IP 地址和域名

每台连接 Internet 的计算机都被分配一个 IP 地址，才能正常通信。若把"一台个人计算机"比作"一台电话"，那么"IP 地址"就相当于"电话号码"，而 Internet 中的路由器，就相当于电信局的"程控式交换机"。

1. IP 地址

（1）IP 地址格式

常见的 IP 地址，分为 IPv4 与 IPv6 两大类。一个 IP 地址由网络地址和主机地址两部分组成。IPv4 的地址由 32 位二进制数据，采用"点分十进制"表示，如湖南环境生物职业技术学院的 IP 地址为"59.51.81.68"，用 32 位二进制表示为"00111011. 00110011. 01010001. 01000100"。

（2）IP 地址的类型

根据 IP 地址的编址方案，将 IP 地址空间划分为 A、B、C、D、E 五类，其中 A、B、C 是基本类，D、E 类作为多播和保留使用。A、B、C 的地址格式见表 6-1，其中 A 类地址为大型网络，网络地址是 8 位，第一位为 0，主机地址为 24 位；B 类地址为中型网络，网络地址为 16 位，前两位为 10，主机地址为 16 位；C 类地址为小型网络，网络地址为 24 位，前三为 110，主机地址为 8 位。

表 6-1　A、B、C 类网络的 IP 地址的格式

A 大型网络	0（网络地址共 8 位）	主机地址（24 位）
B 中型网络	10（网络地址共 16 位）	主机地址（16 位）
C 小型网络	110（网络地址共 24 位）	主机地址（8 位）

2. 域名

如湖南环境生物职业技术学院的 IP 地址为"59.51.81.68"，而域名为 www.hnebp.edu.cn，它们之间存在一一对应的关系。由于 IP 地址难以记忆，通过域名转换系统 DNS，自动把域名转换成对应的 IP 地址，从而定位到对应的计算机。域名由四部分组成，格式为：计算机名 组织机构名 二级域名 顶级域名，中间用"."间隔。

（1）顶级域名

顶级域名分为通用顶级域名和国家代码顶级域名，通用顶级域名在 1985 年 1 月创立，当时主要供美国使用。常用国家代码顶级域名见表 6-2。

表 6-2　国家代码顶级域名

国家	域名	国家	域名	国家	域名
中国	cn	英国	uk	日本	jp
美国	us	法国	fr	波兰	po

（2）二级域名

中国互联网的域名体系二级域名 40 个，其中 34 个为行政区域名，6 个为类别域名，行政区域名两个字符的汉语拼音缩写，如上海（sh）、北京（bj）。6 个类别域名见表 6-3。

表 6-3　中国互联网二级类别域名

组织类别	域名	组织类别	域名	组织类别	域名
商业机构	com	教育机构	edu	网络机构	net
政府部门	gov	科研机构	ac	非营利组织	org

6.2.3　Internet 提供的主要服务

Internet 提供的主要服务有浏览并获取信息、电子邮件的服务、文件传输服务、远程登录服务、新闻和电子公告牌等。

1. WWW 服务

WWW（万维网）通过超级链接的形式实现信息之间的跳转。超级链接的形式包括超文本（Hypertext）链接、超媒体（Hypermedia），超媒体的链接有图像热区、视频、动画等形式。

2. 电子邮件（E-Mail）

电子邮件是互联网应用最广的服务，它是用电子手段提供信息交换的一种通信方式，用户可以以非常快速的方式（几秒钟之内可以发送到世界上任何指定的目的地），与世界上任何一个角落的网络用户联系，极大地方便了人与人之间的沟通与交流，促进了社会的发展。它的内容可以是文字、图像、声音等多种形式。

使用电子邮件的首要条件是要拥有一个电子邮箱，它是由提供电子邮件服务的机构建立的。实际上电子邮箱就是指 Internet 上某台计算机为用户提供的专用于存放往来信件的磁盘存储区域，但这个区域是由电子邮件系统软件负责管理和存取的。

（1）E-mail 地址

由于 E-mail 是直接寻址到用户的，而不是仅仅寻址到计算机，所以个人的名字或有关说明也要写入 E-mail 地址中。Internet 的电子邮箱地址组成：用户名@电子邮件服务器名。

它表示以用户名命名的信箱是建立在符号@后面说明的电子邮件服务器上，该服务器就是向用户提供电子邮件服务的"邮局"机。例如，xhhlxy@163.net。

（2）电子邮件服务器

在 Internet 上有很多处理电子邮件的计算机，它们就像是一个个邮局，采用存储—转发方式为用户传递电子邮件。从用户的计算机发出的邮件要经过多个这样的"邮局"中转，才能到达最终的目的地。这些 Internet 的"邮局"称作电子邮件服务器。

与用户密切相关的电子邮件服务器有两种类型："发送邮件服务器"（SMTP 服务器）和"接收邮件服务器"（POP3 服务器）。发送邮件服务器遵循的是 SMTP（Simple Mail Transfer Protocol）协议，其作用是将用户编写的电子邮件转交到收件人手中。接收邮件服务器采用 POP3 协议，用于将其他人发送给用户的电子邮件暂时寄存，直到用户从服务器上将邮件取到本地计算机上阅读。E-mail 地址中的@后跟的电子邮件服务器就是一个 POP3 服务器名称。

通常，同一台电子邮件服务器既可以完成发送邮件的任务，又可以让用户从它那里接收邮件，这时 SMTP 服务器和 POP3 服务器的名称是相同的。但从根本上看，这两个服务器没有什么对应关系，因此在使用中可以设置不同。收发电子邮件可以用专门的电子邮件收发软件如 outlook，也可以直接登录相应网站，输入用户名和密码，其效果是一样的。

（3）使用 Outlook 收发电子邮件

Outlook 2010 作为 office2010 一个组件功能非常丰富、全面。它不仅可以收发 E-mail，还可以管理多个邮件和新闻账户，使用通讯簿存储和检索电子邮件地址，在邮件中添加个人签名或信纸、访问新闻组等。

利用 Outlook 收发电子邮件，首先要添加电子邮件账号，该账号应该是已经申请好的。在添加邮件账号之前，应该获得账号名称，账号密码，SMTP（发送邮件）服务器的域名或 IP 地址，POP3（接收邮件）服务器的域名或 IP 地址。添加邮件账号的操作步骤如下：

① 启动 Outlook，利用向导添加新用户，输入姓名，邮箱，密码，如图 6-9 所示。

图 6-9　添加新用户

② 单击"下一步"按钮，连接远程邮件服务器，如图 6-10 所示。

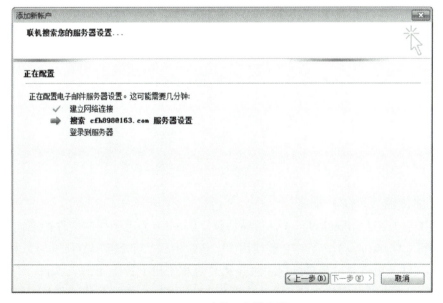

图 6-10　连接远程服务器

③ 单击"完成"按钮，进入收发电子邮件界面，如图 6-11 所示。

图 6-11　收发电子邮件界面

④ 在工具栏中单击"新建电子邮件"，输入收件人地址，主题，邮件正文，单击"发送"，如图 6-12 所示。

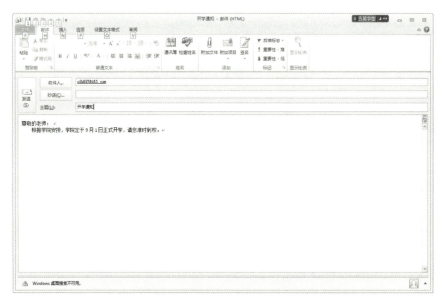

图 6-12　Outlook Express 管理电子邮件

3. 文件传输（FTP）服务

FTP（File Transfer Protocol）文件传输协议，Internet 上用于控制文件的双向传输的一个应用程序（Application）。在 FTP 的使用中，经常用到"下载"（Download）和"上传"（Upload）文件，用户通过客户机程序向（从）远程主机上传（下载）文件。"下载"文件就是从远程主机拷贝文件至自己的计算机上；"上传"文件就是将文件从自己的计算机中拷贝至远程主机上。

4. 远程登录（Telnet）

远程登录是指用户使用 Telnet 命令，使自己的计算机暂时成为远程主机的一个仿真终端的过程。通过使用 Telnet，Internet 用户可以与全世界许多信息中心图书馆及其他信息资源联系。

5. 新闻组（Usenet News）和电子公告牌（BBS）

新闻组是一种邮件列表服务，它可以提供最新的信息给用户，也可以将用户组织起来进行某个专题的讨论。BBS（Bulletin Board System）电子公告牌系统通过在计算机上运行服务软件，允许用户使用终端程序通过 Internet 来进行连接，执行下载数据或程序、上传数据、阅读新闻、与其他用户交换消息等功能。随着服务功能的不断扩展，新闻组和电子公告牌的服务相互取长补短，功能上的差别已经很小。

6.2.4 常见浏览器介绍

浏览器是指可以显示网页服务器或者文件系统的 HTML 文件（标准通用标记语言的一个应用）内容，并让用户与这些文件交互的一种客户端程序。它用来显示在万维网或局域网等内的文字、图像及其他信息。用户可迅速及轻易地浏览各种信息，如文字或图像，它们可以是连接其他网址的超链接，大部分网页为 HTML 格式。

常见的网页浏览器有 Internet Explorer，市场占有量最大。其他浏览器有 Firefox、Safari、Opera、Google Chrome、百度浏览器、搜狗浏览器、猎豹浏览器、360 浏览器、UC 浏览器、傲游浏览器、世界之窗浏览器、QQ 浏览器等。

不同的浏览器有不同的优缺点，如搜狗浏览器打开速度很快，傲游浏览器推出看视频不用等广告的版本，百度浏览器是百度的产品，支持百度帐号登录，360 极速浏览器兼具数个浏览器的功能，Safari 浏览器是苹果产品端的必备浏览器。

大部分浏览器支持除 HTML 外的广泛格式，如 JPEG、PNG、GIF 等图像格式，并且能够扩展支持众多的插件（plug-ins）。另外，许多浏览器还支持其他的 URL 类型及其相应的协议，如 FTP、Gopher、HTTPS（HTTP 协议的加密版本）。HTTP 内容类型和 URL 协议规范允许网页设计者在网页中嵌入图像、动画、视频、声音、流媒体等。

1. IE（Internet Explorer）

Internet Explorer，是微软公司推出的一款网页浏览器，常见版本有 IE7、IE8、IE9、IE10、IE11 等，在 Windows 10 上，IE 被 Microsoft Edge 取代了。2016 年 1 月 12 日，微软公司宣布于这一天停止对 IE 8/9/10 三个版本的技术支持，用户将不会再收到任何来自微软官方的 IE 安全更新；作为替代方案，微软建议用户升级到 IE 11 或者改用 Microsoft Edge 浏览器。

2. 360 浏览器

360 浏览器有 360 安全浏览器和 360 极速浏览器。360 安全浏览器是 360 安全中心推出的一款基于 IE 和 Chrome 双内核的浏览器，是世界之窗开发者凤凰工作室和 360 安全中心合作的产品。而 360 极速浏览器是一款极速、安全的无缝双核浏览器。它基于 Chromium

开源项目,具有闪电般的浏览速度、完备的安全特性及海量丰富的实用工具扩展。它继承了 Chromium 开源项目超级精简的页面和创新布局,并创新性地融入国内用户喜爱的新浪微博、人人网、天气预报、词典翻译、股票行情等热门功能,在速度大幅度提升的同时,兼顾国内互联网应用。

功能上都支持第三方的扩展支持,360 安全浏览器会在安装时安装常用的几个浏览器插件,而 360 极速浏览器安装时不会添加第三方插件,如果需要使用第三方插件随时可以到扩展中心安装。

浏览速度上,由于 360 安全浏览器一般采用的 Chromium 内核版本比 360 极速浏览器低,所以在浏览速度上 360 极速浏览器肯定比 360 安全浏览器更快。

安全性能上,360 安全浏览器在设置的时候就采用了"沙箱"技术(木马与病毒会被拦截在沙箱中无法释放威力)。而 360 安全浏览器在设计的时候就以安全为核心,所以在安全方面 360 安全浏览器要比 360 极速浏览器做得好。但这并不代表 360 极速浏览器不安全,一般上网也够用了。

所以,如果经常上网,浏览的网站比较固定,对浏览器速度要求比较高,可以选 360 极速浏览器。如果访问的网页比较复杂并且对隐私要求比较高,可以用 360 安全浏览器。

3. 搜狗浏览器

搜狗高速浏览器由搜狗公司开发,基于谷歌 Chromium 内核,独创预取引擎技术,引领新的上网速度革命,带来秒开网页的超快体验。力求为用户提供跨终端无缝使用体验,让上网更简单,简洁时尚的界面,首创"网页关注"功能,将网站内容以订阅的方式提供给用户浏览,网页阅读更流畅。搜狗手机浏览器还具有 WIFI 预加载、收藏同步、夜间模式、无痕浏览、自定义炫彩皮肤、手势操作等众多易用功能。

4. 傲游浏览器

傲游是中国专业的浏览器研发团队研发的网页浏览器,多年专注于浏览器软件开发,主要产品包括傲游浏览器系列与相关在线服务站点。它能有效减少浏览器对系统资源的占用率,提高网上冲浪的效率。经典的傲游浏览器 2.x,拥有丰富实用的功能,支持各种外挂工具及插件。傲游 3.x 采用开源 Webkit 核心,具有贴合互联网标准、渲染速度快、稳定性强等优点,并对最新的 HTML5 标准有相当高的支持度,可以实现更加丰富的网络应用。傲游 5 浏览器连续三年荣获北美权威机构颁发的"最佳浏览器"奖项,是欧美地区占有率较高的国产双核浏览器。

6.3 信息安全基础

6.3.1 信息安全基础

1. 信息安全概念

信息安全是指信息系统中的硬件、软件及其系统中的数据受到保护,不受偶然的或者恶意的原因而遭到破坏、更改、泄露,系统连续可靠正常地运行,信息服务不中断,以此保障信息的保密性、完整性、可用性。

① 保密性（Confidentiality）：保证机密信息不被窃听，或窃听者不能了解信息的真实含义。

② 完整性（Integrity）：保证数据的一致性，防止数据被非法用户篡改。

③ 可用性（Availability）：保证合法用户对信息和资源的使用不会被不正当地拒绝。

2. 信息安全威胁

信息安全面临的威胁可以分为自然威胁和人为威胁。

（1）自然威胁

自然威胁包括洪水、飓风、地震、火灾等自然因素所造成的威胁，这些不可抗力可能会引起电力中断、电缆破坏、计算机元器件受损等事故，从而导致信息安全事件。

（2）人为威胁

① 非授权访问。指对网络设备及信息资源进行非正常使用或越权使用等。如操作员安全配置不当造成的安全漏洞，用户安全意识不强，用户口令选择不慎，用户将自己的账号随意转借他人或与别人共享。

② 冒充合法用户。主要指利用各种假冒或欺骗的手段非法获得合法用户的使用权限，以达到占用合法用户资源的目的。

③ 破坏数据的完整性。指使用非法手段，删除、修改、重发某些重要信息，以干扰用户的正常使用。

④ 干扰系统正常运行，破坏网络系统的可用性。指改变系统的正常运行方法，减慢系统的响应时间等手段。这会使合法用户不能正常访问网络资源，使有严格响应时间要求的服务不能及时得到响应。

⑤ 病毒与恶意攻击。指通过网络传播病毒或恶意Java、active X 等，其破坏性非常高，而且用户很难防范。

⑥ 软件的漏洞和"后门"。软件不可能没有安全漏洞和设计缺陷，这些漏洞和缺陷最易受到黑客的利用。另外，软件的"后门"都是软件编程人员为了方便而设置的，一般不为外人所知，可是一旦"后门"被发现，网络信息将没有什么安全可言。如Windows的安全漏洞便有很多。

⑦ 电磁辐射。电磁辐射对网络信息安全有两方面影响。一方面，电磁辐射能够破坏网络中的数据和软件，这种辐射的来源主要是网络周围电子电气设备产生的电磁辐射和试图破坏数据传输而预谋的干扰辐射源。另一方面，电磁泄漏可以导致信息泄露。

3. 信息安全保护

目前黑客入侵、计算机病毒和垃圾信息入侵等人为因素是主要威胁计算机网络信息安全的因素。为了有效地保护计算机信息系统的安全，通常在以下四个方面对其进行保护：

① 计算机病毒防护；

② 计算机黑客防范措施；

③ 访问控制：对系统的外部和内部用户访问系统资源进行保护，进行身份鉴别和安

全策略的使用；

④ 加密：对数据进行加密和密钥的管理等。

6.3.2 计算机病毒

1. 病毒简介

计算机病毒（Computer Virus）是一种人为编制的电脑程序，是编制者为了达到某种目的，编制具有破坏电脑系统、毁坏数据、影响电脑使用的程序代码。电脑病毒分为病毒和木马两大类。病毒具有自我复制功能和破坏功能，既有破坏性，又有传染性和潜伏性，会给用户带来巨大的损失；木马的作用是赤裸裸地监视别人和盗窃别人密码以达到偷窥别人隐私或得到经济利益的目的。

2. 病毒的表现形式

典型病毒如下：

① AV 终结者：一个专门与杀毒软件对抗，破坏用户电脑的安全防护系统，并在用户电脑毫无抵抗力的情况下，大量下载盗号木马的病毒。

② 熊猫烧香："熊猫烧香"蠕虫不但可以对用户系统进行破坏，导致大量应用软件无法使用，而且还可删除扩展名为 gho 的所有文件，造成用户的系统备份文件丢失，从而无法进行系统恢复；同时该病毒还能终止大量反病毒软件进程，大大降低用户系统的安全性。

③ 灰鸽子：这是一个"中国制造"的隐蔽性极强的木马，使用远程注入、Ring3 级 Rook it 等手段达到隐藏自身的目的。一般它会被人蓄意捆绑到一些所谓的免费软件中，并放到互联网上，诱骗用户下载。因为其具有很强的隐蔽性，所以用户一旦从不知名网站下载并运行了这些软件，机器就会被控制，而且很难发觉。攻击者可以对感染机器进行多种任务操作，如文件操作、注册表操作、强行视频等。

④ 艾妮："艾妮"病毒集熊猫烧香、维金两大病毒危害于一身，传播性与破坏性极强，可感染本地磁盘、可移动磁盘及共享目录中大小在 10K～10M 之间的所有 ".exe" 文件，感染扩展名为 ".ASP、.JSP、.PHP、.HTM、.ASPX、.HTML" 的脚本文件，并可连接网络下载其他病毒。

已出现的病毒当然不仅仅以上四种形式，自从 80 年代中期发现第一例计算机病毒以来，计算机病毒的数量急剧增长。目前，世界上发现的病毒数量已超过 15000 种，国内发现的种类也达 600 多种。

3. 病毒的传播途径

病毒因传播的方式不同，表现形式各异。总体说来，病毒传播途径主要有以下三种形式：

① 通过移动存储设备。通过移动存储设备传播电脑病毒是最常见的一种传播方式。早期的电脑病毒大都通过软盘等存储设备进行传播，目前使用频率最高的 U 盘，已替代了软盘成为主要的传播途径。

② 通过网络下载。Internet 是个大舞台，也是病毒滋生的温床。当从 Internet 下载各种资料软件的同时，也可能会下载到感染了病毒的文件。因此，在下载网络中的资源时，应该尽量到专业的下载网站进行下载，这样才能保证下载的软件没有被病毒感染。

③ 通过电子邮件。在 Internet 与电子邮件逐渐成为人们日常生活必备的工具之后，电子邮件无疑是病毒传播的最佳方式，许多病毒都可以通过电子邮件进行传播。

4. 感染病毒的症状

由于计算机病毒影响了计算机系统的正常运行，总是有迹可循。当用户在计算机系统发现一些异常现象，就很有必要检测是否感染了病毒。计算机系统可能出现的症状如下：

① 键盘、打印、显示有异常现象；
② 运行速度突然减慢；
③ 计算机系统出现异常死机或频繁死机；
④ 文件的长度内容、属性、日期无故改变；
⑤ 丢失文件、丢失数据；
⑥ 系统引导过程变慢；
⑦ 计算机存储系统的存储容量异常减少或有不明常驻程序

5. 病毒的防范

计算机病毒防范，是指通过建立合理的计算机病毒防范体系和制度，及时发现计算机病毒入侵，并采取有效的手段阻止计算机病毒的传播和破坏，恢复受影响的计算机系统和数据。

计算机病毒防范原则上以预防为主，用户应该培养良好的计算机操作习惯，并提前做好各种预防工作：

① 外来的磁盘如需使用，应先杀毒；
② 不要轻易打开 Internet 上不知来源的文件；
③ 定期与不定期地进行磁盘文件备份工作。不要等到由于病毒破坏、机器硬件或软件故障造成用户数据受到损伤时再去急救，为时已晚；
④ 病毒主要破坏 C 盘的启动区和系统文件分配表内容，因此要将系统文件和用户文件分开存放。对于系统中的重要数据，要定期拷贝；
⑤ 安装病毒查杀软件，当发生病毒入侵时，及时报警并终止处理，达到不让病毒感染的目的。大部分病毒查杀软件还具有定时扫描功能，能清除潜伏的计算机病毒；
⑥ 注意及时进行系统软件更新升级，以不断增加软件对新病毒的防御能力。

6. 常用查杀毒软件

目前市场上的查杀毒软件有许多种，可以根据自己的需要选购。常见的杀毒软件有：360 杀毒、金山毒霸、瑞星、江民、卡巴斯基、macfee、诺顿等。病毒查杀软件的操作大同小异，这里介绍一下国内广泛使用的 360 杀毒软件。

360 杀毒是 360 安全中心出品的一款免费的云安全杀毒软件，也是一款一次性通过 VB100 认证的国产杀毒软件。360 杀毒会对计算机进行全面监控，当发现有间谍软件尝试安装到计算机,或者有程序试图更改重要的系统设置时,360杀毒会及时阻止这些操作,并向用户发出警告。此外,用户还可以使用360杀毒定期对计算机进行扫描,以清除潜伏在计算机里的恶意软件。360杀毒具有查杀率高、资源占用少、升级迅速等优点。同时,360杀毒可以与其他杀毒软件共存,是一个理想杀毒备选方案。

(1) 360杀毒扫描和查杀

如果用户需要使用360杀毒检查计算机,可通过以下步骤来进行。

① 打开360杀毒界面。360杀毒软件随计算机系统开机自动启动,只需点击桌面图标,即可打开360杀毒界面,如图6-13所示。

② 启动扫描。360杀毒提供了3种扫描方式,其中"快速扫描"是推荐的扫描方式,检查计算机最有可能感染的区域;"完全扫描"则对计算机所有的位置进行全面检查;"自定义扫描"则用于扫描特定的硬盘分区或文件夹;"宏病毒扫描"则专门用于查找office

图6-13　360杀毒界面图　　　　　　　图6-14　快速扫描过程

文档中的宏病毒。通常情况下直接选择"快速扫描"即可开始扫描。如图6-14所示。

③ 处理系统中发现的问题。360杀毒扫描结束后,会列举出系统中的异常,如图6-15所示,用户可以选择立即处理或者搁置。若选择"立即处理"则360杀毒会根据异常情况的不同采取相应的措施进行问题的修复,在处理完毕后回馈给用户处理结果。如图6-16所示。

图6-15　扫描结果　　　　　　　　　　图6-16　处理结果

(2) 设置自动扫描

为了提高安全性，可以设置 360 杀毒每隔一段时间就自动扫描计算机，以便及时清除潜伏在计算机里的恶意软件。设置自动扫描的步骤如下：

① 启动 360 杀毒后，选择"设置"菜单栏，然后选择"病毒扫描设置"项目，打开扫描设置选项卡在"定时查毒"选项中勾选"启动定时查毒"复选框，再根据实际需要依此在相应的下拉列表框中选择设置扫描方式，在复选框中选择扫描的频率、时间。

② 设置完毕后，单击"确定"按钮保存设置，如图 6-17 所示。

图 6-17 设置自动扫描

(3) 设置文件白名单

如果计算机中某些文件被 360 杀毒误认为带有威胁，但用户可以确信该文件是安全的，则可以通过下面的步骤进行设置，使 360 杀毒不再扫描这些文件或文件夹。

① 启动 360 杀毒后，选择"设置"菜单栏，然后选择"文件白名单"项目，打开文件白名单设置选项卡。

② 在白名单中设置文件或文件夹。360 杀毒支持文件、文件夹的扫描忽略，也可以不扫描某种特定的文件类型。"添加文件"指添加扫描时忽略的文件；"添加目录"则指添加扫描时忽略的文件夹；点击"添加"按钮是指将指定类型的文件忽略，只需输入文件后缀名即可，如 WORD 文档后缀名为 docx，图片文件后缀名为 jpg。添加进的文件和目录也可以随时删除。需注意的是，当文件大小和日期发生变化时，系统会自动取消白名单中的文件。

③ 设置完毕后，单击"确定"按钮保存如图 6-18 所示。360 杀毒就不会再扫描该文件或文件夹里的内容了。

图 6-18　设置文件白名单

6.3.3　黑客

黑客最早源自英文 Hacker，是指一类喜欢用智力通过创造性方法来挑战脑力极限的人，特别是他们所感兴趣的领域，如电脑编程或电器工程等。早期在美国的电脑界"黑客"是个褒义词，但时至今日，媒体所报道的"黑客"往往指那些"软件骇客"（Software Cracker），即那些通过网络发动各种攻击进行破坏的人，他们利用信息系统的漏洞和缺陷来修改网页、非法进入主机、窃取商业机密、进入银行盗取和转移资金、发送假冒的电子邮件等，对网络安全环境造成了威胁。

1. 黑客常用的攻击手段

在网络攻击过程中，黑客使用的攻击手段五花八门，常用的攻击手段主要有以下几种：

（1）截取口令

黑客可以通过网络监听非法获得其所在网段的所有用户账号和口令，或者在得知用户的账号后利用一些专门软件强行破解用户口令，对用某些安全保密级别很低的口令，如口令位数过少或与用户名有关联，可以在短时间内解出。

（2）拒绝服务

拒绝服务攻击主要目标是域名服务器、路由器以及其他网络服务，通过占用大量共享资源，使得被攻击者无法提供服务。比如同时向域名服务器提出大量服务请求，使得域名服务器忙于处理这些请求，无法处理常规任务。

（3）电子邮件攻击

电子邮件攻击主要表现为两种方式：一是电子邮件轰炸，用伪造的 IP 地址和电子邮件地址向同一信箱发送数以千计、万计甚至无穷多次的内容相同的垃圾邮件，致使受害人邮箱被"炸"，严重者可能会给电子邮件服务器操作系统带来危险，甚至瘫痪；二是电子邮件欺骗，黑客伪造电子邮件，以系统管理员或网站名义套取用户信息，或在附件中加载病毒或木马程序。

（4）寻找系统漏洞

许多系统都有这样那样的安全漏洞（Bugs），其中某些是操作系统或应用软件本身具有的，如 Sendmail 漏洞，这些漏洞在补丁未被开发出来之前一般很难防御黑客的破坏；还有一些漏洞是由于系统管理员配置错误引起的，如在网络文件系统中，将目录和文件以可写的方式调出，将未加 Shadow 的用户密码文件以明码方式存放在某一目录下，这都会给黑客带来可乘之机，应及时加以修正。

2. 防范黑客措施

（1）密码安全准则

不使用简单的密码。密码的长度至少要 8 个字符以上，包含数字、大、小写字母和键盘上的其他字符混合；不能简单地用如生日、单词或电话号码等信息作为密码。对于不同的网站和程序，要使用不同口令，以防止被黑客破译。经常更改密码和不要向任何人透露自己的密码。

（2）电子邮件安全准则

不能轻易打开电子邮件中的附件，更不能轻易运行邮件附件中的程序，除非用户知道信息的来源。用户不要在网络上随意公布或者留下电子邮件地址。在 E-mail 客户端软件中限制邮件大小和过滤垃圾邮件；条件允许可尽量申请数字签名；对于邮件附件要先用防病毒软件和专业清除木马的工具进行扫描后用户才可放心使用。

（3）IE 的安全准则

对于使用公共机器上网的用户，一定要注意 IE 的安全性。因为 IE 的自动完成功能在给用户填写表单和输入 Web 地址带来一定便利的同时，也给用户带来了潜在的泄密危险，最好禁用 IE 的自动完成功能。IE 的历史记录中保存了用户已经访问过的所有页面的链接，在离开之前一定要清除历史记录；另外 IE 的临时文件夹（\ Windows \ Temporary Internet Files）内保存了用户已经浏览过的网页，通过 IE 的脱机浏览特性或者是第三方的离线浏览软件，其他用户能够轻松地翻阅你浏览的内容，所以离开之前也需删除该路径下的文件。还要使用具有对 Cookie 程序控制权的安全程序，因为 Cookie 程序会把信息传送回网站，当然安装个人防火墙也可对 Cookie 的使用进行禁止、提示或启用。

（4）聊天软件的安全准则

在使用聊天软件的时候，最好设置为隐藏用户，以免别有用心者使用一些专用软件查看到你的 IP 地址，然后采用一些针对 IP 地址的黑客工具对你进行攻击。在聊天室的时候，要预防 Java 炸弹，攻击者通常发送一些带恶意代码的 HTML 语句使你的电脑打开无数个窗口或显示巨型图片，最终导致死机。

(5) 防止特洛伊木马安全准则

不可太容易信任别人，不可轻易安装和运行那些从不知名的网站（特别是不可靠的 FTP 站点）下载的软件和来历不明的软件。有些程序可能是木马程序，一旦安装了这些程序，它们就会在机主不知情的情况下更改系统或者连接到远程的服务器，这样黑客就可以很容易进入到用户的电脑。

(6) 定期升级系统

很多常用的程序和操作系统的内核都会发现漏洞，某些漏洞会让入侵者很容易进入到用户的系统，这些漏洞会以很快的速度在黑客中传开。如先前流传极广的尼姆达病毒就是针对微软信件浏览器的弱点和 Windows NT/2000、IIS 的漏洞而编写出的一种传播能力很强的病毒，因此用户一定要小心防范。软件的开发商会及时公布补丁，以便用户补救这些漏洞。建议用户订阅关于这些漏洞的邮件列表，以便及时知道这些漏洞后打上补丁，以防黑客攻击。

(7) 禁止文件共享

局域网里的用户喜欢将自己的电脑设置为文件共享，以方便相互之间资源共享。但是如果用户设了共享的话，就为那些黑客留了后门，这样他们就有机可乘进入用户的电脑偷看文件，甚至搞些小破坏。建议在非设共享不可的情况下，最好为共享文件夹设置一个密码，否则公众将可以自由地访问用户的那些共享文件。

(8) 安装防火墙

避免在没有防火墙的情况下上网冲浪。如果使用的是宽带连接，例如，ADSL 或者光纤，那么计算机就会在任何时候都连上 Internet，这样，就很有可能成为那些闹着玩的黑客的目标。最好在不需要的时候断开连接，如可以在电脑上装上防黑客的防火墙———一种反入侵的程序作为个人电脑的门卫，以监视数据流动或是断开网络连接。

在 Windows 7 中，Windows 防火墙允许用户设置在不同的网络环境下采用不同的防火墙策略，如连接到安全性较低的公共网络时自动启动防火墙，而在连接到安全的家庭或者办公网络时自动关闭防火墙。

① 通常情况下，Windows 防火墙默认已经处于开启状态，如果防火墙被意外关闭，则可通过以下步骤，重新启动 Windows 防火墙。单击"开始"按钮，在弹出的菜单中选择"控制面板"项目，打开"控制面板"窗口，然后单击"系统和安全"链接。

② 在窗口中单击"Windows 防火墙"链接，打开"Windows 防火墙"窗口，如图 6-19 所示。

③ 在"Windows 防火墙"窗口左侧单击"打开或者关闭 Windows 防火墙"链接，弹出"自定义设置"窗口，如图 6-20 所示。选择"启用 windows 防火墙"即可重启防火墙。

6.3.4 控制访问

用户使用计算机的过程，包括一系列的资源存取操作，如打开文档，列出文件夹内的文件等。而访问控制，则是操作系统对这一系列操作的管理、控制，如允许某用户读/写 D:\a 目录，另一个用户则只能读取，不能写入等，即针对不同的用户设定不同程度的访

图 6-19　Windows 防火墙窗口

图 6-20　启动 Windows 防火墙

问权限。

为了实现访问控制，Windows 创建了一个完整的访问控制架构，它由以下几个部分组成：

1. 资源（Sources）

用户访问的各种对象，统称为资源。

2. 安全主体（security principal）

用户、用户组、计算机以及服务均被看成安全主体，它们均由 SID 也就是安全标识符

（security identifiers）唯一识别。

3. 权限（permission）

资源的访问控制规则。这一规则在 Windows 中以访问控制列表（Access Control List，ACL）的方式呈现。当 Windows 系统收到用户的访问控制请求时，就会根据权限设置，允许或拒绝执行用户的访问请求。

这个架构中，访问控制列表无疑是权限设置核心的内容。在可以设置访问控制的 Windows 对象（文件、文件夹、打印机等）上右击，选择"属性"命令，再选择"安全"选项卡，即可看到一个典型的访问控制列表，如图 6-21 所示。

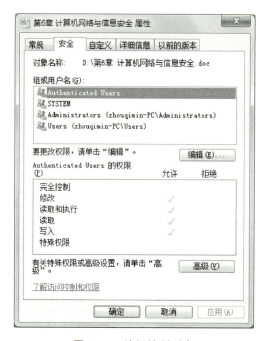

图 6-21 访问控制列表

在访问控制列表中，可以看到各种具体的访问控制规则，如该文件夹允许哪些安全主体修改、写入，哪些安全对象可以读取等。管理员正是通过添加、修改、删除这些项目，从而设计出符合实际应用需求的访问控制列表，掌控用户对资源的操作。

由于访问控制位于操作系统层面，所以它最大的局限在于，一旦切换了操作系统，即可摆脱控制。如使用 Windows PE 直接从 U 盘启动，又或将整块硬盘拆下来，挂接至其他计算机，均可任意访问该硬盘原来受保护的资源。

正基于这个原因，访问控制设置独立使用时，安全系数并不高，往往需要和其他安全措施搭配使用，才能让资源获得完善的安全保护。

6.3.5 数据加密

数据加密是指把信息由明文转换成密文的技术。通常情况下，人们将可懂的文本称为明文；将明文变换成的不可懂的文本称为密文。把明文变换成密文的过程叫加密；其逆过程,即把密文变换成明文的过程叫解密。明文与密文的相互变换是可逆的变换,并且只存在唯一的、无误差的可逆变换。完成加密和解密的算法称为密码体制。在保障信息安全各种功能特性的诸多技术中,加密技术是信息安全的核心和关键技术。

在计算机上实现的数据加密算法,其加密或解密变换是由一个密钥来控制的。密钥是由使用密码体制的用户随机选取的,密钥成为唯一能控制明文与密文之间变换的关键,它通常是一随机字符串,其长度起至关重要的作用。

EFS(Encrypting File System,文件加密系统)是 Windows 7 Professional、Windows 7 Ultra 版本专有的一项文件保护功能。它位于文件系统层次,安全方面则以 PKI 公钥基础架构为基础,使用的 RAS 2048 位的密钥配合 128 或 168 位的文件密钥对需要保护的文件进行加密。

1. EFS 加密

EFS 以 NTFS 文件系统为基础,它的使用方法并不复杂,只是执行了以下操作,就可以对文件或文件夹进行加密。

① 在需要保护的文件或文件夹上右击,选择"属性"命令。

② 单击"高级"按钮,勾选"加密内容以便保护数据"复选框,单击"确定"按钮,如图 6-22 所示。

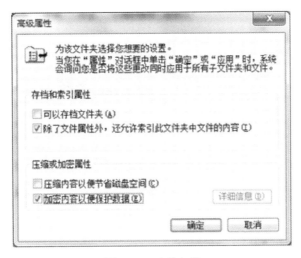

图 6-22 启动加密

③ 在弹出的"确认属性更改"对话框中,选择"将更改应用于此文件夹,子文件夹和文件"单选按钮,单击"确定"按钮,如图 6-23 所示。

进行加密操作时,选择"仅将更改应用于此文件夹"单选按钮,那么文件夹内原有的文件将不加密,而此后新添加至文件夹内的文件,才会被加密保护。

成功加密后,受加密的文件或文件夹的名称会显示为绿色。用户可以直接访问自己加密的文件,并不需要进行特别的解密操作。当其他用户访问加密文件时,则会收到"拒绝访问"的提示。即使其他用户将包含加密文件的硬盘,挂接至其他系统,也依然无法读出档案的内容。

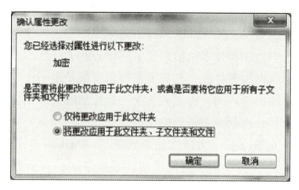

图 6-23 设置加密范围

2. EFS 解密

解密操作只有在不需要再为文件提供保护时才需要进行。其具体的操作步骤如下：

① 在需要解除保护的文件或文件夹上，右击选择"属性"命令。

② 单击"高级"按钮，取消勾选"加密内容以便保护数据"复选框，单击"确定"按钮，如图 6-24 所示。

③ 在弹出的"确认属性更改"对话框中，选择"将更改应用于此文件夹，子文件夹和文件"单选按钮，单击"确定"按钮，如图 6-25 所示。

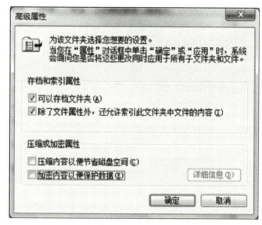

图 6-24 设置解密图

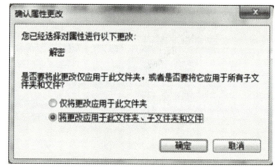

6-25 设置解密范围

进行解密操作时，选择"仅将更改应用于此文件夹"单选按钮，那么文件夹内原已经加密的文件将解密。以后添加至该文件夹内的文件，不再进行加密保护。

6.4 习题

一、思考题

1. 计算机网络的发展大致分为哪几个阶段？每个阶段的主要特点是什么？
2. 因特网可以向用户提供哪些服务？列举你在生活中经常应用到的五种服务。

3. 计算机安装了杀毒软件，上网浏览时还会感染病毒吗？为什么？
4. 在使用计算机系统时，应当采取哪些安全防范措施才能避免受到恶意攻击？

二、选择题

1. 计算机网络的目标是实现_____。
   A. 数据处理   B. 信息传输与数据处理
   C. 文献查询   D. 资源共享与信息传输
2. 计算机网络按照联网的计算机所处位置的远近不同可分为_____两大类。
   A. 城域网络和远程网络   B. 局域网络和广域网络
   C. 远程网络和广域网络   D. 局域网络和以太网络
3. 普通 PC 机连入局域网中，需要在该机器内增加_____。
   A. 传真卡   B. 调制解调器
   C. 网卡   D. 串行通信卡
4. 在一个 URL "http://www.hnebp.edu.cn"中的"www.hnebp.edu.cn"是指_____。
   A. 一个主机的域名   B. 一个主机的 IP 地址
   C. 一个 Web 主页   D. 一个 IP 地址
5. 因特网中的域名服务器系统负责全网 IP 地址的解析工作，它的好处是_____。
   A. IP 地址从 32 位的二进制地址缩减为 8 位的二进制地址
   B. IP 协议再也不需要了
   C. 用户只需要简单地记住一个网站域名，而不必记住 IP 地址
   D. IP 地址再也不需要了
6. 使用 Internet 的 FTP 功能，可以_____。
   A. 发送和接收电子邮件   B. 执行文件传输服务
   C. 浏览 Web 页面   D. 执行 Telnet 远程登录
7. 全球掀起了 Internet 热，在 Internet 上能够_____。
   A. 查询检索资料   B. 打国际长途电话
   C. 点播电视节目   D. 以上都对
8. 在电子邮件中所包含的信息是_____。
   A. 只能是文字   B. 只能是文字与图像信息
   C. 只能是文字与声音信息 D. 可以是文字、声音和图形图像信息
9. 网上"黑客"是指_____的人。
   A. 匿名上网   B. 总在晚上上网
   C. 在网上私闯他人计算机系统 D. 不花钱上网
10. 防止计算机中信息被窃取的手段不包括_____。
    A. 用户识别   B. 权限控制
    C. 数据加密   D. 病毒控制
11. Nterne（国际互联网）为联网的每个网络和每台主机都分配了唯一的地址，该地

址由纯数字组成并用小数点分隔,将其称为_____。

  A. 服务器地址   B. 客户机地址

  C. IP 地址   D. 域名地址

12. 下列关于网络特点的几个叙述中,不正确的一项是_____。

  A. 网络中的数据可以共享

  B. 网络中的外部设备可以共享

  C. 网络中的所有计算机必须是同一品牌、同一型号

  D. 网络用于信息的传递和交换

第7章 多媒体技术及应用

通过本章学习，使学生了解并掌握媒体和多媒体的概念、多媒体系统计算机的组成、多媒体信息的数字化、表示数据压缩编码技术、流媒体和虚拟现实的基础知识，掌握多媒体信息的数字化表示方法，能够使用软件工具进行多媒体创作。本章包括多媒体技术概述、多媒体信息的数字化表示、多媒体数据压缩技术、流媒体与虚拟现实等内容。

【知识目标】
1. 多媒体的基础知识
2. 多媒体信息的数字化
3. 多媒体数据压缩技术
4. 流媒体与虚拟现实技术

7.1 多媒体技术概述

7.1.1 多媒体与多媒体技术

"多媒体"一词译自英文"Multimedia"，该词由 multiple 和 media 复合而成，核心词是媒体。与多媒体相对应的是单一媒体（Monomedia），从字面上看，多媒体是由单一媒体复合而成。此外，还有流媒体和全媒体等。

多媒体即文本、图形、静态图像、声音、动画、视频等多种形态信息的集成呈现。因此，多媒体不仅仅表示信息从感知、表示、呈现、传输等媒体类型的多样化，还指以计算机为中心集成、处理多种媒体的一系列技术，包括信息数字化技术、计算机软硬件技术、网络通信技术等。

在当今的信息社会，人们每时每刻都会以种种方式接触到各种信息。这些信息以人们能够感知的方式进行传播，即信息依赖媒体传播。媒体（Medium）是信息表示和传播的载体。

根据国际电信联盟（International Telecommunication Union，ITU）下属的国际电报电话咨询委员会（International Telegraph and Telephone Consultative Committee，CCITT）的定义，媒体可分为以下五种类型。

① 感觉媒体（Perception Medium），指直接作用于人的感觉器官，使人产生直接感觉

的媒体。如引起听觉反应的声音、引起视觉反应的图像等。

② 表示媒体（Representation Medium），指用于传输感觉媒体的数据交换的编码。如图像编码（JPEG、MPEG 等）、文本编码（ASCII 码、GB2312 等）和声音编码等。

③ 呈现媒体（Presentation Medium），指提供信息输入和输出功能的媒体。如键盘、鼠标、扫描仪、话筒、摄像机等为输入媒体；显示器、打印机、扬声器等为输出媒体。

④ 存储媒体（Storage Medium），指用于存储表示媒体的物理介质。如硬盘、软盘、磁盘、光盘、ROM 及 RAM 等。

⑤ 传输媒体（Transmission Medium），指传输表示媒体的物理介质。如电缆、双绞线、光缆等。

通常所说的媒体在计算机领域有两层含义：一是指用以呈现、存储和传递信息的实体，即信息的物理载体，如书本、图片、磁带、磁盘、光盘、半导体存储器和播放设备等，中文常译为媒质；二是指信息的载体，即信息的表现形式，如数字、文字、声音、图形和图像，中文译作媒介，多媒体技术中的媒体是指后者。

感觉、表示、呈现、存储和传输等类型的媒体形式在多媒体领域中都是密切相关的，其中表示媒体是核心。一般说来，若不作特别说明，通常所说的媒体是指表示媒体。多媒体技术研究的主要对象还是各种各样的媒体表示和表现技术。

多媒体技术是指把文字、音频、视频、图形、图像、动画等多种媒体信息，通过计算机进行数字化采集、获取、压缩/解压缩、编辑、存储等加工处理，再以单独或合成形式表现出来的一体化技术。简而言之，多媒体技术就是应用计算机综合处理声、文、图等信息的技术，这种综合的媒体技术集成熟的图像、声音、视频处理技术于一体，因此，多媒体技术是一种边缘性的交叉学科。这直接导致诸如 IP 电话、数字电视、图文传真机、音响以及数字相机/摄像机等电子消费与计算机高度整合，由计算机完成视频、音频信号的采集、压缩/解压缩以及实时处理，并借助通信网络传输，从而不断地催生多媒体电子产品、网络电子产品，为人类的工作和生活带来全新的信息服务方式。图 7-1 所示的视频立体眼镜、数字头盔、虚拟观察仪和用于手指感应的数据手套就是很好的例证。

(a) 视频立体眼镜　　(b) 数字头盔　　(c) 虚拟观察仪　　(d) 数据手套

图 7-1　多媒体设备示例

7.1.2　多媒体技术的特性

多媒体技术的主要特性概括为多样性、集成性、交互性、非线性性、实时性和动态性。

(1) 媒体形式的多样性

人对外界的感觉能力分为视觉、听觉、触觉、嗅觉和味觉，其中，视觉是人类感知信息最主要的途径，人类从视觉通道获取的信息约占总信息量的 70%~80%；从听觉获取的信息约占 10%；通过触觉、嗅觉和味觉获取的信息只占 10%。相比简单的计算机处理单一文字信息的模式，多媒体技术使人们在与计算机的信息的交互过程中，可以处理文本、声音、图像、动画、视频等多种形式的信息。

(2) 信息处理的集成性

集成性是指以计算机为中心综合处理多种信息媒体的特性，即信息媒体的集成和处理这些媒体的设备的集成两个方面。信息媒体的集成是指对声音、文字、图像、视频等信息进行多通道统一获取、存储、组织与合成。媒体设备的集成或称为显示或表现媒体设备的集成，即多媒体系统一般不仅包括了计算机本身而且还包括了像电视、音响、录像机、激光唱机等设备。

(3) 人机环境的交互性

多媒体的交互性即用户可以与计算机的多种信息媒体进行交互操作从而为用户提供了更加有效地控制和使用信息的手段。相比传统媒体，多媒体增加了交互功能，通过交互行为并以多种感官来呈现信息，用户不仅可以看得到、听得到还可以触摸到、感觉到、闻到而且还可以与之相互作用，它带给人们全新的体验是一种崭新的媒介形式。例如，在计算机辅助教学中，学生可以根据自我需要调整学习内容的次序。

(4) 组织形式的非线性

多媒体技术的非线性特点将改变人们传统循序性的读写模式。以往人们读写方式大都采用章、节、页的框架，循序渐进地获取知识，而多媒体技术将借助超文本链接（Hyper Text Link）或超媒体链接（Hyper Media Link）的方法，把内容以一种更灵活、更具变化的方式呈现给读者，从而革新传统的以章、节的循序渐进地呈现信息的模式。

(5) 过程控制的实时性

所谓实时就是在人的感官系统允许的情况下，进行多媒体交互，就好像面对面（Face to Face）一样，图像和声音都是连续的。多媒体技术以计算机为中心，综合处理和控制多媒体信息，并按用户的要求以多种媒体形式表现出来，同时作用于人的多种感官。当用户给出操作命令时，相应的多媒体信息能够得到实时控制。实时多媒体分布系统是把计算机的交互性、通信的分布性和电视的真实性有机地结合在一起。

(6) 信息结构的动态性

由于多媒体信息随时间动态变化，信息以一种更加自由、灵活的方式呈现给用户，甚至用户可以是按需重组、增加、删除或者修改信息。因此，多媒体技术改变传统的静态的信息组织结构。

7.1.3 多媒体系统的组成

一般的多媒体系统主要由两个部分组成：多媒体硬件系统和多媒体软件系统。其中，多媒体软件系统又分为多媒体操作系统、多媒体处理系统工具和用户应用软件。

一、多媒体计算机的硬件系统

多媒体计算机的硬件及其接口种类繁多，新产品不断涌现。多媒体硬件系统除了常规的硬件如主机、软盘驱动器、硬盘驱动器、显示器、网卡之外，还要有音频信息处理硬件、视频信息处理硬件、光盘驱动器等部分以及 I/O 设备。

1. 音频卡

处理音频信号的 PC 插卡是音频卡（Audio Card），音频卡处理的音频媒体有数字化声音（Wave）、合成音乐（MIDI）、CD 音频。

当声卡处理音频信息时，经过话筒、录音机、电子乐器等设备输入的声音信息进行模数转换（A/D）、压缩等处理；或者将经过计算机处理的数字化的声音信号通过还原（解压缩）、数模转换（D/A）后用音箱播放出来或用录音设备记录下来。

音频卡的主要功能是音频的录制与播放、编辑与合成、MIDI 接口、文字和语音转换、CD-ROM 接口、游戏接口和支持全双工功能等。

2. 视频接口

视频卡（Video Card）用来支持视频信号（如电视）的输入与输出。视频图像显示组合了图形、图像和全运动视频的应用，要求视频卡具有动态伸缩的功能，这是由单监视器体系结构中的混合与伸缩技术解决的。第一代视频显示技术标准是 MDA 和 CGA，第二代标准是 EGA，第三代标准是 VGA，第四代标准是 XGA。

其工作原理是：视频信号的采集就是将视频信号经硬件数字化后，再将数字化数据加以存储。在使用时，将数字化数据从存储介质中读出，并还原成视频信号加以输出。视频信号的采集可分为单幅画面采集和多幅动态连续采集。视频采集、显示播放是通过视频卡、播放软件和显示设备来实现的。常见的视频卡有视频采集卡、视频播放卡和电视转换卡等类型。

3. 光存储设备

光存储系统由光盘驱动器和光盘盘片组成。光存储的基本特点是用激光引导测距系统的精密光学结构取代硬盘驱动器的精密机械结构。

光存储系统的技术指标包括尺寸、容量、平均存取时间、数据传输率、接口标准和格式标准等。目前，光存储系统主要有只读、一次写和可重写等类型。CD-ROM 只读型光存储系统即只读型光盘，其中的内容在光盘生成时就已经确定，而且不可改变，用户只能从只读型光盘中读取信息，而不能往盘上写信息；CD-R 可以一次写入光存储系统，任意多次读出；CD-RW 可重写型光存储系统可重写光盘像硬盘一样可任意读写数据。此外，磁光（MO）存储系统、相变（PD）光存储系统、DVD 光存储系统和光盘库系统等。可读写光驱又称刻录机，用于读取或存储大容量的多媒体信息。

4. 多媒体 I/O 设备

多媒体的输入与输出设备很多，较为典型的有以下几种。

（1）笔输入

比较有代表性的笔输入设备有手写板、手写笔和数字化仪等。以手写板为例，有电阻式压力板、电磁式感应板和近期发展的电容式触控板等种类。

(2) 触摸屏

触摸屏是一种定位设备。当用户用手指或者其他设备触摸安装在计算机显示器前面的触摸屏时，所摸到的位置（以坐标形式）被触摸屏控制器检测到，并通过串行口或者其他接口（如键盘）送到 CPU，从而确定用户所输入的信息。从结构特性与技术来分，触摸屏可以分为红外技术触摸屏、电容技术触摸屏、电阻技术触摸屏、表面声波触摸屏、压感触摸屏和电磁感应触摸屏。

(3) 扫描仪

扫描仪是一种图像输入设备，利用光电转换原理，通过扫描仪光电的移动或原稿的移动，把黑白或彩色的原稿信息数字化后再输入到计算机中，它还用于文字识别、图像识别等新的领域。扫描仪的技术指标包括扫描精度、分辨率、鲜锐度、阶调、灰阶、扫描速度和光电转换精度等。扫描仪由电荷耦合器件（CCD）阵列、光源及聚焦透镜组成。按扫描方式分有 4 类通用的扫描仪：手动式扫描仪、平面式扫描仪、胶片（幻灯片）式扫描仪和滚筒式扫描仪。

(4) 数码相机

数码相机使用 CCD 阵列，而不用胶片。数码相机的工作过程是先在 CCD 上进行成像，然后"读出"在 CCD 单元中的电荷，进行模数转换后存储。

(5) 虚拟现实的三维交互工具

虚拟现实 I/O 设备主要包括跟踪探测设备、数字化设备和立体显示设备等。虚拟现实系统的关键技术之一是跟踪技术（Tracking），即对虚拟现实用户（主要是头部）的位置和方向进行实时的、精确的测量。跟踪探测设备可以分为跟踪器和跟踪球，其中跟踪器又可以分为机械式跟踪器、电磁式跟踪器和超声式跟踪器。例如：手数字化设备主要包括数字手套等；立体视觉设备主要包括头盔显示器和立体眼镜等

(6) 输入输出接口

SCSI（Small Computer System Interface，小型计算机系统接口），是当今世界上最流行的用于小型机、工作站和微机的输入输出设备标准接口。

USB：需要主机硬件、操作系统和外设 3 个方面的支持才能工作。USB 规范中将 USB 分为 5 个部分：控制器、控制器驱动程序、USB 芯片驱动程序、USB 设备以及针对不同 USB 设备的客户驱动程序。此外，连接 CD-ROM、DVD 的 IDE 接口，连接扫描仪、打印机、U 盘、摄像头的 USB 接口，连接键盘、鼠标的 PS/2 接口，连接触摸屏、手写输入器的 COM 接口，连接网络的 RJ-45 接口，连接手机的蓝牙接口等。

二、多媒体计算机的软件系统

由于多媒体涉及种类繁多的各类硬件和需要处理各种差异巨大的多媒体数据，因此，如何将这些硬件有机地结合在一起，使用户能够方便地使用多媒体数据，是多媒体软件的主要任务。因此，除了常见软件的一般特点外，多媒体软件还要求具有数据压缩、驱动各类多媒体硬件接口和集成新型交互方式的能力。

1. 多媒体软件系统层次

多媒体软件可以划分成不同的层次或类别，这种划分是在发展过程中形成的，并没有绝对的标准。按多媒体软件功能划分为 5 个层次：驱动软件、多媒体操作系统、多媒体数据准备软件、多媒体编辑创作软件和多媒体应用软件。

2. 多媒体素材制作软件

媒体素材指的是文本、图像、声音、动画和视频等不同种类的媒体信息，它们是多媒体产品中的重要组成部分。准备媒体素材包括对上述各种媒体数据的采集、输入、处理、存储和输出等过程，与之相对应的软件，称为多媒体素材制作软件。主要的多媒体素材制作软件有文本录入与编辑软件、图形图像编辑与处理软件、音频编辑与处理软件、视频编辑处理软件以及动画制作与编辑软件。

3. 多媒体著作工具

（1）什么是多媒体著作工具

多媒体著作工具是指能够集成处理和统一管理多媒体信息，使之能够根据用户的需要生成多媒体应用系统的工具软件。与多媒体著作工具相关的概念有创作环境、创作系统、创作工具和集成工具。使用多媒体创作程序可以简化多媒体的创作，使得创作者可以不必关心有关的多媒体程序的各个细节而创作多媒体的一些对象、一个系列以至整个应用程序。

（2）多媒体著作工具的标准

一般来说，多媒体著作工具应该具有下列 8 个方面的功能和特性，即编程环境；超媒体功能和流程控制功能；支持多种媒体数据输入和输出，具有描述各种媒体之间时空关系的交互手段；动画制作与演播；应用程序间的动态链接；模块化和面向对象化的制作片段；界面友好、易学易用；良好的扩充性。这些功能和特性又是评测同类创作工具的一种标准。

（3）多媒体著作模式

多媒体著作模式是应用程序著作中的概念模型，常见模式有 8 种，即幻灯表现模式、层次模式、书页模式、窗口模式、时基模式、网络模式、图标模式和语言模式。

（4）多媒体著作工具的类型

按多媒体著作工具分类，可以分为以图标为基础、以时间为基础、以页为基础和以传统程序设计语言为基础的多媒体著作工具。

按多媒体著作工具的著作界面分类，可以分为幻灯式、书本式、窗口式、时基式、网络式、流程图式和总谱式。

4. 多媒体应用设计

多媒体可以应用于相当多的领域，但开发一个多媒体的应用必须首先明确系统的总体目标，然后确定应用的类型，以及采用合适的开发方法。

多媒体应用设计过程大致包括应用的选题与目标分析、脚本设计编写、各种媒体信息的数据准备、创作设计四个步骤，其中创作设计包括创意设计和人机界面设计。

7.1.4 多媒体技术的发展

多媒体技术的概念起源于20世纪80年代初，它是在计算机技术、通信网络技术、大众传播技术等现代信息技术不断进步的条件下，由多学科不断融合、相互促进而产生出来的。

1984年，美国Apple公司推出被认为是代表多媒体技术兴起的Macintosh系列机。1985年，美国Commodore公司的Amiga计算机问世，成为多媒体技术先驱产品之一。1986年3月，飞利浦和索尼两家公司宣布发明了交互式光盘系统（CD-I），这是集文字、图像和声音于一体的多媒体系统。1987年，美国RCA公司展示了交互式数字影像系统（DVI），这是以PC技术为基础，用标准光盘来存储和检索活动影像、静止图像、声音和其他数据。后来，英特尔公司接受了这项技术转让，1989年宣布把DVI开发为大众化商品。

进入20世纪90年代，为使多媒体建立适应发展的标准，飞利浦、索尼和微软等14家公司组成了多媒体市场协会，并公布了微机上的多媒体标准MPC Level-I。MPC标准的出现，使全世界的电脑制造商和软件发行商有了共同的遵循标准，带动了多媒体市场的发展。1993年、1995年多媒体市场协会又公布了MPC Level-II和MPC Level-III标准。

进入到二十一世纪，在通信领域多媒体网络应用尤为热门，国内3G、4G网络的发展，更是加深了多媒体技术的应用。现在的视频点播，网络广播，远程控制，远程视频通话等都是基于多媒体技术的应用。

随着网络社会的发展，物联网也随之出现。物联网（Internet of Things，IOT）是一个基于互联网、传统电信网等信息承载体，让所有能够被独立寻址的普通物理对象实现互联互通的网络。物联网一般为无线网，实现物与物的交互和人与物的交互等。在物联网上，每个人都可以应用电子标签将真实的物体上网联结，在物联网上都可以查找出它们的具体位置。通过物联网可以用中心计算机对机器、设备、人员进行集中管理、控制，也可以对家庭设备、汽车进行遥控，以及搜寻位置、防止物品被盗等各种应用。物联网将现实世界数字化，应用范围十分广泛。物联网的应用领域主要包括以下几个方面：运输和物流领域、健康医疗领域、智能环境（家庭、办公、工厂）领域、个人和社会领域等，具有十分广阔的市场和应用前景。

综上所述，多媒体技术的发展以如下三种技术为特征。

（1）传统媒体技术

它是多媒体发展的初级阶段，这个阶段过程中，所有要接受处理的信息都是在完全接收之后才被处理的，这样就拖延了处理的速度，大大增加了处理信息所用的时间，使人们必须花费大量的时间等待产生的多媒体信息。

（2）流媒体技术

它是解决传统多媒体弊端的新技术，所谓"流"，是一种数据传输的方式，使用这种方式，信息的接收者在没有接到完整的信息前就能处理那些已收到的信息。这种一边接收，一边处理的方式，很好地解决了多媒体信息在网络上的传输问题。人们可以不必等待太长的时间，就能收听、收看多媒体信息。并且在此之后边播放边接收，根本不会感觉到文件没有传完。

(3) 智能多媒体技术

智能多媒体技术是人工智能领域某些研究课题和多媒体计算机技术很好地结合，充分利用了计算机的快速运算能力，综合处理声、文、图信息，用交互式弥补计算机智能在文字的识别和输入、语音的识别和输入、自然语言理解和机器翻译、图形的识别和理解、机器人视觉和计算机视觉等方面的不足。

随着计算机处理数字、文字、图形、图像、语音、音乐，直至影像视频信息，计算机处理信息的能力不断增强，这个信息能力增强的过程就计算机的多媒体化的过程。其次，大众传播方面，首先是印刷技术开启向电子化、数字化形式的转变过程，逐步发展广播、电影、电视、录像、有线电视直至交互式光盘系统和高清晰度电视（HDTV），并且逐渐地开始具有交互能力。最后，通信网络技术的发展，从邮政、电报电话，一直到计算机网络，一方面不断地扩展了信息传递的范围和质量，另一方面又不断支持和促进了计算机信息处理和通信、大众信息传播的发展。因此，多媒体直接开户了计算机工业、家用电器工业和通信工业各个领域的发展和融合。

7.1.5 多媒体技术的应用领域

多媒体技术的发展使计算机的信息处理在规范化和标准化的基础上更加多样化和人性化，特别是多媒体技术与网络通信技术的结合，使得远距离多媒体应用成为可能，也加速了多媒体技术在经济、科技、教育、医疗、文化、传媒、娱乐等各个领域的广泛应用。多媒体技术已成为信息社会的主导技术之一，目前典型的应用主要有：教育、商业、网络通信、家庭医疗、军事、电子出版和虚拟现实等。

1. 教育与培训

世界各国的教育学家们正努力研究用先进的多媒体技术改进教学与培训。以多媒体计算机为核心的现代教育技术使教学手段丰富多彩，使计算机辅助教学（CAI）如虎添翼。实践已证明多媒体教学系统有如下效果：

(1) 学习效果好；

(2) 说服力强；

(3) 教学信息的集成使教学内容丰富，信息量大；

(4) 感官整体交互，学习效率高；

(5) 各种媒体与计算机结合可以使人类的感官与想象力相互配合，产生前所未有的思维空间与创造资源；

(6) 应用多媒体计算机模拟设备运行、化学反应、海洋洋流、天体演化、生物进化等过程。

2. 桌面出版（Desktop Publishing）与办公自动化

桌面出版物主要包括印刷品、表格、布告、广告、宣传品、海报、市场图表、蓝图及商品图等。多媒体技术为办公室增加了控制信息的能力和充分表达思想的机会，许多应用程序都是为提高工作人员的工作效率而设计的，从而产生了许多新型的办公自动化系统。由于采用了先进的数字影像和多媒体计算机技术，把文件扫描仪，图文传真机，文件资料微缩系统等和通信网络等现代化办公设备综合管理起来，将构成全新的办公自动化系统，成为新的发展方向。

3. 多媒体电子出版物

国家新闻出版广电总局对电子出版物定义为"电子出版物，是指以数字代码方式将图、文、声、像等信息存储在磁、光、电介质上，通过计算机或类似设备阅读使用，并可复制发行的大众传播媒体"。该定义明确了电子出版物的重要特点。电子出版物的内容可分为电子图书、辞书手册、文档资料、报刊杂志、教育培训、娱乐游戏、宣传广告、信息咨询、简报等，许多作品是多种类型的混合。电子出版物的特点：集成性和交互性，即使用媒体种类多，表现力强，信息的检索和使用方式更加灵活方便，特别是信息的交互性不仅能向读者提供信息，而且能接受读者的反馈。电子出版物的出版形式有电子网络出版和单行电子书刊两大类。电子网络出版是以数据库和通信网络为基础的新出版形式，在计算机管理和控制下，向读者提供网络联机服务、传真出版、电子报刊、电子邮件、教学及影视等多种服务。而单行电子书刊载体有软磁盘（FD）、只读光盘（CD-ROM）、交互式光盘（CD-I）、图文光盘（CD-G）、照片光盘（Photo-D）、集成电路卡（IC）和新闻出版者认定的其他载体。

4. 多媒体通信

在通信工程中的多媒体终端和多媒体通信也是多媒体技术的重要应用领域之一。当前计算机网络已在人类社会进步中发挥着重大作用。随着"信息高速公路"开通，电子邮件已被普遍采用。多媒体通信有着极其广泛的内容，对人类生活、学习和工作将产生深刻影响的当属信息点播（Information Demand）和计算机协同工作CSCW系统（Computer Supported Cooperative Work）。

信息点播有桌上多媒体通讯系统和交互电视ITV。通过桌上多媒体信息系统，人们可以远距离点播所需信息，而交互式电视和传统电视不同之处在于用户在电视机前可对电视台节目库中的信息按需选取，即用户主动与电视进行交互式获取信息。

计算机协同工作CSCW是指在计算机支持的环境中，一个群体协同工作以完成一项共同的任务，其应用于工业产品的协同设计制造，远程会诊，不同地域位置的同行们进行学术交流，师生间的协同式学习等。

多媒体计算机+电视+网络将形成一个极大的多媒体通信环境，它不仅改变了信息传递的面貌，带来通信技术的大变革，而且计算机的交互性，通信的分布性和多媒体的现实性相结合，将构成继电报、电话、传真之后的第四代通信手段，向社会提供全新的信息服务。

5. 多媒体声光艺术品的创作

专业的声光艺术作品包括影片剪接、文本编排、音响、画面等特殊效果的制作等。

专业艺术家也可以通过多媒体系统的帮助增进其作品的品质，MIDI 的数字乐器合成接口可以让设计者利用音乐器材、键盘等合成音响输入，然后进行剪接、编辑、制作出许多特殊效果。电视工作者可以用多媒体系统制作电视节目，美术工作者可以制作卡通和动画的特殊效果。制作的节目存储到 VCD 视频光盘上，不仅便于保存，图像质量好，价格也已为人们所接受。

7.2 多媒体信息的数字化表示

目前，多媒体信息在计算机中的基本形式可划分为：文本、图形、图像、音频、视频和动画等，这些基本信息形式也称为多媒体信息的基本元素。

7.2.1 文本

文本是以文字、数字和各种符号表达的信息形式，包括各种字体、尺寸、格式及色彩的文本。它是现实生活中使用最多的信息媒体，主要用于对知识的描述。文本分为非格式化文本文件和格式化文本文件。在非格式化文本文件中，只有文本信息，没有其他任何有关格式信息的文件，所以又称为纯文本文件，如".txt"文件。格式化文本文件是带有各种文本排版信息等格式信息的文本文件，如段落格式、字体格式、文章的编号、分栏、边框、文字的变化 [包括格式（style）、字的定位（align）、字体（font）、字的大小（size）等]。

文本内容的组织方式都是按线性方式顺序组织的。在多媒体计算机中，文字和数值都是用二进制编码表示的，文字信息和数值信息统称为文本信息，具体的文本信息与 MPC 的处理能力有关，对于具备中英文处理能力的 MPC 来说，文本信息则主要由 ASCII 码表所规定的字符集（包括字母、数字、特殊符号等）和汉字信息交换码所规定的中文字符集中的字符组合而成，习惯上把前者称为西文字符，而把后者称为中文字符。MPC 处理文字信息主要包括输入、编辑、存储、输出等。

文本数据的输入方式有直接输入、幕后载入、利用 OCR 技术和其他如语音识别、手写识别等方式。一般文本的处理的主要内容包括字的格式和段落的格式。常用的文本编辑软件包括 Microsoft Word、WPS，用 Word 等软件中插入对象的方法，可以制作丰富多彩、效果各异的效果字；常用的文本录入和转换软件包括 IBM ViaVoice、汉王语音录入和手写软件、清华 OCR、尚书 OCR 等。

7.2.2 音频

音频（Audio）是指在 20 Hz~20 kHz 频率范围内的连续变化的声波信号，可分为语音、音乐和合成音效三种形式。根据声音来源不同，计算机可以处理的声音分为合成音乐和数字声音。数字声音，是将人听到的自然声音（模拟信号）进行数字化转换后得到的数据。

波形声音设备可以通过麦克风捕捉声音，并将其转换为数值，然后把它们储存到内存或者磁盘上的波形文件中，波形文件的扩展名是".wav"。这样，声音就可以播放了。语音（人的说话声）是一种特殊的媒体，也是一种波形，所以和波形声音的文件格式相同。音乐是一种符号化了的声音，乐谱可转变为符号媒体形式。

合成音乐：根据乐谱去演奏乐器的声音而组合形成的音乐。MIDI 就是合成音乐的标准。数字音频处理软件很多，其主要功能是：①录制声音信号；②声音剪辑；③增加特殊效果；④文件操作。

1. 音频的相关概念

音频（Audio）是指频率在 20 Hz~20 kHz 范围内的可听声音，是多媒体信息中的一种媒体类型——听觉类媒体。目前，音频主要有波形音频、CD 音频和 MIDI 音乐 3 种形式。

① 波形音频：一种由外部声音源通过数字化设备采集到多媒体计算机中的声音。语音是波形声音中人的说话声音，具有内在的语言学、语音学的内涵。多媒体计算机可以利用特殊的方法分析、研究、抽取语音的相关特征，实现对不同语音的分辨、识别以及通过文字合成语音波形等。

② CD 音频：存储在音乐 CD 光盘中的数字音频，可以通过 CD-ROM 驱动器读取并采集到多媒体计算机系统中，并以波形音频的相应形式存储和处理。

③ MIDI 音乐：也称 MIDI 音频。它将音乐符号化并保存在 MIDI 文件中，并通过音乐合成器产生相应的声音波形来还原播放。

音频是时间的函数，具有很强的前后相关性，所以实时性是音频处理的基本要求。

2. 数字音频的文件格式

下面介绍几种常用的音频文件格式。

① WAV 格式，是微软公司开发的一种声音文件格式，也叫波形声音文件，是最早的数字音频格式，被 Windows 平台及其应用程序广泛支持。WAV 格式支持许多压缩算法，支持多种音频位数、采样频率和声道，采用 44.1 kHz 的采样频率，16 位量化位数。

② MIDI（Musical Instrument Digital Interface，乐器数字接口）是数字音乐/电子合成乐器的统一国际标准。它定义了计算机音乐程序、数字合成器及其他电子设备交换音乐信号的方式，规定了不同厂家的电子乐器与计算机连接的电缆和硬件及设备间数据传输的协议，可以模拟多种乐器的声音。MIDI 文件就是 MIDI 格式的文件，在 MIDI 文件中存储的是一些指令。把这些指令发送给声卡，由声卡按照指令将声音合成出来。

③ 大家都很熟悉 CD 这种音乐格式了，扩展名 CDA，其取样频率为 44.1 kHz，16 位量化位数，跟 WAV 一样，但 CD 存储采用了音轨的形式，又叫"红皮书"格式，记录的是波形流，是一种近似无损的格式。

④ MP3 全称是 MPEG-1 Audio Layer 3，它在 1992 年合并至 MPEG 规范中。MP3 能够以高音质、低采样率对数字音频文件进行压缩。换句话说，音频文件（主要是大型文件，比如 WAV 文件）能够在音质丢失很小的情况下（人耳根本无法察觉这种音质损失）把文件压缩到更小的程度。

⑤ WMA（Windows Media Audio）是微软在互联网音频、视频领域的力作。WMA 格式

是以减少数据流量但保持音质的方法来达到更高的压缩率目的，其压缩率一般可以达到1∶18。

⑥ MP4 采用的是美国电话电报公司（AT&T）所研发的以"知觉编码"为关键技术的 a2b 音乐压缩技术，由美国网络技术公司（GMO）及 RIAA 联合公布的一种新的音乐格式。MP4 在文件中采用了保护版权的编码技术，只有特定的用户才可以播放，有效地保证了音乐版权的合法性。另外 MP4 的压缩比达到了 1∶15，体积较 MP3 更小，但音质却没有下降。不过因为只有特定的用户才能播放这种文件，因此其流传与 MP3 相比相距甚远。

⑦ QuickTime 是苹果公司于 1991 年推出的一种数字流媒体，它面向视频编辑、Web 网站创建和媒体技术平台，QuickTime 支持几乎所有主流的个人计算平台，可以通过互联网提供实时的数字化信息流、工作流与文件回放功能。现有版本为 QuickTime 1.0、2.0、3.0、4.0 和 5.0，在 5.0 版本中还融合了支持最高 A/V 播放质量的播放器等多项新技术。

⑧ DVD Audio 是新一代的数字音频格式，与 DVD Video 尺寸以及容量相同，为音乐格式的 DVD 光碟，取样频率有"48 kHz/96 kHz/192 kHz"和"44.1 kHz/87.2 kHz/176.4 kHz"可供选择，量化位数可以为 16、20 或 24 比特，它们之间可自由地进行组合。低采样率的 192kHz、176.4 kHz 虽然是 2 声道重播专用，但它最多可收录到 6 声道。以 2 声道 192kHz/24b 或 6 声道 96 kHz/24 b 收录声音，可容纳 74 分钟以上的录音，动态范围达 144 dB，整体效果出类拔萃。

⑨ RealAudio 是由 Real Networks 公司推出的一种文件格式，最大的特点就是可以实时传输音频信息，尤其是在网速较慢的情况下，仍然可以较为流畅地传送数据，因此 RealAudio 主要适用于网络上的在线播放。现在的 RealAudio 文件格式主要有 RA（RealAudio）、RM（RealMedia，RealAudio G2）、RMX（RealAudio Secured）三种，这些文件的共同性在于随着网络带宽的不同而改变声音的质量，在保证大多数人听到流畅声音的前提下，令带宽较宽敞的听众获得较好的音质。

⑩ VOC 文件，在 DOS 程序和游戏中常会遇到这种文件，它是随声霸卡一起产生的数字声音文件，与 WAV 文件的结构相似，可以通过一些工具软件方便地互相转换。

3. 数字音频处理

音频的获取途径通常有三种：完全自己制作、利用现有的声音素材库和通过其他外部途径购买版权获得音频。音频数据处理软件可分为两大类，即波形声音处理软件和 MIDI 软件。

常用的音频数据处理软件有：Adobe Audition、CoolEdit、Creative WaveStudio、GoldWave、MIDI Orchestrator 等。

7.2.3 图形与图像

1. 图形（Graphic）

图形是指由外部轮廓线条构成的矢量图，是指用计算机绘图软件绘制的黑白或彩色的从点、线、面到三维空间以矢量坐标表示的几何形状。如直线、矩形、圆、多边形以及其他可用角度、坐标和距离来表示的几何图形。其格式是一组描述点、线、面等几何图形的大小、形状及其位置、维数的指令集合，在图形文件中只记录生成图的算法和图上的某些特征点，也称矢量图。因此，图形的产生需要计算时间。图形是人工或自动对图像进行抽象的结果。

图形的矢量化使得有可能对图中的各个部分分别进行控制（如放大、缩小、旋转、变形、扭曲、移位等）。

2. 图像（Image）

图像是由像素点阵构成的位图。这里指静止图像，图像可以从现实世界中由扫描仪、摄像机等输入设备捕获，也可以利用计算机产生数字化图像。静止的图像是一个矩阵，由一些排成行列的点组成，这些点称之为像素点（Pixel），这种图像称为位图（Bitmap）。如：1600×1200＝1920000≈200万像素，是指横向1600个点，纵向1200个点的图像。

位图是用矩阵形式表示的一种数字图像，矩阵中的元素称为像素，每一个像素对应图像中的一个点，像素的值对应该点的灰度等级或颜色，所有像素的矩阵排列构成了整幅图像。

图形与图像是不同的概念。图形是矢量概念，最小单位是图元；图像是位图概念，最小单位是像素；图形显示图元顺序，图像显示像素顺序；图形变换无失真，图像变换有失真；处理图形时需以图元为单位修改属性、编辑，对于图像则只能对像素或图块处理；图形是对图像的抽象，但在屏幕上两者无异。

3. 图形图像处理的基本内容

矢量图形处理是计算机信息处理的一个重要分支，被称为计算机图形学，主要研究二维和三维空间图形的矢量表示、生成、处理、输出等内容。具体来说，就是利用计算机系统对点、线、面、曲面等数学模型进行存放、修改、处理（包括几何变换、曲线拟合、曲面拟合、纹理产生与着色等）和显示等操作，通过几何属性表现物体和场景。

图像处理是指对位图图像所进行的数字化处理、压缩、存储和传输等内容，具体的处理技术包括图像变换、图像增强、图像分割、图像理解、图像识别等。处理过程中，图像以位图方式存储和传输，而且需要通过适当的数据压缩方法来减少数据量，图像输出时再通过解压缩方法还原图像。

4. 图像的主要参数

图像的每个像素点都用二进制数编码，用来反映像素点的颜色和亮度。图像的主要技术参数有分辨率、像素深度、图像的数据量。

（1）分辨率

又分为屏幕分辨率、图像分辨率、打印分辨率、扫描分辨率。

① 屏幕分辨率：沿着屏幕的长和宽排列像素的多少，即计算机显示器屏幕显示图像的最大显示区，单位是PPI（Pixel Per Inch）。

图7-2是同一图像分别在240×180、180×135、120×90不同分辨率时画面。

② 图像分辨率：指的是一幅具体作品的品质高低，通常都用像素点（Pixel）多少来

图 7-2　不同显示分辨率的对比

加以区分，单位是 PPI。在图片内容相同的情况下，像素点越多、品质就越高，但相应的记录信息量（文件长度）也呈正比增加。

③ 打印分辨率：也是很常见的一种分辨率，顾名思义，就是打印机或者冲印设备的输出分辨率，即在单位距离上所能记录的点数，单位是 DPI（Dot Per Inch）。

④ 扫描分辨率：是指每英寸扫描所得到的点，单位也是 DPI。它表示一台扫描仪输入图像的细微程度，数值越大，被扫描的图像转化为数字化图像越逼真，扫描仪质量也越好。

（2）像素深度

是指存储每个像素所用的位数，它也是用来度量图像的分辨率的。

像素深度决定彩色图像的每个像素可能有的颜色数，或者确定灰度图像的每个像素可能有的灰度级数。图像的最大颜色数由像素深度决定，若像素深度为 n 位可存储为 2^n 种颜色。例如，一幅彩色图像的每个像素用 R，G，B 三个分量表示，若每个分量用 8 位，那么一个像素需要表示为 24 位，每个像素可以是 224（=16777216）种颜色中的一种。

（3）图像的数据量

数据大小与分辨率、颜色深度有关。设图像垂直方向的像素数为 H，水平像素数为 W，颜色深度为 C 位，则一幅图像所拥有的数据量大小 B 为：B＝H ×W ×C/8（字节）。

例如，一幅未被压缩的位图图像，若它的水平像素为 640，垂直像素为 480，颜色深度为 16 位，则该幅图像的数据量为：640 ×480 ×16/8 ＝614 400 字节 ＝600KB。

5. 数字图像的种类与图像文件的格式

在多媒体计算机系统中，不同的压缩方式用不同的文件格式表示。不同的文件格式用特定的文件扩展名来表示，常见的图像文件格式有 BMP、PCX、GIF、JPG、TIFF、TGA、PNG、PSD 和 MPT 等。

① BMP 格式：一种与设备无关的图像文件格式，采用位映射存储形式，支持 RGB、索引色、灰度和位图色彩模式。

② PCX 格式：Zsoft 公司研制开发的图像处理软件 PCPaintbrush 设计的文件格式，与特定图形显示硬件有关。PCX 文件在存储时要经过 RLE 压缩或解压缩。

③ GIF 格式：CompuServe 公司指定的图像格式，它具有支持 64000 像素的图像、256~16M 颜色的调色板、单个文件的多重图像、按行扫描迅速解码、有效地压缩以及与

硬件无关等特性，且能将图像存储成背景透明的形式，还能将多幅图像存成一个图像文件而连续播放形成动态效果。GIF 文件在存储时都经 LZW 压缩，压缩比达 50%。

④ JPG 格式：用 JPEG 压缩标准压缩的图像文件格式，JPEG 压缩是一种高效率的有损压缩，压缩时可将人眼很难分辨的图像信息进行删除。将图像保存为 JPEG 格式时，可以指定图像的品质和压缩级别。

⑤ TIFF 格式：Tagged Image File Format（标记图像文件格式）的缩写，通常标识为 *.TIF 类型。它是由 Aldus 和 Microsoft 公司为扫描仪和台式计算机出版软件开发的用来为存储黑白、灰度和彩色图像而定义的存储格式，支持 1～8 位、24 位、32 位（CMYK 模式）或 48 位（RGB 模式）等颜色模式，能保存为压缩和非压缩的格式。

⑥ TGA 格式：Truevision 公司为支持图像捕捉和本公司的显卡而设计的一种图像格式。这种格式支持任意大小的图像，图像的颜色可以从 1～32 位，具有很强的颜色表达能力。

⑦ PNG 格式：为了适应网络传输而设计的一种图像文件格式。在大多数情况下，它的压缩比大于 GIF 图像文件格式，利用 Alpha 通道可以调节图像的透明度，可提供 16 位灰度图像和 48 位真彩色图像，它可取代 GIF 和 TIF 图像文件格式。

⑧ MPT（或 MAC）格式：苹果 MAC 机所使用的灰度图像格式，也称 MAC Paint 格式，文件扩展名为 .MPT 或 .MAC。在 PC 上制作图像时可以利用这种格式与苹果 MAC 机沟通，它的屏幕显示固定在 576×720 像素，转换文件时注意调整以免图像有所损失。

⑨ PSD 格式：Photoshop 特有的图像文件格式，支持 Photoshop 中所有的图像类型。该格式文件可将编辑的图像文件中的所有图层和通道的信息记录下来。以 PSD 格式保存的文件，可重新读取需要的信息。由于图像没有经过压缩，会占较大的硬盘空间。

一般地，GIF、JPEG、PNG 以及 BMP 等格式较为常用。矢量图形文件也有多种格式，常见的有：EPS、DXF、PS、HGL、WMF 格式，此处不作介绍。

6. 常见的图像处理软件

对图像数据的编辑与处理技术包括图像的采集和存储、常用的图像处理技术（如图像增强、图像恢复、图像识别、图像编码和点阵图转换为矢量图等）以及图形、图像的特技处理（如模糊、锐化、浮雕、旋转、透射、变形、水彩画和油彩画等）。表 7-1 列举部分常用的图像处理软件。

表 7-1 常见的图像处理软件

软件名	出品公司	功能简介
PhotoShop	Adobe	图片专家，平面处理的工业标准
Image Ready		专为网页图像制作而设计
Painter	MetaCreations	支持多种画笔，具有强大的油画、水墨画绘制功能，适合于专业美术家从事数字绘画
PhotoImpact	Ulead	集成化的图像处理和网页制作工具，整合了 Ulead GIF Animator
PhotoStyler		功能十分齐全的图像处理软件

(续)

软件名	出品公司	功能简介
Photo-Paint	Corel	提供了较丰富的绘画工具
Picture Publisher	Micrografx	Web 图形功能优秀
PhotoDraw	Microsoft	微软提供的非专业用户图像处理工具
PaintShop Pro	Jasc Software	专业化的经典共享软件，提供"矢量层"，可以用来连续抓图

7.2.4 动画

1. 动画的定义

动画（Motivation）是指运动的画面，是人们想象的艺术，它利用人眼的视觉暂留特性，快速播放连续的静止图像，从而使人感到动态视觉的效果。计算机动画是用计算机生成一系列能够实时演播的连续画面，它可以把人们的视觉引向一些客观不存在或很难做到的内容上。计算机在创建画面、着色、录制、特技剪辑和后期制作等整个动画制作过程中起着核心作用。

计算机动画的研究始于 20 世纪 60 年代初期。最初主要集中在二维动画的研制，作为示范教学和辅助制作传统动画片之用。三维计算机动画的研究始于 20 世纪 70 年代初，但真正进入实用化还是 20 世纪 80 年代中、后期。随着具有实时处理能力的超级图形工作站的出现，以及三维造型技术、真实感图形生成技术的迅速发展，推出了一些可生成具有高逼真度视觉效果的实用化、商品化的三维动画系统。20 世纪 90 年代初，计算机动画技术成功地应用于电影特技，取得了出色的成就，由此可见计算机动画技术的重要意义。

计算机动画的关键技术在于支持动画制作的计算机硬件和软件。由专业人员开发的计算机动画制作软件可以使人们较方便地制作计算机动画，它采用关键帧（Keyframe）技术设置场景和角色，然后自动生成中间动画，不仅极大地提高了制作效率，而且动画效果流畅自然。因此，计算机动画被大量用于电影电视特技、广告、教学、模拟训练、辅助设计和电子游戏等方面的设计与制作。

2. 动画的分类

按照动画生成的原理不同，可以将计算机动画分为关键帧动画和算法动画；按照不同的动画视觉空间，可以将计算机动画分为二维动画和三维动画。

（1）按动画生成的原理分类

关键帧动画是计算机动画中使用最广泛、最基本的一种。动画中的连续片段实际上是由一系列静止的画面组成的，制作动画时并不需要对全部的帧画面都进行绘制，只需绘制动作变化出现转折的画面（即关键帧）就可以了。各个关键帧之间的中间帧可以由计算机插值生成，常用的插值算法有线性插值算法和非线性插值算法。

算法动画又称实时动画，它采用多种算法来实现对动画中物体的运动控制，常用的算法有运动学算法、逆运动学算法、动力学算法、逆动力学算法、随机运动算法等。计算机利用获得的各种参数，使用根据物理、化学等自然规律设计的算法，实时生成连续的动画帧，并将它们显示出来。

(2) 按动画视觉空间分类

由于视觉空间的不同，计算机动画有二维与三维之分。二维动画是依靠平面绘图，以二维的平面形象表现场景和叙事，没有真实的立体感，如图7-3所示。三维动画是依靠建立空间三维模型，产生正面、侧面和反面等空间感觉，具有真实的立体感。三维动画不同于二维动画的绘图，它采用的是建立三维模型，然后通过"贴图"体现材料质感，通过调整虚拟摄像机和"打光"，形成逼真的立体画面，如图7-4所示。

图 7-3　二维动画　　　　　　　　图 7-4　三维动画

3. 常见动画文件格式

(1) GIF 格式

GIF 格式除了可以存储单幅图像外，还可以同时存储若干幅图像，将这些图像依次显示出来就形成了一种连续的动画效果。目前在互联网上大量使用了这种格式的动画，但该格式无法存储声音。

(2) FLIC (FLI/FLC) 格式

FLIC 格式是 Autodesk 公司设计的动画文件格式，被该公司开发的 Animator、Animator Pro 和 3DStudio 等动画制作软件使用。FLIC 是 FLC 格式和 FLI 格式的统称，该格式被广泛用于动画制作、计算机辅助设计和计算机游戏程序中。

(3) SWF 格式

SWF 格式是 Macromedia 公司开发的 Flash 软件使用的一种文件格式。它是一种矢量动画格式，采用数学方程描述动画内容，在缩放时不会产生失真现象，非常适合描述由几何图形组成的动画，如教学演示等。这种格式的动画能用比较小的体积来表现丰富的多媒体形式，能够添加音乐，还可以与 HTML 文件充分结合，因此被广泛地应用于网页上。SWF 格式的动画是一种"准"流式文件，可以在下载文件的同时进行播放，适合在互联网上发布。

另外，AVI、MOV、RM 等视频文件格式也可以用于存储动画，它的特点和普通的视频文件相同。

4. 计算机动画的应用领域

近年来，随着计算机动画技术的迅速发展，它的应用领域日益扩大，带来的社会效益和经济效益也不断增长。计算机动画现阶段主要应用于广告、电影特技、工程建筑、教学演示、产品模拟试验、电子游戏及虚拟现实和 3D Web 等领域。

① 在广告、电影特技方面，计算机动画技术给广大广告和电影制作人员提供了充分发挥想象力的机会，他们可以利用该技术生成平常难以尝试的创意。利用数码合成及摄像机定位技术，可以实现虚拟景物与实拍画面的无缝合成，使观众难以区分画面中景物的真假。

② 在工程建筑方面，建筑师利用三维计算机动画技术，不仅可以观察建筑物的内、外部结构，而且可以实现对虚拟建筑场景的漫游。

③ 在教学演示方面，由于计算机动画的形象性，它已被用来解释复杂的自然现象：小到简单的牛顿定律，大到复杂的狭义相对论等。

④ 在产品模拟试验方面，利用动画技术，设计者能够使虚拟模型运动起来，由此来检查只有制造过程结束后才能验证的一些模型特征，如运动的协调性、稳定性等，以便设计者及早发现设计上的缺陷。

⑤ 计算机动画技术在飞行模拟器的设计中起着非常重要的作用。该技术主要用来实现生成具有真实感的周围环境图像，如机场、山脉和云彩等。此时，飞行员驾驶舱的舷舱成为计算机屏幕，飞行员的飞行控制信息转化为数字信号，直接输出到计算机程序，进而模拟飞机的各种飞行特征。飞行员可以模拟驾驶飞机进行起飞、着陆、转身等操作。

⑥ 虚拟现实是利用计算机动画技术模拟产生的一个三维空间的虚拟环境系统。借助系统提供的视觉、听觉甚至触觉的设备，"身临其境"地感受这个虚拟环境，随心所欲地活动，就像在现实世界中一样。

7.2.5 视频技术

视频（Video）是多幅静止图像（图像帧）与连续的音频信息在时间轴上同步运动的混合媒体，多帧图像随时间变化而产生运动感，因此视频也被称为运动图像。从摄像机、录像机、影碟机以及电视接收机等影像输出设备得到的连续活动图像信号就是典型的视频信号。视频信号大多是标准的彩色全电视信号，要将其输入到计算机中，不仅要有视频信号的捕捉，实现其由模拟信号向数字信号的转换，还要有压缩和快速解压缩及播放的相应软硬件处理设备配合。同时，在处理过程中免不了受到电视技术的各种影响。

1. 数字视频文件格式

常用的普通视频文件格式有以下 7 种。

（1）AVI 格式

AVI（Audio Video Interleaved，音频/视频交错）格式是 Microsoft 公司开发的一种符合 RIFF 文件规范的数字音频与视频文件格式，文件扩展名为 avi。AVI 格式允许视频和音频交错在一起同步播放，但并未限定编码标准，因此，要播放使用不同编码算法生成的 AVI

文件，必须使用相应的解码算法才行。该格式常用的编/解码技术有 Microsoft Video、Microsoft RLE、Cinepak Codec by Radius、Intel Indeo Video、XviD、DivX 等。目前 AVI 格式主要用在多媒体光盘和互联网上，用来存储和传输电影、电视等各种视频信息。该格式的图像质量较好，易于编辑，但体积较庞大。

（2）RealVideo 格式

RealVideo 格式是 Real Networks 公司开发的一种流式视频文件格式，它包含在该公司所制定的音频/视频压缩规范 Real Media 中，可以根据网络数据传输速率的不同而采用不同的压缩比率，从而实现在低速网络上实时传送和播放影像数据。它可以采用固定速率和动态速率两种编码方式，扩展名分别为 rm 和 rmvb。采用动态速率编码时，在静止和动作场面少的画面场景采用较低的编码速率，在复杂的动态画面场景则采用较高的编码速率，从而在保证静止画面质量的前提下，大幅度地提高了运动画面的质量，在图像质量和文件大小之间取得了较好的平衡。该格式除了可以以普通的视频文件形式播放之外，还可以通过 Real Server 服务器对外发布。

（3）MOV 格式

MOV 格式是 Apple 公司开发的一种视频文件格式，Apple Mac OS、Microsoft Windows 等的所有主流计算机平台均支持该格式，文件扩展名为 mov，需要使用 Apple's QuickTime 软件进行播放。MOV 格式的视频文件可以采用不压缩或压缩的编码方式，其压缩算法包括 Cinepak、Intel Indeo Video R3.2、MPEG-4、H.264 等。

（4）ASF 格式

ASF（Advanced Streaming Format，高级串流格式）格式是 Microsoft 为了和 Real Media 格式竞争而设计的一种网络流式视频文件格式，既适合在网络上发布，也适合在本地播放，文件扩展名为 .asf。

（5）WMV 格式

WMV 格式也是 Microsoft 推出的一种视频文件格式，扩展名为 wmv，它是在 ASF 格式的基础上升级而来的，在同等的视频质量下，WMV 格式的体积非常小，因此很适合在网上播放和传输。在 WMV 格式的新版本中则使用了 WMV9 视频压缩编码标准，对高分辨率视频而言优势更加明显。以 WMV9 为基础的 VC-1 格式从 2006 年起正式被 SMPTE（电影电视工程师协会）颁布为高清编码标准，与 H.264 一样，成为被认可的高清编码格式。

（6）3GP 格式

3GP 格式是由 3GPP（第三代合作伙伴项目）定义的一种流式视频格式，是为了配合 3G 网络的高传输速率而设计的，也是目前手机中最为常见的一种视频格式。该格式使用 MPEG-4 或 H.263 对视频流进行编码，使用 AMR-NB 或 AAC-LC 对音频流进行编码，文件扩展名为 3gp。

（7）FLV 格式

FLV 格式是原 Macromedia 公司（现已被 Adobe 公司合并）开发的流式视频文件格式，扩展名为 flv。该格式不仅可以轻松地导入 Flash，还可以通过 RTMP 协议从 Flashcom 服务器上流式播放。目前大部分视频网站都使用这种格式发布在线视频。

2. 视频处理软件概述

常见的视频播放的软件有以下两类：

① 台湾 Ulead（友立）公司推出的 Ulead Media Studio Pro、Ulead Video Studio、Ulead DVD Movie Factory 和 Ulead DVD Picture Show 等软件，可以处理视频编辑、影片特效、2D 动画制作和 DVD/VCD 相册制作软件等任务。

② 典型的视频处理软件 Premiere。Adobe Premiere 是 Adobe 公司推出的专业级视音频非线性编辑软件，广泛应用于电视节目编辑、广告制作、电影剪辑等领域。

7.3 多媒体数据压缩技术

数据压缩就是以最少的数码表示信源所发出的信号，减少容纳指定消息集合或数据采样集合的信号空间。"信源"可以是数据、静止图像、语音、电视或其他需要存储和传输的信号；"信号空间"是指信号集合所占的空域、时域和频域空间。"最少"是指在保证信源的一定质量或者说是有效的前提下的最少。

1. 多媒体数据的特点

传统的数据采用了编码表示，数据量并不大。如一部 50 万字的小说，保存为文本文件不到 1000 KB。而多媒体数据量巨大，其数据压缩显得相当必要。

一幅大小为 1024×768（像素）的真彩色图像，每像素用 24bit 表示，其大小为：

$1024 \times 768 \times 8 \times 3 = 18874368 bit = 18Mb$

上述彩色图像按 NTSC 制，每秒钟传送 30 帧，其每秒的数据量为：

$18Mb \times 30 帧/s = 540Mb/s = 67.5 MB/s$

若存放一部 120 分钟的影片，其数据量为：

$120 分钟 \times 60 秒 \times 67.5 MB/s = 364500 MB \approx 475 GB$

双通道立体声激光唱盘（CD-A），采样频率为 44.1 kHz，采样精度为 16 位/样本，其 1 秒钟的音频数据量为 $44.1 \times 10^3 \times 16 \times 2 = 1.41 Mb/s$。5 分钟的音乐需占用空间为 420M。

由此可见，对于包括文本、声音、动画、图形、图像以及视频等多媒体信息，经过数字化处理后其数据量是非常大的，若不进行数据压缩处理，计算机系统就无法对它进行处理。

2. 多媒体数据可压缩的可能性

采样数据不仅仅是所代表的原始信息本身，还包含着其他一些没必要保留的信息，即存在着数据冗余。数据压缩就是从采样数据中去除冗余，即保留原始信息中变化的、特征性信息，去除重复的、确定的或可推知的信息，在实现更接近实际媒体信息描述的前提下，尽可能地减少描述用的信息量。例如：通过压缩达到减少图像、声音、视频中的数据量的目标。

① 空间冗余数据：规则的物体和背景都具有空间上的连贯性，这些图像数字化后就会出现数字冗余。例如，一个静态图像中有一块表面颜色均匀的区域，在这个区域中所有点的光强和色影以及饱和度都是相同的，这就导致空间数据的冗余性。

② 时间冗余数据：运动图像和语音数据的前后有很强的相关性，经常包含了数据冗余。在播出视频图像时，时间发生推移，但若干幅画面的同一部位并没有多少变化，发生变化的只是其中某些局部区域，这就形成时间冗余数据。

③ 视觉冗余数据：人类视觉对图像的敏感度是不均匀的。但是，在对原始图像进行数字化处理时，通常对图像的视觉敏感和不敏感部分同等对待，从而产生视觉冗余数据。

④ 听觉冗余数据：人耳对不同频率的声音的敏感性是不同的，并不能察觉所有频率的变化，对某些频率不必特别关注，因此存在听觉冗余。

此外，还有结构冗余、知识冗余等其他冗余数据。

3. 数据的压缩方法

压缩处理一般由两个过程组成：一是编码过程，即将原始数据经过编码进行压缩；二是解码过程，即将编码后的数据还原为可以使用的数据。数据压缩可分为无损压缩、有损压缩和混合压缩三大类。

① 无损压缩利用数据的统计冗余进行压缩，解压缩后可完全恢复原始数据，从而不会导致数据失真。无损压缩的压缩率受到冗余理论的制约，一般压缩比为 2：1 到 5：1 之间。无损压缩广泛用于文本数据、程序和特殊应用的图像数据的压缩。常用的无损压缩算法有 RLE 编码、Huffman 编码、LZW 编码等。

② 数据的有损压缩针对图像或声音的频带宽、信息丰富，人类视觉和听觉器官对频带中的某些成分不大敏感，有损压缩以牺牲这部分信息为代价，换取了较高的压缩比。有损压缩在还原图像时，与原始图像存在一定的误差，但视觉效果一般可以接受，压缩比可以从几倍到上百倍。

常用的有损压缩方法有 PCM（脉冲编码调制）、预测编码、变换编码、插值、外推、分形压缩、小波变换等。

③ 数据的混合压缩利用各种单一压缩方法的长处，在压缩比、压缩效率及保真度之间取得最佳的折中。例如，JPEG 和 MPEG 标准就采用了混合编码的压缩方法，国际标准化组织（ISO）和国际电报电话咨询委员会（CCITT）共同成立的联合照片专家组（JPEG），于1991年提出了"多灰度静止图像的数字压缩编码"（简称 JPEG 标准）。这个标准适合对彩色和单色多灰度等级的图像进行压缩处理。

JPEG 标准支持提供两种压缩方式。第一种是无损压缩，采用差分脉冲编码调制（DPCM）的预测编码；第二种是有损压缩，采用离散余弦变换（DCT）和 Huffnan 编码，通常压缩率达到 20~40 倍。针对人眼对亮度变化要比对颜色变化敏感的特点，JPEG 算法存储颜色变化，尤其是亮度变化。该算法设计的基本思想：恢复图像时不重建原始画面，而是生成与原始画面类似的图像，丢掉那些没有被注意到的颜色。

MPEG（Moving Picture Experts Group，运动图像专家组）是一个成立于1988年的专门制订多媒体领域内的国际标准的组织。目前，由全世界大约 300 名多媒体技术专家组成。该小组负责开发电视图像和声音的数据编码和解码标准。

MPEG 标准有：MPEG-1、MPEG-2、MPEG-4、MPEG-7 等。MPEG 算法除了对单幅

电视图像进行编码和压缩外（帧内压缩），还根据图像之间的相关特性，消除电视画面之间的图像冗余，这极大地提高视频图像的压缩比，MPEG-2 的压缩比可达到 60~100 倍。

4. 数据的压缩性能指标

当要求数字视频能在 PC 上播放时，由于计算机资源爰限，因此，要求降低图像或视频的存储容量，提高访问速度，进行视频和图像的压缩是一个可行的解决措施。评价一个压缩系统的性能指标主要有压缩比、压缩质量、压缩和解压的速度三个，此外，还要求考虑每个压缩算法所需的硬件和软件。

（1）压缩比

压缩比是指输入数据和输出数据比。

例：图像分辨率为 1024×480，位深度为 24bit/pixel（bpp）

若输出 15000 B，输入 = 1474560B

则压缩比 = 1474560/15000 = 98

（2）压缩质量

主要是指图像恢复效果，指经解压缩算法对压缩数据进行处理后所得到的数据与其表示的原信息的相似程度。

有损数据压缩方法是经过压缩、解压的数据与原始数据不同但是非常接近的压缩方法。有损数据压缩又称破坏型压缩，即把次要的信息数据压缩掉，通过牺牲一些数据质量来减少数据量，使压缩比提高。这种方法经常用于因特网尤其是流媒体以及电话领域。根据各种格式设计的不同，压缩与解压文件都会带来渐进的质量下降。

（3）压缩和解压速度

在诸多实际应用场合，压缩和解压技术不会同时使用。因此，压缩、解压速度通常会分开估计。对静态图像的压缩速度要求没有解压速度要求那么严格；当处理动态图像处理时，由于需要实时地从摄像机或 VCR 中抓取动态视频，因此，对压缩、解压速度会有特殊要求。

（4）软硬件系统

常见的压缩、解压工作由软件予以实现。设计系统时必须充分考虑到，一些压缩算法复杂，压缩、解压过程长，常常设计过于简单的算法的压缩效果较差。

此外，也有一些特殊硬件可用于加速压缩/解压。硬接线系统速度快，但有关压缩/解压的参数选择常常在硬件的初始设计时就已确定，一般不能更改。因此，要求设计者在设计硬接线压缩/解压系统时必须注意算法标准化。

7.4 流媒体与虚拟现实

7.4.1 流媒体技术

流媒体技术（Streaming Media Technology）是指采用流式传输方式在互联网上播放的媒体格式。流式传输方式是将音频、视频和 3D 等多媒体文件，经特殊压缩分成若干个压缩包，由服务器向终端客户机连续并实时地发送。让用户一边下载一边观看、收听，而不需要等整个文件下载完成后才可以观看。该技术会先在使用者的计算机上创建一个缓冲区，在播放前预先下载一段数据作为缓冲。在实际播放过程中，如果网络实际连接速率小于播放所需速率时，播放程序就会取用这一小段缓冲区内的资料，从而避免播放的中断，使得播放品质得以维持。

流媒体技术解决了以互联网为代表的中、低带宽网络上多媒体信息（以视/音频信息为主）传输问题而产生的一种网络技术。它能克服传统媒体传输方式的不足，有效突破带宽瓶颈，实现大容量多媒体信息在互联网上的流式传输。

1. 流媒体的传输方式

① 流媒体传输分为实时流式传输和顺序流式传输两种方式。

实时流式传输保证媒体信号带宽与网络连接相匹配，使媒体可被实时观看到。它需要有专用的流媒体服务器与传输协议相配合，特别适合现场事件，也支持随机访问，用户可快进或后退以观看前面或后面的内容。

顺序流式传输是在下载文件的同时使用户可观看媒体，在给定时刻，用户只能观看已下载的那部分，而不能跳到还未下载的部分。

② 将实时流式传输和顺序流式传输相比较，存在以下区别：

从视频质量上讲，实时流式传输必须匹配连接带宽，由于出错丢失的信息被忽略掉，网络拥挤或出现问题时，视频质量会很差，而顺序流式传输可以保证视频质量。

由于传播的方式不同，实行流式传输时，能对播放的视频文件进行快播、后退等控制；而顺序流式传输时，只能观看下载后的视频，而不能对当前播放的视频进行控制。

实时流式传输需要特定服务器，这些服务器允许对媒体发送进行更多级别的控制，因而系统设置、管理比标准 HTTP 服务器更为复杂。

2. 与传统下载方式的区别

与传统的下载方式相比较，使用流式传输具有以下优点：

① 由于不需要将全部数据下载，因此等待时间可以大大缩短。

② 由于流媒体文件往往小于原始文件的数据量，并且用户也不需要将全部流文件下载到硬盘，从而节省了大量的磁盘空间。

③ 由于采用了 RSTP 等实时传输协议，更加适合动画、视/音频在网上的实时传输。

3. 目前常用流媒体服务器

（1）Real System

Real System 是由 Real Networks 公司开发的流式产品，涵盖了从制作端、服务器端到客户端的所有环节。其中，开发工具 RealProducer 是 Real System 的编码器，可以将普通格式的音频、视频或动画媒体文件压缩转换为流格式文件。服务器端软件 RealServer 能将 RealProducer 生成的流式文件进行流式传输。客户端软件 RealPlayer 则早已被广泛使用，既能独立运行，又能作为插件在浏览器中运行。

(2) Windows Media 系统

Windows Media 是 Microsoft 公司开发的一个能适应多种网络带宽条件的流式多媒体信息发布的平台，它也提供了对流式媒体进行制作、发布、播放和管理的一整套解决方案。Windows Media 系统包括开发工具 Windows Media Encoder、服务器组件 Windows Media Server 及播放器 Windows Media Player。该系统与 Windows 操作系统结合紧密，制作、发布和播放软件的易用性非常好，制作和播放视/音频的质量很好，但可移植性较差。

(3) QuickTime 系统

QuickTime 是 Apple 公司为 Macintosh 系统开发的软件，它也可以运行在 PC 机上，对应的视频文件格式为 MOV，也是一种应用比较广泛的流式系统。QuickTime 系统包括制作工具 QuickTime4 Pro、服务器 QuickTime Streaming Server、播放器 QuickTime Player、图像浏览器 Picture Viewer 及浏览器的 QuickTime 插件等。

由于流媒体技术在一定程度上突破了网络带宽对多媒体信息传输的限制，因此被广泛运用于网上直播、网络广告、视频点播、远程教育、远程医疗、视频会议、企业培训、电子商务等多个领域。

7.4.2 虚拟现实技术

21 世纪，虚拟现实技术与多媒体技术、网络技术并称为三大前景最好和最具潜力的计算机技术。虚拟现实技术（Virtual Reality，VR）又称灵境技术。虚拟现实技术是在众多相关技术上发展起来的一个高度集成的技术，是计算机软硬件技术、传感技术、机器人技术、人工智能及心理学等飞速发展的结晶。

虚拟现实技术最初于上个世纪九十年代初逐渐为各界所关注，在商业领域得到了进一步的发展。它是二十一世纪信息技术的代表。虚拟现实技术的特点在于利用计算机构成三维数字模型，提供使用者关于视觉、听觉、触觉等感官的模拟，产生一种开放、互动的环境，具有想象性的人工虚拟环境，使得用户在视觉上产生一种沉浸于虚拟环境的感觉。

一、虚拟现实关键技术

1. 显示

人看周围的世界时，由于两只眼睛的位置不同，得到的图像略有不同，这些图像在脑子里融合起来，就形成了一个关于周围世界的整体景象，这个景象中包括了距离远近的信息。当然，距离信息也可以通过其他方法获得，例如，眼睛焦距的远近、物体大小的比较等。

在 VR 系统中，双目立体视觉起着关键作用。用户的两只眼睛看到的不同图像是分别产生的，显示在不同的显示器上。VR 系统也可以使用单个显示器，当用户带上特殊的眼镜后，一只眼睛只能看到奇数帧的图像，另一只眼睛只能看到偶数帧的图像，由于奇数帧和偶数帧的图像之间不同形成的视差就会产生立体感。

在用户与计算机的交互中，键盘和鼠标是目前最常用的工具，但对于三维空间来说，它们都不太适合。在三维空间中因为有六个自由度，我们很难找出比较直观的办法把鼠标的平面运动映射成三维空间的任意运动。现在，已经有一些设备可以提供六个自由度，如 3Space 数字化仪和 SpaceBall 空间球等。另外一些性能比较优异的设备是数据手套和数据衣。

2. 声音

正常人通常能够很好地判定声源的方向。在水平方向上，靠声音的相位差及强度的差别来确定声音的方向，因为声音到达两只耳朵的时间或距离有所不同。常见的立体声效果就是靠左右耳听到在不同位置录制的不同声音来实现的，所以会有一种方向感。现实生活里，当头部转动时，听到的声音的方向就会改变。目前，VR 系统中的声音的方向与用户头部的运动无关。

3. 感觉反馈

在一个 VR 系统中，用户可以看到一个虚拟的杯子。你可以设法去抓住它，但是你的手没有真正接触杯子的感觉，并有可能穿过虚拟杯子的"表面"，而这在现实生活中是不可能的。解决这一问题的常用装置是在手套内层安装一些可以振动的触点来模拟触觉。

4. 语音

在 VR 系统中，语音的输入输出也很重要。这就要求虚拟环境能听懂人的语言，并能与人实时交互。让计算机识别人的语音是相当困难的，因为语音信号和自然语言信号有其"多边性"和复杂性。使用人的自然语言作为计算机输入目前有两个问题，首先是效率问题，为便于计算机理解，输入的语音可能会相当啰嗦。其次是正确性问题，计算机理解语音的方法是对比匹配，而没有人的智能。

二、虚拟现实艺术特点

VR 艺术是伴随着虚拟现实时代来临应运而生的一种新兴而独立的艺术门类。它是以虚拟现实（VR）、增强现实（AR）等人工智能技术作为媒介手段加以运用的艺术形式，称之为虚拟现实艺术，简称 VR 艺术。VR 艺术是通过人机界面对复杂数据进行可视化操作与交互的一种新的艺术语言形式，艺术思维与科技工具的密切交融和二者深层渗透所产生的全新的认知体验正是它吸引艺术家的重要之处。与传统视窗操作下的新媒体艺术相比，交互性和扩展的人机对话，是 VR 艺术呈现其独特优势的关键所在。

艺术家通过对 VR、AR 等技术的应用，可以采用更为自然的人机交互手段控制作品的形式，塑造出更具沉浸感的艺术环境和现实情况下不能实现的梦想，并赋予创造的过程以新的含义。具有 VR 性质的交互装置系统可以设置观众穿越多重感官的交互通道以及穿越装置的过程，艺术家可以借助软件和硬件的顺畅配合来促进参与者与作品之间的沟通与反馈，创建良好的互动氛围。通过增强现实、混合现实等形式，将数字世界和真实世界结合在一起，观众可以通过自身动作控制投影的文本，如数据手套可以提供力的反馈，可移动的场景、360 度旋转的球体空间不仅增强了作品的沉浸感，而且可以使观众进入作品的内部，操纵它、观察它的过程，甚至赋予观众参与再创造的机会。"

三、虚拟现实应用

虚拟现实技术应用十分广泛，除了应用于商业、教育、娱乐、和虚拟社区的 3D Web

之外，还应用于医学、娱乐、军事航天、室内设计、房产开发、工业仿真、应急推演、文物古迹展示和保护、道路桥梁设计、地理信息服务、现代教育、电视节目制作、水文地质建模、虚拟维修、培训实训、船舶制造和轨道交通仿真、能源领域、生物力学仿真、康复训练、数字地球等领域。

7.5 习题

一、选择题

1. 多媒体信息不包括_____。
   A. 文本、图形　　　B. 音频、视频　　　C. 图像、动画　　　D. 光盘、声卡
2. 在多媒体系统中，内存和光盘属于_____。
   A. 感觉系统　　　　B. 传输媒体　　　　C. 表现媒体　　　　D. 存储媒体
3. 人们所说的音频（Audio）指的是_____的频率范围。
   A. 16Hz~16kHz　　B. 20Hz~20kHz　　C. 15Hz~15kHz　　D. 任意
4. 文字、图形、声音、图像、动画、视频属于_____多媒体表示显示。
   A. 感觉媒体　　　　B. 表示媒体　　　　C. 显示媒体　　　　D. 存储媒体
5. _____在显示和打印时即使随意改变其大小，也不会失真。
   A. 位图图像　　　　B. 矢量图　　　　　C. GIF 动画
6. 多媒体计算机可以处理的信息类型有_____。
   A. 文字、数字、图形　　　　　B. 文字、图形、图像
   C. 文字、数字、图形、图像　　D. 文字、数字、图形、图像、音频、视频
7. 多媒体技术应用主要体现在_____。
   A. 教育与培训　　　　　　　　B. 商业领域与信息领域
   C. 娱乐与服务　　　　　　　　D. 以上都是

二、填空题

1. 多媒体技术分为_____、表示媒体、_____、_____、传输媒体五大类。
2. 几种常用的音频文件格式_____。
3. 图像的主要技术参数有_____、像素深度、图像的数据量。
4. 动画按视觉空间不同分为_____动画和_____动画。
5. 数据压缩可分为_____、_____和混合压缩三大类。

三、简答题

1. 简述图像数字化的过程。
2. 位图与矢量图有什么区别？
3. 简述流媒体的传输方式的分类及特点。